普通高等教育材料类系列教材

材料加工冶金传输原理

第 2 版

主编　吴树森
参编　朱六妹
主审　孙国雄

机械工业出版社

本书涵盖了专业改革前的"流体力学""传热学""传质学"课程的内容。本书从动量、热量及质量传输观点，系统而全面地阐述了流体流动过程、传热过程以及传质过程的基本理论，并结合学科发展前沿及最新技术介绍了它们在材料加工及冶金工程实践中的主要应用。

材料加工冶金过程中的三种传输是相互关联、相互制约及相互影响的。本书从物理和数学上阐明动量、热量和质量传递之间的相似性，用统一的和对照的方法研究三种传输过程，以加深对三种传输过程的理解。全书各章中均附有一定数量的例题和习题，以帮助读者对内容的理解和运用，书末附有必要数据资料的附录。

本书可作为材料加工工程、材料成形及控制工程、材料学、热能工程及冶金等专业的本科生教材，也可供从事此类专业的研究生及其他科学技术人员参考。

图书在版编目（CIP）数据

材料加工冶金传输原理/吴树森主编. —2版. —北京：机械工业出版社，2018.12（2023.12重印）

普通高等教育材料类系列教材

ISBN 978-7-111-61292-6

Ⅰ.①材… Ⅱ.①吴… Ⅲ.①金属材料-热加工-高等学校-教材②冶金过程-传输-高等学校-教材 Ⅳ.①TG15②TF01

中国版本图书馆 CIP 数据核字（2018）第 249820 号

机械工业出版社（北京市百万庄大街 22 号 邮政编码 100037）
策划编辑：冯春生 责任编辑：冯春生 张丹丹
责任校对：陈 越 封面设计：张 静
责任印制：常天培
北京机工印刷厂有限公司印刷
2023 年 12 月第 2 版第 9 次印刷
184mm×260mm · 16.25 印张 · 372 千字
标准书号：ISBN 978-7-111-61292-6
定价：45.00 元

电话服务 网络服务
客服电话：010-88361066 机 工 官 网：www.cmpbook.com
010-88379833 机 工 官 博：weibo.com/cmp1952
010-68326294 金 书 网：www.golden-book.com
封底无防伪标均为盗版 机工教育服务网：www.cmpedu.com

第2版前言

本书是《材料加工冶金传输原理》的修订版，是普通高等教育材料类系列教材。"材料加工冶金传输原理"是材料成形及控制工程、材料加工工程专业的一门专业基础课程，在本专业的教学过程中具有十分重要的地位。

本次修订对本书的总体结构并无大的改动，但是在各章节都进行了一些修改，有的章节删掉了不合理的编排，而有的章节增加了部分内容。

首先，调整了一些不合理的编排，删去了一些不常用的内容，以及较老的知识或方法，以节省篇幅，如将原"第一章　绪论"变为"绪论"，因此总章数由原来的16章变成了15章；在原"第六章　材料加工中的特殊流体流动"中删去了"第三节　气液两相流动"；在原"第十二章　材料加工中的热量传输"中删去了"第四节　粉末制备中液滴的冷却"；在原"第十三章　质量传输基本概念和传质微分方程""第三节　质量传输微分方程"中省略了较烦琐的推导过程等。

其次，在教材内容方面增加的主要部分有：在原"第二章　流体的性质"中增加了"第五节　流体静力学"，以达到知识完整性的目的；在原"第五章　边界层理论"中增加了"第四节　曲面边界层的分离及绕流阻力"；在原"第九章　导热""第五节　一维非稳态导热"中增加了"集总参数法"的内容，使得导热分析方法更加完整。

此外，为了便于自学及更好地理解课程内容，在部分地方增加了例题，并增加了一些名词术语的英文单词等。

由于编者的水平有限，此次修订中也难免有不当之处，敬请读者批评指正！

编　者
于武汉

第1版前言

为了适应国家教育改革形势的发展，根据教育部最新颁布的新的专业目录，全国大部分工科院校已将原热加工专业的铸造、焊接、锻压、热处理四个专业合并为材料成形及控制工程大专业。1998 年 12 月，教育部热加工专业教学指导委员会在哈尔滨召开年会，探讨了专业改造和教材建设的问题。

推行专业改革，为社会培养综合素质高、知识结构全面的栋梁之材，在很大程度上取决于教材建设。教育部颁布新的专业目录已两年多，经过这一阶段的摸索和探讨，对材料成形及控制工程专业的改造和教材建设，各高校观点和方法逐渐趋于大同，在这个基础上，编写一套普通高等教育材料成形及控制工程专业系列教改教材是适时的。为此，机械工业出版社教材编辑室成立了以华中科技大学为牵头单位的系列教改教材编审委员会，共同组织编写材料成形及控制工程专业系列教材。

本书是根据 1998 年教育部颁布的最新高等学校本科专业目录而编写的，作为以材料加工工程、材料成形及控制工程、材料学及冶金专业的本科生为主的教学用书。

"材料加工冶金传输原理"是继"高等数学""大学物理""大学化学"及"工程力学"教学之后的技术基础课程，它为学生学习有关专业课程打好理论基础。

在内容的安排上：本书第一章为绪论；第二至七章为动量传输；第八至十二章为热量传输；第十三至十六章为质量传输。本书在编写过程中注意了如下几点：

1. 许多材料加工及冶金过程都是在高温下进行的，在进行冶金化学反应的同时，必然伴随着热量传递过程和物质传递过程。在大多数情况下，这些物理过程是在物质流动的情况下发生的，也就是说是以动量传输为基础的热量传输和质量传输，它们构成了材料加工过程中三个不可分割的物理过程。本书力图从物理上和数学上阐明动量、热量和质量传输之间的相似性，用对照的方法研究三种传递过程，以便学生加强对三种传递过程的理解。

2. 遵循由浅入深的认识规律，加强了对一些基本概念的叙述，注重阐述的系统性，以便于理解和自学。

3. 本课程的教学基本目的之一，是为学习后续课程或研究的材料加工过程提供基础物理模型和数学模型，因此，本书力图阐明提炼出简化的物理模型和数学模型的方法。同时，边界层理论已越来越多地用于研究材料加工过程中的实际传输问题，本书加强了这方面的叙述。

4. 在论述动量传输、热量传输和质量传输各个部分主要内容的同时，还介绍了与现代材料加工联系密切的传输理论问题（如第六、十二、十六章）。

5. 计算机的模拟及计算已成为传输理论的重要研究方法。利用有限差分法及有限元法等数值计算方法，可以对复杂的导热及流体流动的偏微分方程进行求解。但是，目前材料加工工程及冶金等专业都开设"（材料加工）计算机模拟"或"（材料加工）CAD/CAM"课程，这些课程对数值解法有详细的叙述，并大多以导热或流体流动问题为分析对象。因此，为避免重复及节省篇幅，本书略去了数值解法的内容，读者可参考本系列教材的其他教材或参考书。

本书由华中科技大学吴树森教授主编（编写第一至七章、第十三至十六章），朱六妹副教授参编（编写第八至十二章），由东南大学孙国雄教授主审。

本书在编写过程中，得到了华中科技大学魏华胜副院长、林汉同教授、李远才教授、李志远教授、黄乃瑜教授及刘庆华同志，以及武汉大学张富巨教授、武汉理工大学齐世长教授等的帮助和支持，在此一并表示衷心的感谢。对所有为本书提供资料及建议的同志也表示诚挚的谢意！

由于编写水平有限，书中难免会有不少错误，敬请广大读者指正。

编　者

主要符号

a 加速度，m/s^2
　　热扩散率，m^2/s
A 面积，m^2
b 蓄热系数，$W/(m^2 \cdot ℃ \cdot s^{1/2})$
B 宽度，m
c 比热容，$J/(kg \cdot K)$
　　辐射系数，$W/(m^2 \cdot K^4)$
c 物质的量浓度，mol/m^3
c_f 摩擦阻力系数
c_p 比定压热容，$J/(kg \cdot K)$
c_V 比定容热容，$J/(kg \cdot K)$
d 直径，m
D 扩散系数，m^2/s
D_{AA} 自扩散系数，m^2/s
D_{AB} 互扩散系数，m^2/s
e 自然对数的底
E 比能，J
　　辐射能量，W/m^2
F 力，N
g 重力加速度，m/s^2
G 重力，N
　　总辐照强度，W/m^2
h 高度，m
h_W 摩擦阻力损失，J/m^3 或 J/kg
　　沿程损失水头，m
h_f 局部阻力损失，J/m^3
j 质量通量密度（相对于质量平均速度），$kg/(m^2 \cdot s)$
J 摩尔通量密度（相对于摩尔平均速

度），$mol/(m^2 \cdot s)$
　　辐射强度，W/m^2
k 传热系数，$W/(m^2 \cdot ℃)$
k_c 对流传质系数，m/s
l 长度，m
$\bar{l}$ 分子平均自由程，m
L 厚度或特征长度，m
　　凝固潜热量，J/kg
m 质量，kg
M 摩尔质量，kg/mol
　　动量，$N \cdot s$
n 质量通量密度（相对于静止坐标），$kg/(m^2 \cdot s)$
N 摩尔通量密度（相对于静止坐标），$mol/(m^2 \cdot s)$
p 压力，Pa 或 N/m^2
q 热流密度，W/m^2
Q 热量，J
　　流量，m^3/s 或 kg/s
q_V 体积流量，m^3/s
q_m 质量流量，kg/s
r 半径，m
R 气体常数，$J/(kg \cdot K)$
　　水力半径，m
　　冲击力，N
R_t 热阻，$m^2 \cdot ℃/W$
t 时间，s
　　摄氏温度，℃
T 热力学温度，K

v　速度，m/s
　　比体积，m^3/kg
V　体积，m^3
w　质量分数
W　质量力，N
X　单位质量力 x 轴分量，N
Y　单位质量力 y 轴分量，N
Z　单位质量力 z 轴分量，N
Z　高度（水头），m
α　表面传热系数，$W/(m^2 \cdot ℃)$
　　热辐射吸收率，%
　　角度
α_V　体胀系数，K^{-1}
γ　重度，N/m^3
κ_T　等温压缩率，Pa^{-1}
δ　厚度（或边界层厚度），m
Δ　绝对粗糙度，m
ε　热辐射发射率，%

ζ　局部阻力系数
η　动力黏度，$Pa \cdot s$
θ　角度
Θ　量纲为一的温度
λ　沿程阻力系数
　　热导率，$W/(m \cdot K)$
　　辐射波长，m
ν　运动黏度（动量扩散系数），m^2/s
ρ　密度，kg/m^3
　　热辐射反射率，%
σ　正应力（或表面张力），Pa
　　辐射常数，$W/(m^2 \cdot K^4)$
τ　切应力，Pa
　　热辐射透射率，%
Φ　热流量，W
φ　角度
ω　孔隙度

特 征 数

$Ar = \dfrac{gl^3}{\nu^2} \cdot \dfrac{\rho - \rho_0}{\rho}$，阿基米德数

$Bi = \dfrac{kL}{\lambda}$，毕渥数

$Bi^* = \dfrac{k_c L}{D}$，传质毕渥数

$Eu = \dfrac{\Delta p}{\rho v^2}$，欧拉数

$Fo = \dfrac{at}{L^2}$，傅里叶数

$Fo^* = \dfrac{Dt}{L^2}$，传质傅里叶数

$Fr = \dfrac{v}{\sqrt{gL}}$，弗劳德数

$Ga = \dfrac{gL^3}{\nu^2}$，伽利略数

$Gr = \dfrac{\alpha_V gL^3}{\nu^2}\Delta T$，格拉晓夫数

$Ho = \dfrac{vt}{L}$，均时性数

$Le = \dfrac{a}{D}$，路易斯数

$Nu = \dfrac{kL}{\lambda}$，努塞尔数

$Pe = Re \cdot Pr = \dfrac{vL}{a}$，贝克来数

$Pr = \dfrac{\nu}{a}$，普朗特数

$Re = \dfrac{vL}{\nu}$，雷诺数

$Sc = \dfrac{\nu}{D}$，施密特数

$Sh = \dfrac{k_c L}{D}$，舍伍德数

$St = \dfrac{Nu}{RePr} = \dfrac{k}{\rho v c_p}$，斯坦顿数

$St^* = \dfrac{Nu^*}{Pe^*} = \dfrac{k_c}{\rho v}$，传质斯坦顿数

目　录

绪　论

传输现象（Transport Phenomena）不仅存在于材料加工及冶金过程中，在其他工程技术领域中也是普遍存在的，如制冷工程、机械工程、生化工程及环境工程等领域。传输过程是物理量从非平衡状态朝平衡状态转移的过程。所谓平衡状态（Equilibrium State），通常是指在物理系统内具有强度性质的物理量（如温度、组分浓度等）不存在梯度，例如，热平衡是指物系内的温度各处均匀一致。反之，若物系处于非平衡状态，即具有强度性质的物理量在系统内不均匀时就会发生物理量的传输，例如，冷、热两物体互相接触，热量会由热物体流向冷物体，最后使两物体的温度趋于一致。

在本课程的范围内，在传输过程中所传输的物理量为动量、热量和质量（Momentum, Heat and Mass）。动量传输是指在垂直于实际流体流动方向上，动量由高速度区向低速度区的转移；热量传输是指热量由高温度区向低温度区的转移；质量传输则是指物系中一个或几个组分由高浓度区向低浓度区的转移。由此可见，动量、热量与质量传输之所以发生，是由于系统内部存在速度、温度和浓度梯度。

动量、热量与质量传输是一种探讨速率的科学，三者之间具有许多类似之处，它们不但可以用类似的数学模型描述，而且描述三者的一些物理量之间还存在着某些定量关系。这些类似关系和定量关系会使研究三类传输过程规律的问题得以简化。

一、动量、热量与质量传输的类似性

当系统中存在着速度、温度和浓度梯度时，则分别发生动量、热量和质量的传输过程。动量、热量和质量的传递，既可由分子的微观运动引起的分子扩散传递，也可以是由旋涡混合造成的流体微团的宏观运动引起的湍流传递。下面以分子传递为例，说明动量、热量和质量传输的类似性。至于动量、热量和质量的湍流传输的类似性，将在第十四章进行总结说明。

冶金熔液或气体等流体的黏性、热传导性和质量扩散性，统称为流体的分子传递（传输）性质。因为从微观上来考察，这些性质分别是非均匀流场中分子不规则运动在同一过程所引起的动量、热量和质量传输的结果。当流场中速度分布不均匀时，分子传递的结果产生切应力；而温度分布不均匀时，分子传递的结果产生热传导；在多组分的混合流体中，如果某种组分的浓度分布不均匀，分子传递的结果便引起该组分的质量扩散。表示上述三种分子传输性质的数学关系分别为牛顿黏性定律、傅里叶定律和菲克定律。

1. 牛顿黏性定律（Newton's Law of Viscosity）

两个做直线运动的流体层之间的切应力正比于垂直于运动方向的速度变化率，即

$$\tau = -\eta \frac{\mathrm{d}v}{\mathrm{d}y} \tag{0-1}$$

对于均质不可压缩流体，式（0-1）可改写为

$$\tau = -\frac{\eta}{\rho} \frac{\mathrm{d}(\rho v)}{\mathrm{d}y} = -\nu \frac{\mathrm{d}(\rho v)}{\mathrm{d}y} \tag{0-2}$$

式中　　y——垂直于运动方向的坐标（m）；

　　　　τ——切应力，又称动量通量（Pa）；

　　　　η——流体的动力黏度或动力黏性系数（Pa·s）；

　　　　ν——流体的运动黏度（m^2/s），$\nu = \eta/\rho$；

　　　　ρ——密度（kg/m^3）；

$\mathrm{d}(\rho v)/\mathrm{d}y$——动量浓度变化率，表示单位体积内流体的动量在 y 方向的变化率 [N·s/m⁴ 或 kg/(m³·s)]。

式中的负号表示动量通量的方向与速度梯度的方向相反，即动量朝着速度降低的方向传递。

2. 傅里叶定律（Fourier's Law）

在均匀的各向同性材料内的一维温度场中，通过导热方式传递的热流密度为

$$q = -\lambda \frac{\mathrm{d}T}{\mathrm{d}y} \tag{0-3}$$

对于恒定 ρc_p 的流体，式（0-3）可改写为

$$q = -\frac{\lambda}{\rho c_p} \frac{\mathrm{d}(\rho c_p T)}{\mathrm{d}y} = -a \frac{\mathrm{d}(\rho c_p T)}{\mathrm{d}y} \tag{0-4}$$

式中　　y——温度发生变化方向的坐标（m）；

　　　　q——热流密度，又称热量通量，表示单位时间内通过单位面积传递的热量 [J/(m·s)或 W/m²]；

　　　　λ——热导率 [W/(m·K)]；

　　　　a——热扩散率（m^2/s）；

$\mathrm{d}(\rho c_p T)/\mathrm{d}y$——焓浓度变化率或热量浓度变化率 [J/(m³·m)]；

　　　　c_p——比定压热容 [J/(kg·K)]。

式中的负号表示热量通量的方向与温度梯度的方向相反，即热量是朝着温度降低的方向传递的。

3. 菲克定律（Fick's Law）

在混合物中若各组分存在浓度梯度时，则发生分子扩散。对于双组分系统，通过分子扩散传递的组分 A 的质量通量密度为

$$j_A = -D_{AB} \frac{\mathrm{d}\rho_A}{\mathrm{d}y} \tag{0-5}$$

式中　y——组分 A 的密度发生变化的方向的坐标（m）；

$\quad j_A$——组分 A 的质量通量密度，表示单位时间内通过单位面积传递的组分 A 的质量 $[kg/(m^2 \cdot s)]$；

$\quad D_{AB}$——组分 A 在组分 B 中的扩散系数（m^2/s）；

$d\rho_A/dy$——组分 A 的质量浓度（密度）梯度 $[kg/(m^3 \cdot m)]$。

式中的负号表示质量通量的方向与浓度梯度的方向相反，即组分 A 朝着浓度降低的方向传递。

4. 三种传输现象的类比

由牛顿黏性定律、傅里叶定律和菲克定律的数学表达式（0-1）、式（0-3）、式（0-5）可以看出，动量、热量和质量传输过程的规律存在着许多类似性，可得到以下几点结论：

1）动量、热量和质量传输通量，均等于各自量的扩散系数与各自量的浓度梯度乘积的负值，三种分子传递过程可用一个通式来表达，即

$$（通量）= -（扩散系数）×（浓度梯度）$$

2）动量、热量和质量扩散系数 ν、a、D_{AB} 具有相同的量纲，其单位均为 m^2/s。

3）通量为单位时间内通过与传递方向相垂直的单位面积上的动量、热量或质量，各量的传递方向均与该量的浓度梯度方向相反，故通量的通式中有一"负"号。

通常将通量等于扩散系数乘以浓度梯度的方程称为现象方程，它是一种关联所观察现象的经验方程。

动量、热量和质量传输是一门探讨速率过程的科学。将这三种传输现象归结为速率过程问题加以综合探讨，具有一个鲜明的特色，这就是在速率这个概念上三种传输现象之间存在着许多相似性。

二、传输过程的研究方法

传输现象包含了流体力学、传热学及传质学的内容，因此传输过程是物理过程。它的研究方法和物理学中其他领域的研究方法一样，有理论研究、试验研究和数值计算三种方法。它们彼此取长补短，相互促进，从而使学科得到不断发展。

1. 理论研究方法

传输理论是以物理学的 3 个基本定律（质量守恒定律、牛顿第二定律和热力学第一定律）为依据的。这 3 个定律的数学公式早已被大家所熟知。传输理论应用这 3 个定律从宏观上研究传输问题，其分析方法的核心是微元平衡法，而整体平衡法只是微元平衡法的积分形式。前一种方法得到的是微分方程，其解是在具体条件下的速度分布、温度分布和浓度分布；后一种方法得到的是积分方程，其解是在具体条件下的体系进口与出口各物理量之间的关系。

理论研究方法一般可分为下述三个阶段：

（1）确定简化的物理模型　这是理论研究方法最关键也是最困难的一步，它要求人们对所研究的对象必须有深刻的了解。通常可以依靠试验、观察，对被研究的对象进行具体分析，分析哪些是主要因素，哪些是次要因素，然后抓住主要因素忽略次要因素进行合理的简化和近似，从而提出一个简化的物理模型。

（2）建立数学模型 针对上述物理模型，根据物理上已经总结出来的普遍定律（例如牛顿定律、热力学定律等）建立普遍方程。普遍方程是对一大类问题的一般描述，它没有涉及过程的具体特点。为了唯一地确定所研究的某一过程，必须列出相应的定解条件，它包括初始条件和边界条件。数学模型建立后，实际上已将一个物理问题变成了数学问题。

（3）数学求解 利用各种数学工具准确地或近似地解出上述数学问题，并将结果和试验或观察资料进行比较，确定解的准确程度以及适用范围。

2. 试验研究方法

试验研究方法在传输过程中有着广泛应用，它是研究问题不可缺少的一个方面。简化物理模型的提出，需要试验提供依据；计算结果的正确性、可靠性，需要试验来检验；当所研究的问题极其复杂，数学模型不易建立，或虽有数学模型但因方程复杂或边界条件复杂难以求解时，试验研究或基于相似理论的模型试验研究就显得特别重要。

试验研究方法的主要特点在于，试验能在与所研究的问题完全相同或大体相同的条件下进行观测。因此，通过试验得出的结果一般来说是可靠的。但是试验方法往往要受到模型尺寸的限制，以及存在边界条件不能全部满足等问题。

3. 数值计算方法

传输方程是二阶非线性偏微分方程组。当研究对象是三维空间或边界条件复杂时，普通的数学解析方法往往会无能为力。数值计算方法是在 20 世纪 60 年代蓬勃发展起来的。由于数学发展水平的局限，理论研究方法往往只能局限于比较简单的物理模型。随着生产技术的日益提高，已可以研究更复杂、更符合实际的传递过程。另外，高速电子计算机的出现，以及一系列有效的近似计算方法（有限差分法、有限元法等）的发展，使数值计算在传递过程研究方法中的作用和地位不断提高，并已成为与理论研究和试验研究并列的具有同等重要意义的研究方法。

数值计算方法的优点是能够解决理论研究无法解决的复杂问题。和试验相比，所需的费用和时间都比较少，而且有较高的精度。有些问题，例如加热炉过程的解析与自动控制、可控热核聚变中的高温等离子流动，以及星云演化过程等均无法在实验室内进行试验，若采用数值计算法，却可以对它们进行研究。当然，数值计算法也有局限性，所得结果也是离散的，以至于不容易看出各个物理参数对解的影响。另外，它要求对问题的物理特性有足够的了解，从而能提出较精确的数学方程，这是数值解法能取得满意结果的前提。

综上所述，理论、试验和计算这三种研究方法各有利弊，相互补充。试验用于检验计算结果的正确性和可靠性以及提供建立物理模型的依据，这样的作用不论理论和计算发展得多么完善都是不可代替的。而理论则能指导计算和试验，使之进行得富有成效，并且可以把部分试验结果推广到没有做过试验的一类问题中去。计算则可弥补理论和试验的不足，对一系列复杂的传输过程进行既快又省的研究工作。理论、计算和试验之间不断的相互作用，正是学科得到飞速发展的原因之一。

本书的内容主要介绍理论研究的方法及部分试验研究方法。

第一章

流体的性质及流体静力学

第一节　流体的概念及连续介质模型

一、流体的概念

自然界中能够流动的物体，如液体和气体，一般统称为流体（Fluid）。流体的共同特征是：不能保持一定的形状，而是有很大的流动性。流体可以用分子间的空隙与分子的活动来描述。在流体中，分子之间的空隙比在固体中的大，分子运动的范围也比在固体中的大，而且分子的移动与转动为其主要的运动形式。但在固体中，分子绕固定位置振动是主要的运动形式。

从力学性质来说，固体具有抵抗压力、拉力和切力的三种能力，因而在外力作用下通常发生较小变形，而且到一定程度后变形就停止。流体由于不能保持一定形状，所以它仅能抵抗压力，而不能抵抗拉力或切力。当它受到切力作用时，就要发生连续不断的变形，这就是流动，这也是流体同固体的力学性质的显著区别。

流体一般分为两类：液体与气体。液体具有一定的体积，与盛装液体的容器大小无关，可以有自由表面。液体的分子间距和分子的有效直径差不多是相等的。当对液体加压时，由于分子间距稍有缩小而出现强大的分子斥力来抵抗外压力。这就是说，液体的分子间距很难缩小，因而可以认为液体具有一定的体积，通常称液体为不可压缩流体。另外，由于分子间引力的作用，液体有力求使自身表面积收缩到最小的特性，所以一定量的液体在大容器内只能占据一定的容积，而在上部形成自由表面。

气体则是要膨胀而充满其所占的空间的。气体的显著特点是其分子间距大，例如，常温常压下空气的分子间距为 3.3×10^{-7} cm，其分子有效直径的数量级为 3.5×10^{-8} cm。可见分子间距比分子有效直径大得多。这样，当分子距离很小时，才会出现分子斥力。因此，在一定条件下可称气体为可压缩流体。另外，因为分子间距很大，分子引力很小，而分子热运动起决定性的作用，这就决定了气体既没有一定形状，也没有一定体积。因而，一定量气体在较大容器内，由于分子的剧烈运动将均匀充满容器，而不能形成自由表面。

需要指出的是，当所研究的问题不涉及压缩性时，所建立的流体力学规律对液体与气体都适用；当涉及压缩性时，就必须对它们分别处理。但在工程中，当气体的压力和温度变化不大，气流速度远小于声速时，可以忽略气体的压缩性，这时气流与液流的规律在质的方面是相同的，只是在量的方面有区别。因此，液体运动的基本理论，对于上述气流来说也是完全适用的。

二、连续介质模型

流体都是由分子组成的，它们的性质和运动也都是与分子的状态密切相关的。但是在大多数情况下，特别在工程实际问题所涉及的系统中，其尺寸与流体分子间距及分子运动的自由行程相比是非常大的，这时就不必讨论流体个别分子的微观性质，而只研究其大量分子的形态及平均统计的宏观性质。1753 年欧拉（Euler）首先采用了"连续介质"（Continuous Medium）作为宏观流体模型，将流体看成是由无限多个流体质点所组成的密集而无间隙的连续介质，也称为流体连续性的基本假设。就是说，流体质点是组成流体的最小单位，质点与质点之间不存在空隙。

流体既然被看成是连续介质，那么反映宏观流体的各种物理量（如压力、速度和密度等）就都是空间坐标的连续函数。因此，在以后的讨论中都可以引用连续函数的解析方法，来研究流体处于平衡和运动状态下的有关物理参数之间的数量关系。本书所提到的流体，均指连续介质。

当然，流体连续性的基本假设只是相对的。例如，在研究稀薄气体流动问题时，这种经典流体动力学的连续性将不再适用了，而应以统计力学和运动理论的微观近似来代替。此外，对流体的某些宏观特性（如黏性和表面张力等），也需要从微观分子运动的角度来说明其产生的原因。

第二节　流体的主要物理性质

流体的物理性质主要包括密度、重度、比体积、压缩性和膨胀性。关于密度、重度、比体积，在相关学科或课程中已有所了解。下面主要介绍一下压缩性和膨胀性。

一、液体的压缩性和膨胀性

当作用在流体上的压力增大时，流体所占有的体积将缩小，这种特性称为流体的压缩性（Compressibility）。通常用等温压缩率 κ_T 来表示。κ_T 指的是在温度不变时，压力每增加一个单位时流体体积的相对变化量，即

$$\kappa_T = -\frac{1}{V}\left(\frac{\Delta V}{\Delta p}\right)_T \tag{1-1}$$

式中　　κ_T——等温压缩率（Pa^{-1}）；

　　　　Δp——压力增大量（Pa）；

ΔV——体积的变化量（m^3）；

V——流体原来的体积（m^3）。

负号表示压力增大时体积缩小，故加上负号后 κ_T 永远为正值。对于 0℃ 的水在压力为 $5.065×10^5$Pa（5atm）时，κ_T 为 $0.539×10^{-9}$Pa^{-1}，可见水的可压缩性是很小的。

当温度变化时，流体的体积也随之变化。温度升高时，体积膨胀，这种特性称为流体的膨胀性（Expansibility），用体胀系数 α_V 来表示。α_V 是指当压力保持不变，温度升高 1K 时流体体积的相对增加量，即

$$\alpha_V = \frac{1}{V}\left(\frac{\Delta V}{\Delta T}\right)_p \tag{1-2}$$

式中 α_V——体胀系数（K^{-1}）；

ΔT——流体温度的增加值（K）。

在温度较低（10~20℃）时，每升高 1℃ 水的体积相对改变量（α_V 值）仅为 $1.5×10^{-4}K^{-1}$。

由于水和其他流体的 κ_T 和 α_V 都很小，工程上一般不考虑它们的压缩性或膨胀性。但当压力、温度的变化比较大时（如在高压锅炉中），就必须考虑它们了。

二、气体的压缩性和膨胀性

对于气体，它不同于液体，压力和温度的改变对气体密度的影响很大。在热力学中，用气体状态方程来描述它们之间的关系。理想气体的状态方程式为

$$pv = RT \tag{1-3}$$

式中 p——气体压力；

v——比体积；

R——气体常数；

T——气体温度。

对空气来说，气体常数 $R = 287$J/（kg·K）。式（1-3）也可写成

$$\frac{p}{\rho} = RT \tag{1-4}$$

或

$$\frac{p}{\gamma} = \frac{RT}{g} \tag{1-5}$$

式中 γ——流体的重度（N/m^3）。

当气体温度不变时，式（1-3）~式（1-5）变为

$$\left.\begin{array}{ll} pv = 常数 & 即\ p_1v_1 = p_2v_2 \\ p/\rho = 常数 & 即\ p_1/\rho_1 = p_2/\rho_2 \end{array}\right\} \tag{1-6}$$

式（1-6）表明：在温度不变时，单位质量理想气体的体积与压力成反比，而它的密度与压力成正比，此即玻意耳（Boyle）定律。

当气体的压力保持不变时，式（1-3）~式（1-5）可写成

$$\left.\begin{array}{ll} \dfrac{v}{T} = \text{常数} & \text{即} \dfrac{v_1}{T_1} = \dfrac{v_2}{T_2} \\[2mm] \gamma T = \text{常数} & \text{即} \ \gamma_1 T_1 = \gamma_2 T_2 \\[2mm] \rho T = \text{常数} & \text{即} \ \rho_1 T_1 = \rho_2 T_2 \end{array}\right\} \tag{1-7}$$

如果单位质量气体在 273K 时的体积为 V_0，温度升高 ΔT 后其体积为 V_t，则有

$$\frac{V_0}{273} = \frac{V_t}{273 + \Delta T}$$

$$V_t = V_0 \frac{273 + \Delta T}{273} \tag{1-8}$$

根据体胀系数的定义，有

$$V_t = V_0 + \Delta V = V_0 + V_0 \alpha_V \Delta T = V_0 (1 + \alpha_V \Delta T) \tag{1-9}$$

将式（1-9）代入式（1-8）得

$$\alpha_V = \frac{1}{273}$$

由此可见，在压力不变时，一定质量气体的体积随温度升高而膨胀。温度每升高 1K，体积便增加 273K 时体积的 $\dfrac{1}{273}$，此即盖吕萨克定律。对于理想气体，在任意温度 T 时的体胀系数 $\alpha_V = \dfrac{1}{T}$，单位为 $\mathrm{K^{-1}}$。

若气体的变化过程既不向外散热，又没有热量输入，即绝热过程，则据热力学可得

$$p v^{\kappa} = \text{常数} \tag{1-10}$$

将式（1-10）与式（1-3）联立得

$$\frac{T_2}{T_1} = \left(\frac{v_1}{v_2}\right)^{\kappa - 1} = \left(\frac{p_2}{p_1}\right)^{\frac{\kappa - 1}{\kappa}} \tag{1-11}$$

式中　T_1、T_2——气体变化前后的温度（K）；

　　　v_1、v_2——气体变化前后的比体积（$\mathrm{m^3/kg}$）；

　　　p_1、p_2——气体变化前后的压力（Pa）；

　　　κ——等熵指数，$\kappa = c_p / c_V$，对于空气和多原子气体，在通常温度下，可取 $\kappa = 1.4$。

需要指出：在一般情况下，流体的 κ_T 和 α_V 都很小，对于能够忽略其压缩性的流体称为不可压缩流体。不可压缩流体的密度和重度均可看成常数；反之，对于 κ_T 和 α_V 比较大而不能被忽略，或密度和重度不能看成常数的流体称为可压缩流体。

但是，可压缩流体和不可压缩流体的划分并不是绝对的。例如，通常可把气体看成可压缩流体。但是，当气体的压力和温度在整个流动过程中变化很小时（如通风系统），它的重度和密度的变化也很小，可近似地看为常数。再如，当气体对于固体的相对速度比在这种气体中当时的温度下声速小得多时，气体密度的变化也可以被忽略，即可把气体的密度看成常数，按不可压缩流体来处理。

第三节 流体的黏性和内摩擦定律

一、流体黏性的概念

首先，观察图 1-1 所示的现象。两块平行平板间充满流体，下板固定不动，上板以匀速 v_0 平行下板运动时，两板间的流体便发生不同速度的运动状态。表现为：从附着在动板下面的流体层具有与动板等速的 v_0 开始，越往下速度越小，直到附着在定板上的流体层的速度为零这样的速度分布规律。

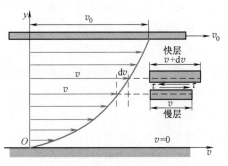

图 1-1 相对运动与黏性

这一事实说明：每一运动较慢的流体层，都是在运动较快的流体层带动下才运动的；同时，每一运动较快的流体层（快层），也受到运动较慢的流体层（慢层）的阻碍，而不能运动得更快。也就是说，在做相对运动的两流体层的接触面上，存在一对等值而反向的作用力来阻碍两相邻流体层做相对运动，流体的这种性质称为流体的黏性，由黏性产生的作用力称为黏性阻力或内摩擦力。

黏性阻力产生的物理原因是：

1）由于分子做不规则运动时，各流体层之间互有分子迁移掺混，快层分子进入慢层时给慢层以向前的碰撞，交换能量，使慢层加速，慢层分子迁移到快层时，给快层以向后碰撞，形成阻力而使快层减速。这就是分子不规则运动的动量交换形成的黏性阻力。

2）当相邻流体层有相对运动时，快层分子的引力拖动慢层，而慢层分子的引力阻滞快层，这就是两层流体之间吸引力所形成的阻力。

二、牛顿黏性定律

流体运动时的黏性阻力与哪些因素有关？牛顿经过大量的试验研究于 1686 年提出了确定流体黏性阻力的所谓"牛顿黏性定律"：当流体的流层之间存在相对位移，即存在速度梯度时，由于流体的黏性作用，在其速度不相等的流层之间以及流体与固体表面之间所产生的黏性阻力的大小与速度梯度和接触面积成正比，并与流体的黏性有关。

在稳定状态下，当图 1-1 所示两平行平板间的流动是层流时，对于面积为 A 的平板，为了使动板保持以速度 v_0 运动，必须施加一个力 F，该力可表示为

$$\tau_{yx} = \frac{F}{A} = \eta \frac{v_0}{Y} \tag{1-12}$$

式中 τ_{yx}——切应力；

Y——两平板间的距离；

η——动力黏度。

这是一种剪切力系，单位面积上所受的力（F/A）为切应力（τ_{yx}）。在稳定状态下，

如果速度分布是线性分布，那么 v_0/Y 可用恒定的速度梯度 $\mathrm{d}v_x/\mathrm{d}y$ 来代替，于是任意两个薄流层之间的切应力 τ_{yx} 可以表示为

$$\tau_{yx} = -\eta \frac{\mathrm{d}v_x}{\mathrm{d}y} \tag{1-13}$$

τ_{yx} 又称为黏性动量通量。也可用动量传输原理来解释式（1-13）。假想流体是一系列平行于平板的薄层，每个薄层具有相应的动量，同时导致直接位于其下的薄层的流动。因此，动量沿 y 方向进行传输。τ_{yx} 的下标说明了动量传输的方向（y 向）和所讨论的速度分量（x 向）。式（1-13）中的负号表示黏性动量传输的方向与速度梯度的方向相反，对于图 1-1 中的动量是从流体的上层传向下层，即 $-y$ 向。在这种情况下 $\mathrm{d}v_x/\mathrm{d}y$ 是负值，所以负号就使 τ_{yx} 变成正值。所以式（1-13）中的负号是必需的，而式（1-12）表示的黏性力与速度梯度的关系中，没有这样的一个必然结论，它必须对具体问题做具体的分析，故式（1-12）仅仅是量值之间的关系。

式（1-13）这个经验式就是众所周知的牛顿黏性定律。

三、黏度

由式（1-13）可以求得黏度值

$$\eta = \frac{\tau_{yx}}{\mathrm{d}v_x/\mathrm{d}y} \tag{1-14}$$

由式（1-14）可知：η 表示当速度梯度为 1 个单位时，单位面积上摩擦力的大小，称为动力黏度（Dynamic Viscosity）。它的单位为 Pa·s。η 值越大，流体的黏性也越大。

在工程计算中也常采用流体的动力黏度与其密度的比，这个比值称为运动黏度（Kinematic Viscosity），以 ν 表示，即

$$\nu = \frac{\eta}{\rho} \tag{1-15}$$

运动黏度是个基本参数，它是动量扩散系数的一种度量，单位为 m^2/s。

【例 1-1】 两平行板相距 3.2mm，下板不动，而上板以 1.52m/s 的速度运动。欲使上板保持运动状态，需要施加 $2.39\mathrm{N/m}^2$ 的力，求板间流体的动力黏度。

解： 由式（1-12）并参看图 1-1 可知

$$\eta = \frac{F/A}{v_0/Y}$$

因 $$F/A = 2.39\mathrm{N/m}^2$$

又 $$v_0/Y = \frac{1.52\mathrm{m/s}}{3.2\mathrm{mm}} = \frac{1520\mathrm{mm/s}}{3.2\mathrm{mm}} = 475\mathrm{s}^{-1}$$

故 $$\eta = \frac{2.39\mathrm{N/m}^2}{475\mathrm{s}^{-1}} = 5\times10^{-3}\mathrm{Pa}\cdot\mathrm{s}$$

温度对流体的黏度影响很大。当温度升高时，液体的黏度降低；但是，气体则与其相反，当温度升高时，黏度增大。这是因为液体的黏性主要是由分子间的吸引力造成的，当

温度升高时，分子间的吸引力减小，η 值就要降低；而造成气体黏性的主要原因是气体内部分子的杂乱运动，它使得速度不同的相邻气体层之间发生质量和动量的交换，当温度升高时，气体分子杂乱运动的速度加大，速度不同的相邻气体层之间的质量和动量交换随之加剧，所以 η 值将增大。

一些常见的金属液体的黏度随温度的变化如图 1-2 所示。图 1-2 中为 η 与 T^{-1} 的关系曲线，所有金属液体的黏度都随温度的升高而降低。关于液态合金的黏度，可供使用的数据很少，黏度不仅与温度有关，合金元素对黏度也有很大的影响。在图 1-3 和图 1-4 中列出了两种重要二元系合金（Al-Si 和 Fe-C）的黏度，并分别标在各自的相图上，可清楚地看出合金元素及温度对黏度的影响。

各种气体的黏度随温度的变化关系曲线如图 1-5 所示。由图 1-5 可知，所有气体的黏度均随温度升高而增加。

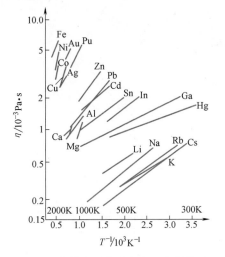

图 1-2　液体金属的黏度与温度的关系

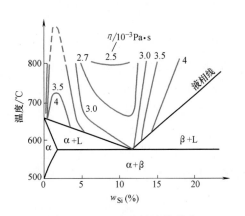

图 1-3　Al-Si 合金熔液的黏度

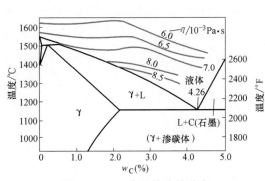

图 1-4　Fe-C 合金熔液的黏度

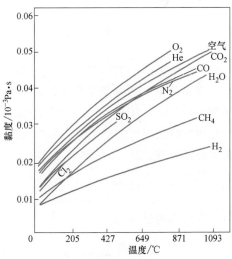

图 1-5　各种气体的黏度随温度的
变化关系曲线（1.013×10^5 Pa）

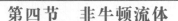

第四节 非牛顿流体

根据牛顿黏性定律式（1-13），以切应力 τ_{yx} 对速度梯度 $-dv_x/dy$ 作图，应当得到一条通过原点的直线。具有这种特性的流体称为牛顿流体（Newtonian Fluids）。全部气体和所有单相非聚合态流体（如水及甘油等）、均质流体都属于牛顿流体。

不符合牛顿黏性定律的流体，称为非牛顿流体（non-Newtonian Fluids）。常见的非牛顿流体有以下三类。

一、宾汉姆塑流型流体（Bingham-plastic Fluids）

其切应力与速度梯度之间的关系为

$$\tau = \tau_0 + \eta \frac{dv_x}{dy} \qquad (1-16)$$

在流变学等场合，常将稳定态下的速度梯度 dv_x/dy 称为剪切速率（Shear Rate），以 $\dot{\gamma}$ 表示。

如图 1-6 所示，要使这类流体流动，需要有一定的切应力 τ_0（塑变应力）。换言之，当切应力小于 τ_0 时，该流体处于固结状态；只有当切应力大于 τ_0 时才开始流动。例如，细粉煤泥浆、乳液、砂浆、矿浆等均属于这类流体。

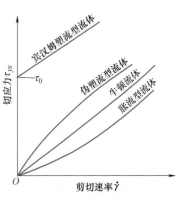

图 1-6 稳定流流体的切应力-剪切速率关系曲线

二、伪塑流型流体（Pseudoplastic Fluids）和胀流型流体（Dilatant Fluids）

其特征为

$$\tau = \eta \left(\frac{dv_x}{dy} \right)^n$$

式中 η 与 n——均为常数。

当 $n<1$ 时，为伪塑流型流体；当 $n>1$ 时，为胀流型流体。它们的 τ 与 dv_x/dy 的关系如图 1-6 所示。由图 1-6 可知，伪塑流型流体的曲线斜率随切应力的增大而减小。而胀流型流体的曲线斜率却随切应力的增大而加大。属于这类流体的有半固态金属液、石灰和水泥岩悬浮液等。

三、屈服-伪塑流型流体

其具体特征为

$$\tau = \tau_0 + \eta \left(\frac{dv_x}{dy} \right)^n$$

这类流体与宾汉姆塑流型流体相类似，但切应力与速度梯度之间的关系是非线性的。

此外，在研究半固态金属或铸造涂料时，会遇到在剪切速率固定不变的情况下，流体的切应力（τ）随剪切运动时间的增加而减小的非牛顿流体，称为触变性流体，如图1-7所示。图1-7中 a 为触变性流体，b 为牛顿流体。由图1-7可知曲线 b 与时间无关，在固定的剪切速率下其切应力不随时间而变化。但曲线 a 却随时间而变化。

综上所述，实际上很多流体未必依从牛顿黏性定律。在本书的其他章节中讨论流体运动或动量传输过程等问题时，将只讨论牛顿流体。

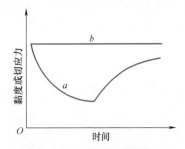

图1-7 触变性流体的特性曲线

第五节 流体静力学

一、作用在流体上的力

任何物体的平衡和运动都是受力作用的结果。流体力学的中心问题之一便是研究流体对物体所作用的力。因此，有必要首先分析作用在流体上的力的种类和性质。作用在流体上的力通常分为两大类：表面力和质量力。

1. 表面力

表面力是指作用在所研究流体表面上与表面积大小成正比的力。大气压力、水压力与摩擦力等都是表面力，当人在风中行走或在水中游泳时就会感受到这种表面力的作用。单位面积上所受的表面力称为应力。如图1-8所示，在流体表面上任取一包含指定点在内的微元面积 ΔA，其上作用的表面力记为 ΔF，n 为面积 ΔA 上的单位外法矢。则该点的应力定义为

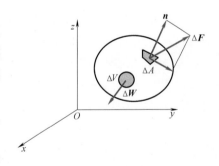

图1-8 表面力与质量力

$$F_n = \lim_{\Delta A \to 0} \frac{\Delta F}{\Delta A} \tag{1-17}$$

将其分解为法向应力和切向应力，切向应力是流体相对运动时因黏性内摩擦而产生的，因此静止流体中不存在切向应力；又因为流体几乎不能承受拉力，所以静止流体中的法向应力只能沿着流体表面的内法线方向，称为压力（即压强）。

2. 质量力

质量力作用于流体的每一个流体质点上，其大小与流体所具有的质量成正比。重力、惯性力、电磁力等都是质量力。在均质流体中，质量力与受作用流体的体积成正比，因此又叫体积力。质量力的大小用单位质量力来度量。所谓单位质量力，就是作用于单位质量流体上的质量力。

在体积为 V、表面积为 A 的流体中，任取一体积为 ΔV 的微元，作用在该微元体上的质量力为 ΔW，则单位质量力定义为

$$w = \lim_{\Delta V \to 0} \frac{\Delta W}{\Delta V} = \frac{dW}{\rho dV} \tag{1-18}$$

由牛顿第二定律可知

$$dW = \rho dV a \tag{1-19}$$

式中 a——流体的加速度。

对比式（1-18）和式（1-19）可以得到

$$w = a$$

可见，作用在流体上的单位质量力就是质量力所引起的加速度。单位质量力在直角坐标中的表达为

$$w = w_x \boldsymbol{i} + w_y \boldsymbol{j} + w_z \boldsymbol{k}$$

式中 w_x、w_y、w_z——单位质量力 w 在 x、y 和 z 方向上的分量。例如，当坐标轴 z 垂直向上时，仅受重力作用的流体其单位质量力可表达为

$$w_x = 0, \ w_y = 0, \ w_z = -g \tag{1-20}$$

已知 w 时就可以计算出整个流体受到的质量力，即

$$W = \int_V w \rho dV \tag{1-21}$$

二、静止流体的压力分布

在工程实际中，经常遇到作用在流体上的质量力只有重力的情况。以下讨论重力场中流体的静压分布。如图 1-9 所示，取水平基准面 Oxy，z 轴垂直向上，则单位质量力在各坐标轴方向的分量分别为式（1-20）所示。

设自由液面上的压强为 p_0，高度为 z_0，则流体中高度为 z 的任意一点的压强 p 与表面压强的关系为（推导略）

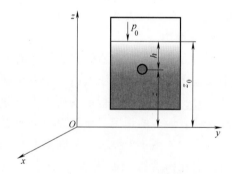

图 1-9 重力场中的流体静压分布

$$z + \frac{p}{\rho g} = z_0 + \frac{p_0}{\rho g}$$

整理上式得

$$p = p_0 + \rho g (z_0 - z) = p_0 + \rho g h \tag{1-22}$$

式（1-22）表示均质不可压缩流体在重力场中的压强分布规律，又称流体静压强基本公式。式中 h 为液面至计算点的液深，又称淹深。对于仅在重力作用下的同一连续均质的静止流体而言，分析此公式可得出以下几点结论：

1）深度 h 相同的点压强相等，故等压面为水平面。

2）流体中任一点的压强随深度 h 按线性关系增加，如图 1-10 所示。

3）平衡状态下，自由液面上压强 p_0 的任何变化都会等值地传递到流体中的其余各点

（帕斯卡原理）。水压机、液压传动装置都是以此原理为基础设计的。如图 1-11 所示，在面积为 A_1 的活塞 1 上施加大小为 F_1 的外力，则流体内将产生压强 $p = F_1/A_1$，它会通过流体传递到容器内各点，于是在面积为 A_2 的活塞上可产生对外做功的力 F_2，其大小为

$$F_2 = pA_2 = \frac{F_1}{A_1}A_2 = F_1\frac{A_2}{A_1}$$

输出力 F_2 的大小是输入力 F_1 的 A_2/A_1 倍。

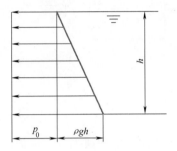

图 1-10　静压强分布图

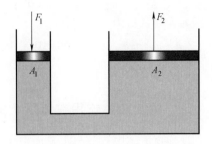

图 1-11　水压机原理图

【例 1-2】　如图 1-12 所示，容器中有两层互不掺混的流体，密度分别为 ρ_1 和 ρ_2。试计算图中 A、B 两点的静压。

解： 由式（1-22）可得

$$p_A = p_0 + \rho_1 g h_A$$

$$p_B = p_{0B} + \rho_2 g(h_B - h_1)$$

其中

$$p_{0B} = p_0 + \rho_1 g h_1$$

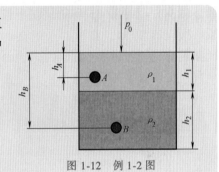

图 1-12　例 1-2 图

在工程上压力有三种表示方法：绝对压力、表压力（相对压力）和真空度。绝对压力指以绝对真空为基准算起的压力；表压力是以当地大气压为基准算起的压力；如果图1-9 的自由液面与大气相通，则 p_0 等于大气压力 p_a，代入式（1-22）得 $p - p_a = \rho g h$，即

表压 = 绝对压力 - 大气压力

当绝对压力小于大气压力时，定义真空度为当地大气压与绝对压力之差，即

真空度 = 大气压力 - 绝对压力

它们之间的关系可用图 1-13 表示。

在国际单位制中，压力的单位是 Pa，定义 $1\text{Pa} = 1\text{N/m}^2$。一个标准大气压的压力为

$$1\text{atm} = 101325\text{Pa} = 760\text{mmHg} \approx 10\text{mH}_2\text{O}$$

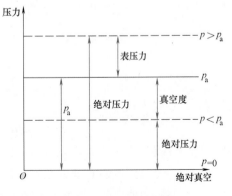

图 1-13　压力关系图

【例 1-3】　如图 1-14 所示，密闭容器侧壁上方装有 U 形管水银测压计，$h = 20\text{cm}$，试求安装在水面下 $h_1 = 3.5\text{m}$ 处的压力表读数值。

解：U 形管测压计的右端开口通大气，液面相对压力为 0，1—1 平面为等压面，容器内水面压力为

$$p_0 = 0 - \rho_{水银}gh = -13.6 \times 10^3 \times 9.8 \times 0.2\,\text{Pa}$$
$$= -26.66 \times 10^3\,\text{Pa}$$

压力表读数值为

$$p = p_0 + \rho g h_1 = (-26.66 \times 10^3 + 1000 \times 9.8 \times 3.5)\,\text{Pa}$$
$$= 7.64 \times 10^3\,\text{Pa}$$

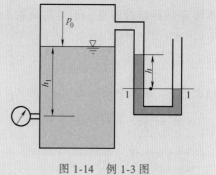

图 1-14　例 1-3 图

三、静止流体作用在壁面上的力

设静止流体中有一与水平面夹角为 α 的平板 ab，其面积为 A，液面通大气，平板外侧受到大气压作用，故只需考虑液体相对压力的作用。为分析方便，将平板 ab 绕 Oy 轴旋转 90°，如图 1-15 所示。在平板上任取一微元面积 dA，其中心点距自由表面的距离为 h，距 Ox 轴的距离为 y，由流体的静压特性知，其上的流体压力垂直指向平板。作用在微元面积 dA 上的压力为

$$dF = p\,dA = \rho gh\,dA = \rho gy\sin\alpha\,dA$$

$$(1-23)$$

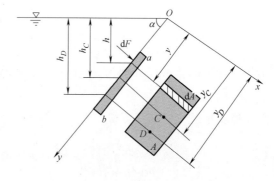

图 1-15　平板上的作用力

积分式（1-23）得流体作用于平板上的总压力为

$$F = \int_A dF = \rho g\sin\alpha \int_A y\,dA \qquad (1-24)$$

式中　$\displaystyle\int_A y\,dA$——平板面积对 Ox 轴的静矩，其值等于平板面积 A 与其形心至 Ox 轴的距离 y_C 的乘积，即

$$\int_A y\,dA = y_C A \qquad (1-25)$$

将式（1-25）代入式（1-24）有

$$F = \rho g\sin\alpha \cdot y_C A = \rho gh_C A = p_C A \qquad (1-26)$$

式中　h_C——受压面形心 C 在液面下的淹没深度；

　　　p_C——受压面形心 C 处的相对压强。

式（1-26）表明，静止流体作用在任意平板上的总压力等于该平板的受压面积与其形心处相对压强的乘积。它与平板的形状及倾斜角 α 无关。

四、阿基米德浮力原理

液体对浸没于其中任意形状的物体所产生的作用力称为浮力。如图 1-16 所示，设有一体积为 V 的物体浸没于静止液体中，物体在液面以下的某一深度保持平衡。因物体的表面是封闭曲面，物体所受的流体作用力为曲面上表面力的积分之和。不难看出，液体对该物体水平方向上的作用力相互抵消，合力为零。对于垂直方向上的合力，可应用压力体的方法求得。

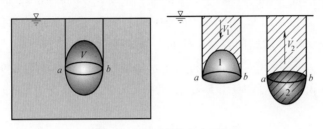

图 1-16 阿基米德浮力原理

将物体外表面分为两部分，对于上半部分曲面，液体的垂直分力为 $F_1 = \rho g V_1$，方向向下；对下半部分曲面，液体的垂直分力为 $F_2 = \rho g V_2$，方向向上。则液体对整个物体的垂直合力为

$$F = F_2 - F_1 = \rho g (V_2 - V_1) = \rho g V \tag{1-27}$$

式（1-27）表明，浸入流体中的物体所受浮力的大小等于它所排开物体的重力，方向垂直向上。这就是阿基米德浮力原理。浮力本质上是物体上下表面的压力差。随着深度的增加，V_1 和 V_2 都增大，即上、下表面的作用力都增大了，但是其差不变，即浮力保持不变。

 习题

1. 某可压缩流体在圆柱形容器中，当压力为 2MN/m^2 时，体积为 995cm^3；当压力为 1MN/m^2 时，体积为 1000cm^3。它的等温压缩率 κ_T 为多少？

2. 某液体黏度 $\eta = 0.005\text{Pa} \cdot \text{s}$，密度为 850kg/m^3，求它的运动黏度 ν。

3. 当一平板在一固定板对面以 0.61m/s 的速度移动时（图 1-17），计算稳定状态下的切应力（N/m^2）。板间距离为 2mm，板间流体的黏度为 $2 \times 10^{-3}\text{Pa} \cdot \text{s}$。切应力的传递方向如何？

4. 温度为 38℃ 的水在一平板上流动（图 1-18）。

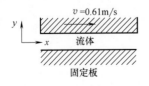

图 1-17 习题 3 图

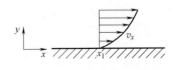

图 1-18 习题 4、5 图

（1）如果在 $x=x_1$ 处的速度分布 $v_x=3y-y^3$，求该点壁面切应力。38℃水的特性参数是：$\rho=1t/m^3$，$\nu=0.007cm^2/s$。

（2）在 $y=1mm$ 和 $x=x_1$ 处，沿 y 方向传输的切应力是多少？

（3）在 $y=1mm$ 和 $x=x_1$ 处，沿 x 方向有动量传输吗？若有，它是多少（垂直于流动方向的单位面积上的切应力）？

5.（1）计算习题4中在 $y=25mm$ 和 $x=x_1$ 处，沿 y 方向传输的切应力。

（2）将结果与习题4的结果做比较。

6. 如图1-19所示，一密闭容器中，上部装有密度 $\rho_1=0.8\times10^3kg/m^3$ 的油，下部为密度 $\rho_2=10^3kg/m^3$ 的水，已知 $h_1=0.3m$，$h_2=0.5m$。测压管中水银液面读数 $h=0.4m$（密度 $\rho_3=13.6\times10^3kg/m^3$）。求密闭容器中油面上的压强 p_0。

7. 如图1-20所示，用真空计B测得封闭水箱液面上的真空度为 0.98×10^3Pa，若敞口油箱的液面低于水箱液面，且 $h=1.5m$，水银测压计的读数 $h_2=0.2m$，已知 $h_1=5.61m$，求油的密度。

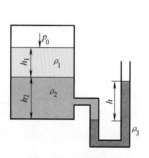

图1-19　习题6图

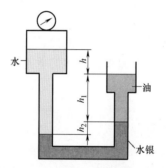

图1-20　习题7图

8. 正立方体水箱内空间每边长0.6m，水箱上面装有一根长30m的垂直水管，直径为25mm，水管下端与水箱上表面平齐，箱底是水平的。若水箱和水管装满水（密度为 $1000kg/m^3$），试计算：

（1）作用在箱底上的静水压力。

（2）作用在承箱台面上的力（不计箱重和水管重）。

第二章

流体动力学

　　流体动力学（包括运动学）是研究流体在外力作用下的运动规律，内容包括流体运动的方式和速度、加速度、位移、转角等随空间与时间的变化，以及研究引起运动的原因和决定作用力、力矩、动量和能量的方法。

　　流体动力学的基础是三个基本的物理定律，不论所考虑的流体性质如何，它们对每一种流体都是适用的。这三个定律及所涉及的流体动力学的数学公式如下：

定　　律	方　程　式
1. 物质不灭定律(或质量守恒定律)	连续性方程
2. 牛顿第二运动定律($F = ma$)	动量传输方程(欧拉方程、纳维尔-斯托克斯方程)
3. 热力学第一定律(或能量守恒定律)	能量方程(伯努利方程)

　　如前所述，流体是有黏性的，在静止流体中可以不考虑黏性；但在运动流体中，由于流体间存在相对运动，因而必须考虑黏性的影响。也就是说，在研究流体动力学时，除了考虑质量力和压力的作用外，还要考虑黏性力的作用。如再要考虑流体压缩性的影响，那问题就变得更复杂了。但是，流体动力学的研究方法可以先从研究理想流体出发，推导其基本方程，然后根据实际流体的条件对基本方程的应用加以简化或修正。在推导基本方程之前，先要对流体的运动方式做一概要分析。

第一节　流体运动的描述

　　充满运动流体的空间称为"流场"，用以表示流体运动特征的一切物理量称为"运动参数"(如速度、加速度、密度、重度、压力和黏性力等)，动力学也就是研究流体质点在流场中所占有的空间的一切点，运动参数随时间和空间位置的分布和连续变化的规律。

一、研究流体运动的方法

　　在流体力学中根据出发点不同，采用两种分析方法，即拉格朗日（Lagrange）法及欧拉法。拉格朗日法的出发点是流体质点，即研究流体各个质点的运动参数随时间的变化规律，综合所有流体质点运动参数的变化，便得到了整个流体的运动规律。在研究流体的波动和振荡问题时常用此法。

欧拉法的出发点在于流场中的空间点，即研究流体质点通过空间固定点时的运动参数随时间的变化规律，综合流场中所有点的运动参数变化情况，就得到整个流体的运动规律。

由于研究流体运动时，常常希望了解整个流场的速度分布、压力分布及其变化规律，因此欧拉法得到了广泛的应用。下面对欧拉法予以介绍。

首先分析速度表示的方法。显然，同一时刻流场内各空间点的流体质点速度是不相同的，即速度是空间位置坐标 (x, y, z) 的函数；另外，在同一空间点的不同时刻，流体通过该点的速度也可以是不相同的，所以速度也是时间 t 的函数。由于流体是连续介质，所以某点的速度应是 x，y，z 及 t 的连续函数，即

$$\left.\begin{aligned}
v_x &= v_x(x, y, z, t)\\
v_y &= v_y(x, y, z, t)\\
v_z &= v_z(x, y, z, t)
\end{aligned}\right\} \tag{2-1}$$

或

$$v = \sqrt{v_x^2 + v_y^2 + v_z^2}$$

通过流场中某点流体质点加速度的各分量可表示为

$$\left.\begin{aligned}
a_x &= \frac{\mathrm{d}v_x}{\mathrm{d}t} = \frac{\partial v_x}{\partial t} + \frac{\partial v_x}{\partial x} \cdot \frac{\mathrm{d}x}{\mathrm{d}t} + \frac{\partial v_x}{\partial y} \cdot \frac{\mathrm{d}y}{\mathrm{d}t} + \frac{\partial v_x}{\partial z} \cdot \frac{\mathrm{d}z}{\mathrm{d}t}\\
a_y &= \frac{\mathrm{d}v_y}{\mathrm{d}t} = \frac{\partial v_y}{\partial t} + \frac{\partial v_y}{\partial x} \cdot \frac{\mathrm{d}x}{\mathrm{d}t} + \frac{\partial v_y}{\partial y} \cdot \frac{\mathrm{d}y}{\mathrm{d}t} + \frac{\partial v_y}{\partial z} \cdot \frac{\mathrm{d}z}{\mathrm{d}t}\\
a_z &= \frac{\mathrm{d}v_z}{\mathrm{d}t} = \frac{\partial v_z}{\partial t} + \frac{\partial v_z}{\partial x} \cdot \frac{\mathrm{d}x}{\mathrm{d}t} + \frac{\partial v_z}{\partial y} \cdot \frac{\mathrm{d}y}{\mathrm{d}t} + \frac{\partial v_z}{\partial z} \cdot \frac{\mathrm{d}z}{\mathrm{d}t}
\end{aligned}\right\} \tag{2-2}$$

或

$$\left.\begin{aligned}
a_x &= \frac{\mathrm{d}v_x}{\mathrm{d}t} = \frac{\partial v_x}{\partial t} + v_x \frac{\partial v_x}{\partial x} + v_y \frac{\partial v_x}{\partial y} + v_z \frac{\partial v_x}{\partial z}\\
a_y &= \frac{\mathrm{d}v_y}{\mathrm{d}t} = \frac{\partial v_y}{\partial t} + v_x \frac{\partial v_y}{\partial x} + v_y \frac{\partial v_y}{\partial y} + v_z \frac{\partial v_y}{\partial z}\\
a_z &= \frac{\mathrm{d}v_z}{\mathrm{d}t} = \frac{\partial v_z}{\partial t} + v_x \frac{\partial v_z}{\partial x} + v_y \frac{\partial v_z}{\partial y} + v_z \frac{\partial v_z}{\partial z}
\end{aligned}\right\} \tag{2-3}$$

式（2-3）的等式右边第一项表示通过空间固定点的流体质点速度随时间的变化率，称当地加速度；等式右边后三项反映了同一瞬间（即 t 不变）流体质点从一个空间点转移到另一个空间点的速度变化率，称迁移加速度。质点的总加速度等于当地加速度与迁移加速度之和，即 $\mathrm{d}v/\mathrm{d}t$ 称全加速度。

二、稳定流与非稳定流

如果流场的运动参数不仅随位置改变，又随时间不同而变化，这种流动就称为非稳定流；如果运动参数只随位置改变而与时间无关，这种流动就称为稳定流。

对于非稳定流，流场中速度和压力分布可表示为

$$\left.\begin{aligned}v_x &= v_x(x, y, z, t)\\ v_y &= v_y(x, y, z, t)\\ v_z &= v_z(x, y, z, t)\end{aligned}\right\} \qquad (2\text{-}4)$$

$$p = p(x, y, z, t) \qquad (2\text{-}5)$$

对于稳定流，上述参数可表示为

$$\left.\begin{aligned}v_x &= v_x(x, y, z)\\ v_y &= v_y(x, y, z)\\ v_z &= v_z(x, y, z)\end{aligned}\right\} \qquad (2\text{-}6)$$

$$p = p(x, y, z) \qquad (2\text{-}7)$$

所以稳定流的数学条件是

$$\frac{\partial v_x}{\partial t} = 0; \quad \frac{\partial v_y}{\partial t} = 0; \quad \frac{\partial v_z}{\partial t} = 0; \quad \frac{\partial p}{\partial t} = 0 \qquad (2\text{-}8)$$

上述两种流动可用流体流过薄壁容器壁的小孔泄流来说明。图 2-1 的容器内有充水和溢流装置来保持水位恒定，流体经孔口的流速和压力不随时间变化，流体经孔口出流后为一束形状不变的射流，这就是稳定流。但在图 2-2 中，没有一定的装置来保持容器中水位的恒定，由于经孔口泄流后水位下降，因此，在变水位下经孔口的液体外流，其速度及压力都随时间而变化，液体经孔口外流便是随时间不同而改变形状的射流，这就是非稳定流。

研究稳定流是有实际意义的。因为实际工程中绝大部分流体流动都可近似地看作是稳定流动，特别是在容器截面较大、孔口又较小的情况下，即使没有液体补充装置，其水位的下降也相当缓慢，这时按稳定流处理误差不会很大。因此，本书主要研究稳定流的基本规律。

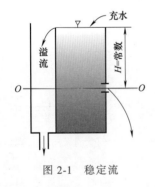

图 2-1　稳定流

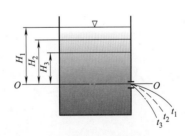

图 2-2　非稳定流

三、迹线和流线

除去研究流体质点的流动参量随时间变化外，为了使整个流场形象化，从而得到不同流场的运动特性，还要研究同一瞬时质点与质点间或同一质点在不同时间流动参量的关系，也就是质点参量的综合特性。前者称为流线研究法，后者称为迹线研究法。

1. 迹线

迹线就是流体质点运动的轨迹线。迹线的特点是：对于每一个质点都有一个运动轨迹，所以迹线是一族曲线，而且迹线只随质点不同而异，与时间无关。

2. 流线

流线和迹线不同，它不是某一质点经过一段时间所走过的轨迹，而是在同一瞬时流场中连续的不同位置质点的流动方向线。现在用图 2-3 来理解流线的物理概念。

设在某瞬时 t_1，流场中某点 1 处流体质点的流速为 $\boldsymbol{v}_1$；沿 $\boldsymbol{v}_1$ 矢量方向无穷小距离 ds_1 取点 2，点 2 处流体质点在同一瞬时 t_1 的流速为 $\boldsymbol{v}_2$；沿 $\boldsymbol{v}_2$ 矢量方向无穷小距离 ds_2 取点 3，点 3 处流体质点在同一瞬时 t_1 的流速为 $\boldsymbol{v}_3$；依次类推，可以找到点 4，点 5 等。这样，在 t_1 瞬时可以得到一条空间折线 1—2，2—3，3—4 等，当各折线段 ds 趋近零时，该折线的极限为一条光滑的曲线 S。曲线 S 就称为瞬时 t_1 流场中经过点 1 的流线。由此看出流线的定义为：流场中某一瞬间的一条空间曲线，在该线上各点的流体质点所具有的速度方向与曲线在该点的切线方向重合。

通过流场中其他点，也可用上述方法作出流线。因此，整个流场成为被无数流线所充满的空间，它显示出流体运动清晰的几何形象。

流线有以下三个特征：

1）非稳定流时，由于流场中速度随时间改变，所以在瞬时 t_2 通过流场空间点 1 的速度矢量将改变为 $\boldsymbol{v}_1'$，按流线定义则 t_2 瞬时流过点 1 的流线将改变为 S'（图 2-3）。因而，非稳定流时，经过同一点的流线其空间方位和形状是随时间改变的。

2）稳定流时，由于流场中各点流速不随时间改变，所以同一点的流线始终保持不变，且流线上质点的迹线与流线重合。

3）流线不能相交。

有了流线的概念和特性，就可以形象地描述不同边界条件下的流体流动。如用"流线谱"描绘的闸门下液体出流（图 2-4a）；经突然放大的流体流动（图 2-4b）；绕球体运动的流线分布（图 2-4c）。

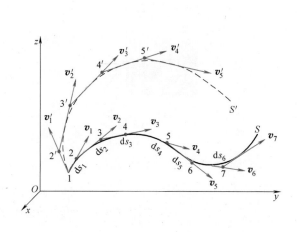

图 2-3 流线概念

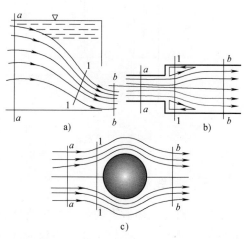

图 2-4 不同边界的流线图

显然，在流线分布密集处流速大，在流线分布稀疏处流速小。因此，流线分布的疏密程度就表示了流体运动的快慢程度。

四、流管、流束、流量

流线只能表示流场中质点的流动参量，但不能表明流过的流体数量，因此需引入流管和流束的概念。

在流场内取任意封闭曲线 l（图 2-5），通过曲线 l 上每一点连续地作流线，则流线族构成一个管状表面，叫流管。非稳定流时流管形状随时间而改变，稳定流时流管形状不随时间而改变。因为流管是由流线组成的，所以流管上各点的流速都在其切线方向，而不穿过流管表面（否则就要有流线相交）。所以流体不能穿出或穿入流管表面。这样，流管就像刚体管壁一样，把流体运动局限在流管之内或流管之外。在流管内取一微小曲面 dA，通过 dA 上每个点作流线，这族流

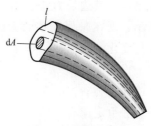

图 2-5　流管示意图

线称为流束。如果曲面 dA 与流束中每一根流线都正交，dA 就称为有效断面。断面无穷小的流束称为微小流束。由于微小流束的断面 dA 很小，可以认为在微小断面 dA 上各点的运动参数是相同的，这样就可以运用数学积分的方法求出相应的总有效断面的运动参数。

因为在微小流束的有效断面中流速 v 相同，所以单位时间内流过此微小流束的流量 dQ 应等于 vdA。

一个流管是由许多流束组成的，这些流束的流动参量并不一定相同，所以流管的流量应为

$$Q = \int_A vdA$$

由于流体有黏性，任一有效断面上各点的速度大小不等，由试验可知总有效断面上的速度分布呈曲线图形，边界处 v 为零，管轴处 v 最大。工程上引用平均速度 $\bar{v}$ 的概念，根据流量相等的原则，单位时间内匀速流过有效断面的流体体积应与按实际流体通过同一断面的流体体积相等，即

$$\bar{v} \int_A dA = \int_A vdA = Q$$

则

$$\bar{v} = \frac{\int_A vdA}{\int_A dA} = \frac{Q}{A} \tag{2-9}$$

平均速度的概念反映了流道中各微小流束的流速是有差别的。工程上所指的管道中流体的流速，就是这个断面的平均速度 $\bar{v}$。

第二节　连续性方程

因为流体是连续介质，所以在研究流体运动时，同样认为流体是连续地充满它所占据

的空间。根据质量守恒定律，对于空间固定的封闭曲面，稳定流时流入的流体质量必然等于流出的流体质量；非稳定流时流入与流出的流体质量之差，应等于封闭曲面内流体质量的变化量。反映这个原理的数学关系就是连续性方程（Continuity Equation）。

一、直角坐标系的连续性方程

在流场中取一六面空间体作为微元控制体，其边长为 dx，dy，dz，如图 2-6 所示。现在来研究该微元体内部流体的质量变化。

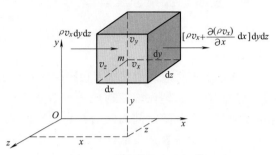

图 2-6 微小的六面空间体

设六面体点 $m(x, y, z)$ 上流体质点的速度为 v_x，v_y 和 v_z，密度为 ρ。根据质量守恒定律有

$$\begin{pmatrix}单位时间输入\\微元体的质量\end{pmatrix} - \begin{pmatrix}单位时间输出\\微元体的质量\end{pmatrix} = \begin{pmatrix}单位时间微元体\\内累积的质量\end{pmatrix} \qquad (2\text{-}10)$$

现在先分析与 x 轴垂直的面。单位时间内通过 x 处的平面输入的质量流量是 $dydz(\rho v_x)|_x$；同样，通过 $x+dx$ 处的平面输出的质量流量是 $dydz(\rho v_x)|_{x+dx} = \left[\rho v_x + \dfrac{\partial(\rho v_x)}{\partial x}dx\right]dydz$。故 dt 时间内沿 x 向从六面体 x 处与 $x+dx$ 处输入与输出的质量差为

$$dydz(\rho v_x)|_x dt - dydz(\rho v_x)|_{x+dx}dt$$

$$= (\rho v_x)dydzdt - \left[\rho v_x + \frac{\partial(\rho v_x)}{\partial x}dx\right]dydzdt$$

$$= -\frac{\partial(\rho v_x)}{\partial x}dxdydzdt$$

同理，沿 y、z 两个方向 dt 时间内输入与输出微元六面体的质量差分别为

$$-\frac{\partial(\rho v_y)}{\partial y}dxdydzdt; \qquad -\frac{\partial(\rho v_z)}{\partial z}dxdydzdt$$

因此，dt 时间整个六面体内输入与输出的流体质量差应为

$$-\frac{\partial(\rho v_x)}{\partial x}dxdydzdt - \frac{\partial(\rho v_y)}{\partial y}dxdydzdt - \frac{\partial(\rho v_z)}{\partial z}dxdydzdt \qquad (2\text{-}11)$$

$$= -\left[\frac{\partial(\rho v_x)}{\partial x} + \frac{\partial(\rho v_y)}{\partial y} + \frac{\partial(\rho v_z)}{\partial z}\right]dxdydzdt$$

下面再来看看累积的质量变化。dt 时间开始时 m 点上的流体密度为 ρ，则经 dt 时间后该点上的流体密度则变为 $\rho + \dfrac{\partial \rho}{\partial t}dt$。由于在 dt 时间内从六面体要多流出到外部一定的流体质量，即式（2-11）所列，所以其内部质量必然要减少。这样，在 dt 时间内六面体中因密度变化而引起总的质量变化（即累积的质量）为

$$\left(\rho + \frac{\partial \rho}{\partial t}dt\right)dxdydz - \rho(dxdydz) = +\frac{\partial \rho}{\partial t}dxdydzdt \qquad (2\text{-}12)$$

当六面体内无源无汇，且流体流动为连续时，按式（2-10），应将式（2-11）与式（2-12）等同，有

$$-\left[\frac{\partial(\rho v_x)}{\partial x}+\frac{\partial(\rho v_y)}{\partial y}+\frac{\partial(\rho v_z)}{\partial z}\right]\mathrm{d}x\mathrm{d}y\mathrm{d}z\mathrm{d}t=+\frac{\partial\rho}{\partial t}\mathrm{d}x\mathrm{d}y\mathrm{d}z\mathrm{d}t$$

或

$$\frac{\partial\rho}{\partial t}+\frac{\partial(\rho v_x)}{\partial x}+\frac{\partial(\rho v_y)}{\partial y}+\frac{\partial(\rho v_z)}{\partial z}=0 \tag{2-13}$$

这就是流体的连续性方程。其物理意义是：流体在单位时间内流经单位体积空间输出与输入的质量差与其内部质量变化的代数和为零。这个方程实际上是质量守恒定律在流体力学中的具体体现。

将式（2-13）展开，并取

$$\frac{\mathrm{d}\rho}{\mathrm{d}t}=\frac{\partial\rho}{\partial t}+v_x\frac{\partial\rho}{\partial x}+v_y\frac{\partial\rho}{\partial y}+v_z\frac{\partial\rho}{\partial z}$$

则连续性方程又可写成

$$\frac{1}{\rho}\frac{\mathrm{d}\rho}{\mathrm{d}t}+\frac{\partial v_x}{\partial x}+\frac{\partial v_y}{\partial y}+\frac{\partial v_z}{\partial z}=0 \tag{2-14}$$

应用哈密顿算子 $\nabla=\frac{\partial}{\partial x}+\frac{\partial}{\partial y}+\frac{\partial}{\partial z}$，并使用矢量符号 V 可将其简化，式（2-14）成为

$$\frac{1}{\rho}\frac{\mathrm{d}\rho}{\mathrm{d}t}+\nabla V=0 \tag{2-15}$$

或

$$\frac{\mathrm{d}\rho}{\mathrm{d}t}+\rho\nabla V=0 \tag{2-16}$$

对于可压缩性流体稳定流动，$\frac{\partial\rho}{\partial t}=0\left(但\frac{\mathrm{d}\rho}{\mathrm{d}t}\neq0\right)$，则式（2-13）变为

$$\frac{\partial(\rho v_x)}{\partial x}+\frac{\partial(\rho v_y)}{\partial y}+\frac{\partial(\rho v_z)}{\partial z}=0 \tag{2-17}$$

或

$$\nabla(\rho V)=0 \tag{2-18}$$

式（2-17）即为可压缩性流体稳定流动的三维连续性方程。它说明流体在单位时间流经单位体积空间流出与流入的质量相等，或者说空间体内质量保持不变。

对于不可压缩流体，$\rho=$ 常数，则式（2-17）成为

$$\frac{\partial v_x}{\partial x}+\frac{\partial v_y}{\partial y}+\frac{\partial v_z}{\partial z}=0 \tag{2-19}$$

或

$$\nabla V=0 \tag{2-20}$$

式（2-19）即为不可压缩流体流动的空间连续性方程。它说明单位时间单位空间内的流体体积保持不变。

二、一维总流的连续性方程

在工程中常见的一维（一元）流动，此时，$v_y=v_z=0$。可以证明，当同一微小流束的两个不同的断面积分别为 $\mathrm{d}A_1$ 和 $\mathrm{d}A_2$ 时，可压缩流体沿微小流束稳定时的连续性方程为

$$\rho_1 v_1 dA_1 = \rho_2 v_2 dA_2 \tag{2-21}$$

对式（2-21）两边积分，并取 ρ_1 及 ρ_2 为平均密度 $\rho_{1均}$ 及 $\rho_{2均}$，可得一维总流的方程

$$\rho_{1均} \int_{A1} v_1 dA_1 = \rho_{2均} \int_{A2} v_2 dA_2$$

有
$$\rho_{1均} v_1 A_1 = \rho_{2均} v_2 A_2 \tag{2-22}$$

式中 v_1、v_2——断面 A_1 及 A_2 处的流体平均速度（m/s）；

A_1、A_2——有效断面面积（m^2）。

式（2-22）说明可压缩流体稳定流时，沿流程的质量流量保持不变，为一常数。

对于不可压缩流体，即 $\rho =$ 常数，则式（2-22）成为

$$v_1 A_1 = v_2 A_2$$

$$\frac{v_1}{v_2} = \frac{A_2}{A_1} \tag{2-23}$$

式（2-23）为一维总流不可压缩流体稳定流动的连续性方程。它确立了一维总流在稳定流动条件下：沿流程体积流量保持不变为一常值；各有效断面平均流速与有效断面面积成反比，即断面大流速小，断面小流速大。这是不可压缩流体运动的一个基本规律。

【例 2-1】 一化铁炉的送风系统如图 3-7 所示。将风量 $Q = 50 m^3/min$ 的冷空气经风机送入冷风管（0℃时空气密度为 $\rho_{1均} = 1.293 kg/m^3$），再经密筋炉胆换热器被炉气加热，使空气预热至 $t = 250℃$。然后，经热风管送至风箱中。若冷风管和热风管的内径相等，即 $d_1 = d_2 = 300mm$，试计算两管实际风速 v_1 及 v_2。

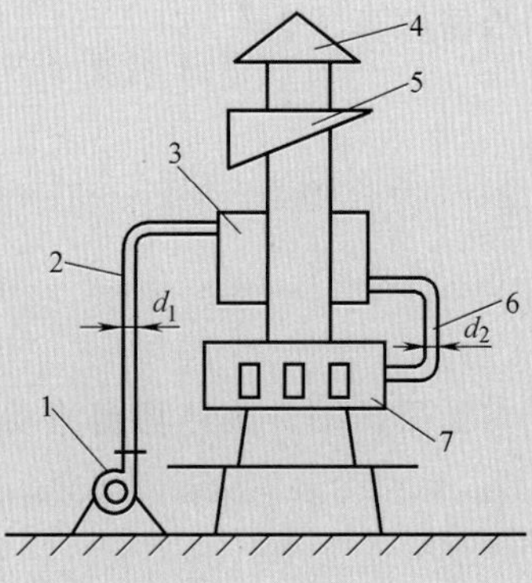

解：因冷风经炉胆预热，到热风管时空气密度有了变化（此处由于压力变化引起的密度变化不大，可以忽略不计）。因此，在确定风速时，应根据可压缩流体的连续方程式（2-22）计算，即

$$\rho_{1均} v_1 A_1 = \rho_{2均} v_2 A_2$$

图 2-7 化铁炉送风系统
1—风机 2—冷风管 3—换热器
4—烟囱帽 5—除尘器
6—热风管 7—风箱

因
$$v_1 = \frac{Q}{A} = \frac{50/60}{\frac{\pi}{4} \times 0.3^2} m/s = 11.8 m/s$$

再由气体密度与体胀系数 α_V 及温度 t 的关系，求 250℃ 温度时相应的空气密度 $\rho_{2均}$，即

$$\rho_{2均} = \frac{\rho_{1均}}{1 + \alpha_V t} = \frac{1.293}{1 + \frac{250}{273}} kg/m^3 = 0.674 kg/m^3$$

因此
$$v_2 = \frac{\rho_{1均} v_1 A_1}{\rho_{2均} A_2} = \frac{1.293 \times 11.8}{0.674} m/s = 22.6 m/s$$

以上结果表明：由于温度 t 的改变，热风的流速 v_2 为 1 工程大气压状态下（0℃，98.06kPa，即 1at）流速 v_1 的 $(1+\alpha_V t)$ 倍，即 $v_2 = (1+\alpha_V t)v_1$。体胀系数 $\alpha_V = 1/273$（单位为 K^{-1}）。

三、圆柱坐标系和球坐标系的连续性方程

在圆柱坐标系和球坐标系中，取出一微单元体，如图 2-8 和图 2-9 所示。与前述推导方式相同，可得

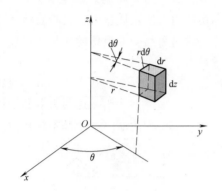

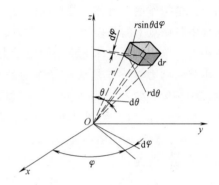

图 2-8　圆柱坐标系　　　　　　　　　图 2-9　球坐标系

$$\frac{\partial \rho}{\partial t} + \frac{\rho v_r}{r} + \frac{\partial(\rho v_r)}{\partial r} + \frac{1}{r}\frac{\partial(\rho v_\theta)}{\partial \theta} + \frac{\partial(\rho v_z)}{\partial z} = 0 \tag{2-24}$$

此即圆柱坐标系的连续性方程。对于不可压缩流体，其连续性方程为

$$\frac{v_r}{r} + \frac{\partial v_r}{\partial r} + \frac{1}{r}\frac{\partial v_\theta}{\partial \theta} + \frac{\partial v_z}{\partial z} = 0 \tag{2-25}$$

对于球坐标系，流体流动的连续性方程为

$$\frac{\partial \rho}{\partial t} + \frac{1}{r\sin\theta}\frac{\partial(\rho v_\theta \sin\theta)}{\partial \theta} + \frac{1}{r\sin\theta}\frac{\partial(\rho v_\varphi)}{\partial \varphi} + \frac{1}{r^2}\frac{\partial(\rho v_r r^2)}{\partial r} = 0 \tag{2-26}$$

对于不可压缩流体，连续性方程为

$$\frac{1}{r\sin\theta}\frac{\partial(v_\theta \sin\theta)}{\partial \theta} + \frac{1}{r\sin\theta}\frac{\partial v_\varphi}{\partial \varphi} + \frac{1}{r^2}\frac{\partial(v_r r^2)}{\partial r} = 0 \tag{2-27}$$

式中　r，θ，φ——球坐标参量。

【例 2-2】　已知空气流动速度场为 $v_x = 6(x+y^2)$，$v_y = 2y+z^3$，$v_z = x+y+4z$，试分析这种流动状况是否连续。

解：因为 $\dfrac{\partial v_x}{\partial x} = 6$，$\dfrac{\partial v_y}{\partial y} = 2$，$\dfrac{\partial v_z}{\partial z} = 4$，故 $\dfrac{\partial v_x}{\partial x} + \dfrac{\partial v_y}{\partial y} + \dfrac{\partial v_z}{\partial z} = 12 \neq 0$，根据式（2-19）可以说明空气的流动是不连续的。

第三节 理想流体动量传输方程——欧拉方程

前面所建立的连续性方程，给出了流体运动的速度场必须满足的条件，这是一个运动学方程。现在，来讨论流体在运动中所受的力和动量与流动参量之间的关系，即建立理想流体动力学方程。理想流体是指无黏性的流体，可以不考虑由黏性产生的内摩擦力，因而作用在流体表面上的力只有垂直指向受压面的压力。

作用于某一流体块或微元体积的力可分为两大类：表面力、质量力或者体积力。所谓表面力，是指作用于流体块外界面的力，如压力和切应力。所谓质量力，是指直接作用在流体块中各质点上的非接触力，如重力、惯性力等。质量力与受力流体的质量成正比，也叫体积力。单位质量流体上承受的质量力称单位质量力。

本节的动力学方程是从流体运动的动量守恒定律（牛顿第二定律）得出的。在理想流体流场中取一微元六面体，如图 2-10 所示，其边长为 dx，dy，dz，微元体的中心 $A(x, y, z)$ 处的流体静压力为 p，流速沿各坐标轴的分量分别为 v_x、v_y、v_z，密度为 ρ。微元体所受的力有表面力（压力）和质量力。现以 x 方向受力（其表面力如图 2-10 所示）为例进行分析。

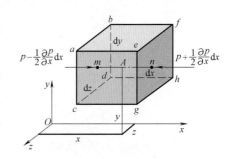

图 2-10 微元六面体受力分析

作用在微元体中心 A 点的压力为 p，左侧 $abdc$ 面形心 m 点压力为 $\left(p-\dfrac{1}{2}\dfrac{\partial p}{\partial x}dx\right)$，其中 $\dfrac{\partial p}{\partial x}$ 是压力 p 沿 x 轴的变化率（又称压力梯度）。由于 m 点相对 A 点只有 $\left(-\dfrac{1}{2}dx\right)$ 的坐标变化，其变化很小，所以可认为 $\dfrac{\partial p}{\partial x}$ 不变，因此 $\left(-\dfrac{1}{2}\dfrac{\partial p}{\partial x}dx\right)$ 项应是 m 点相对于 A 点压力的变化量。这样 m 点的压力就为 $\left(p-\dfrac{1}{2}\dfrac{\partial p}{\partial x}dx\right)$。同理，右侧 $efhg$ 面形心 n 点的压力为 $\left(p+\dfrac{1}{2}\dfrac{\partial p}{\partial x}dx\right)$。

此外，流体的单位质量力在 x 轴上的分量为 X，则微元体的质量力在 x 轴的分量就为 $W_x = X\rho dxdydz$。

根据牛顿第二定律（$F=ma$），作用在微元六面体上诸力在任一轴投影的代数和应等于该微元六面体的质量与该轴上的分加速度 $\dfrac{dv}{dt}$ 的乘积。于是对于 x 轴即有

$$X\rho dxdydz+\left(p-\frac{1}{2}\frac{\partial p}{\partial x}dx\right)dydz-\left(p+\frac{1}{2}\frac{\partial p}{\partial x}dx\right)dydz=\rho dxdydz\frac{dv_x}{dt} \qquad (2\text{-}28)$$

等式两边除以微元体质量 $\rho dxdydz$，则得单位质量流体的运动方程为

$$X - \frac{1}{\rho} \frac{\partial p}{\partial x} = \frac{dv_x}{dt}$$

同理
$$Y - \frac{1}{\rho} \frac{\partial p}{\partial y} = \frac{dv_y}{dt}$$　　　　　　(2-29)

$$Z - \frac{1}{\rho} \frac{\partial p}{\partial z} = \frac{dv_z}{dt}$$

若用矢量表示，则为

$$W - \frac{1}{\rho} \nabla p = \frac{Dv}{Dt}$$　　　　　　(2-30)

式中　　W——质量力，$W = iX + jY + kZ$；

∇p——压力梯度，有时写成 $\mathbf{grad}p$，请注意，压力 p 本身是个标量，而压力梯度却是矢量，矢量与标量之积仍是矢量；

$\dfrac{Dv}{Dt}$——实质导数，即加速度，若单从 x 轴来计算，$\dfrac{Dv_x}{Dt} = \dfrac{\partial v_x}{\partial t} + v_x \dfrac{\partial v_x}{\partial x} + v_y \dfrac{\partial v_x}{\partial y} + v_z \dfrac{\partial v_x}{\partial z} = a_x$，这就是式（2-3）。

式（2-29）及式（2-30）就是理想流体的动量平衡方程，它是 1755 年由欧拉首先提出的，故又名欧拉方程（Euler Equation）。它建立了作用在理想流体上的力与流体运动加速度之间的关系，是研究理想流体各种运动规律的基础。它对可压缩及不可压缩理想流体的稳定流或非稳定流都是适用的，在不可压缩流体中密度 ρ 为常数；在可压缩流体中密度是压力和温度的函数，即 $\rho = f(p, T)$。它是流体动力学中的一个重要方程。

这里需要特别指出的是：上述方程完全是从一般力学中力及其平衡的关系中得出的。如果从另一种角度，即从动量传输和动量平衡的角度来看，力的平衡也可看成是动量的（或更准确地说是动量通量的）平衡。只要从力和动量（或动量通量）两者的量纲上应可看出它们的类同关系。

$$[动量] = [质量] \times [速度]$$
$$[动量通量] = [动量]/([时间] \cdot [面积])$$
$$= [质量] \times [速度]/([时间] \cdot [面积])$$
$$= [质量] \times [加速度]/[面积]$$
$$= [力]/[面积]$$
$$= [应力]$$

由此，动量通量和应力可看成为同一物理量。建立起这个概念在材料加工及冶金传输过程中是极其重要的。因为在整个材料加工或冶金过程中一切过程都是包括动量、热量和质量在内的传输过程。描述传输现象中的三个基本定律，即牛顿黏性定律、傅里叶热传导定律和菲克扩散定律，就是从本质上反映了诸多物理量间的传输关系。关于这个观点，可在下一节中得到完整的理解。

当 $v_x = v_y = v_z = 0$ 时，说明流体运动状态没有改变，可得流体静力学的欧拉平衡微分方程，所以平衡方程只是运动方程的特例。

若将式（2-3）各分加速度代入式（2-29），则得

$$
\left.
\begin{array}{l}
X-\dfrac{1}{\rho}\dfrac{\partial p}{\partial x}=\dfrac{\partial v_x}{\partial t}+v_x\dfrac{\partial v_x}{\partial x}+v_y\dfrac{\partial v_x}{\partial y}+v_z\dfrac{\partial v_x}{\partial z} \\[3mm]
Y-\dfrac{1}{\rho}\dfrac{\partial p}{\partial y}=\dfrac{\partial v_y}{\partial t}+v_x\dfrac{\partial v_y}{\partial x}+v_y\dfrac{\partial v_y}{\partial y}+v_z\dfrac{\partial v_y}{\partial z} \\[3mm]
Z-\dfrac{1}{\rho}\dfrac{\partial p}{\partial z}=\dfrac{\partial v_z}{\partial t}+v_x\dfrac{\partial v_z}{\partial x}+v_y\dfrac{\partial v_z}{\partial y}+v_z\dfrac{\partial v_z}{\partial z}
\end{array}
\right\}
\qquad(2\text{-}31)
$$

这是较式（2-29）更为详细的欧拉运动方程。

一般情况下，作用在流体上的单位质量力 X、Y、Z 是已知的，所以对理想不可压缩流体，由于 ρ＝常数，故上述方程中包含了以 x、y、z 和 t 为独立变量的四个未知数 v_x、v_y、v_z 和 p，方程式（2-31）再加上一个连续性方程共有四个方程，因此从理论上讲是可以求解的。即使对于可压缩流体，还将多出一个变量 ρ，此时可引入一个气体状态方程式，因此还是可以求解的。

第四节　实际流体动量传输方程——纳维尔-斯托克斯方程

实际上流体是具有黏性的，因此作用在微元六面体上的力将复杂得多。现仍取流场中边长为 dx，dy，dz 的微元六面体来分析（图 2-11）。作用在每个正六面体上的力，除去正应力 σ 外，由于流体的黏性而产生了切应力 τ（剪应力）。而正应力也和理想流体情况不同，它不单是流体的表面力（压力），而且还有由于剪切变形而引起的附加正应力，各个方向的切应力有 τ_{xy}、τ_{xz}、τ_{yx}、τ_{yz}、τ_{zx} 和 τ_{zy}（脚标按下述规定：前一个字母表示受力面垂直的轴，后一个字母表示和应力指向平行的轴，譬如 τ_{xz}，x 表示这个受力面是垂直于 x 轴的，z 表示这个力的指向是平行于 z 轴的）。设微元体中心的坐标为 x，y，z，其应力为 σ，τ，则垂直于 x 轴的 AB 面上的应力为

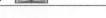

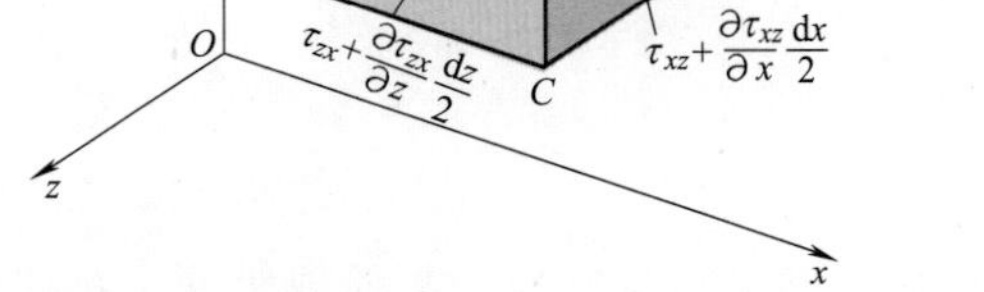

图 2-11　实际流体的微元六面体受力分析

正应力 $\sigma_{xx}-\dfrac{\partial \sigma_{xx}}{\partial x}\dfrac{dx}{2}$　（$-x$ 方向）

切应力 $\tau_{xy}-\dfrac{\partial \tau_{xy}}{\partial x}\dfrac{dx}{2}$　（$-y$ 方向）

$\tau_{xz}-\dfrac{\partial \tau_{xz}}{\partial x}\dfrac{dx}{2}$　（$-z$ 方向）

垂直于 y 轴的 AC 面上的应力为

正应力 $\qquad\qquad\qquad\qquad \sigma_{yy}-\dfrac{\partial \sigma_{yy}}{\partial y}\dfrac{dy}{2}$　（$-y$ 方向）

切应力 $\qquad\qquad\qquad\qquad \tau_{yz}-\dfrac{\partial \tau_{yz}}{\partial y}\dfrac{dy}{2}$　（$-z$ 方向）

$$\tau_{yx}-\frac{\partial \tau_{yx}}{\partial y}\frac{\mathrm{d}y}{2} \quad (-x\,方向)$$

垂直于 z 轴的 AD 面上的应力为

正应力 $\qquad\qquad\qquad\qquad \sigma_{zz}-\frac{\partial \sigma_{zz}}{\partial z}\frac{\mathrm{d}z}{2} \quad (-z\,方向)$

切应力 $\qquad\qquad\qquad\qquad \tau_{zx}-\frac{\partial \tau_{zx}}{\partial z}\frac{\mathrm{d}z}{2} \quad (-x\,方向)$

$$\tau_{zy}-\frac{\partial \tau_{zy}}{\partial z}\frac{\mathrm{d}z}{2} \quad (-y\,方向)$$

CD、BD、BC 面上的应力如图 2-11 所示。

根据前述讨论，并由牛顿第二定律，可沿 x 方向写出如下方程，即

$$X\rho \mathrm{d}x\mathrm{d}y\mathrm{d}z+\frac{\partial \sigma_{xx}}{\partial x}\mathrm{d}x\mathrm{d}y\mathrm{d}z+\frac{\partial \tau_{yx}}{\partial y}\mathrm{d}x\mathrm{d}y\mathrm{d}z+\frac{\partial \tau_{zx}}{\partial z}\mathrm{d}x\mathrm{d}y\mathrm{d}z=\rho \frac{\mathrm{d}v_x}{\mathrm{d}t}\mathrm{d}x\mathrm{d}y\mathrm{d}z$$

将上式中各项均除以 $\mathrm{d}x\mathrm{d}y\mathrm{d}z$，整理后得

$$\rho \frac{\mathrm{d}v_x}{\mathrm{d}t}=\rho X+\left(\frac{\partial \sigma_{xx}}{\partial x}+\frac{\partial \tau_{yx}}{\partial y}+\frac{\partial \tau_{zx}}{\partial z}\right)$$

同理

$$\left.\begin{array}{l}\rho \dfrac{\mathrm{d}v_y}{\mathrm{d}t}=\rho Y+\left(\dfrac{\partial \sigma_{yy}}{\partial y}+\dfrac{\partial \tau_{xy}}{\partial x}+\dfrac{\partial \tau_{zy}}{\partial z}\right)\\[3mm] \rho \dfrac{\mathrm{d}v_z}{\mathrm{d}t}=\rho Z+\left(\dfrac{\partial \sigma_{zz}}{\partial z}+\dfrac{\partial \tau_{xz}}{\partial x}+\dfrac{\partial \tau_{yz}}{\partial y}\right)\end{array}\right\} \qquad (2\text{-}32)$$

式（2-32）与式（2-29）是类似的，不同之处只是在式（2-32）中多出了切应力 τ_{yx}、τ_{xz} 等。

注意到黏性动量通量 τ 与变形率之间的关系，即式（1-13），以及正应力 σ 与压力 p 的关系，可以进一步对式（2-32）进行推导。其中的第一式可写成

$$\rho \frac{\mathrm{d}v_x}{\mathrm{d}t}=\rho X-\frac{\partial p}{\partial x}+\eta\left(\frac{\partial^2 v_x}{\partial x^2}+\frac{\partial^2 v_x}{\partial y^2}+\frac{\partial^2 v_x}{\partial z^2}\right)+\eta \frac{\partial}{\partial x}\left(\frac{\partial v_x}{\partial x}+\frac{\partial v_y}{\partial y}+\frac{\partial v_z}{\partial z}\right)$$

对于不可压缩流体，根据连续性方程，上式等式右侧最后一项为零，则

$$\rho \frac{\mathrm{d}v_x}{\mathrm{d}t}=\rho X-\frac{\partial p}{\partial x}+\eta\left(\frac{\partial^2 v_x}{\partial x^2}+\frac{\partial^2 v_x}{\partial y^2}+\frac{\partial^2 v_x}{\partial z^2}\right)$$

将上式两边均除以 ρ，并将 $\nu=\dfrac{\eta}{\rho}$ 代入，得

同理

$$\left.\begin{array}{l}\dfrac{\mathrm{d}v_x}{\mathrm{d}t}=X-\dfrac{1}{\rho}\dfrac{\partial p}{\partial x}+\nu\left(\dfrac{\partial^2 v_x}{\partial x^2}+\dfrac{\partial^2 v_x}{\partial y^2}+\dfrac{\partial^2 v_x}{\partial z^2}\right)\\[3mm] \dfrac{\mathrm{d}v_y}{\mathrm{d}t}=Y-\dfrac{1}{\rho}\dfrac{\partial p}{\partial y}+\nu\left(\dfrac{\partial^2 v_y}{\partial x^2}+\dfrac{\partial^2 v_y}{\partial y^2}+\dfrac{\partial^2 v_y}{\partial z^2}\right)\\[3mm] \dfrac{\mathrm{d}v_z}{\mathrm{d}t}=Z-\dfrac{1}{\rho}\dfrac{\partial p}{\partial z}+\nu\left(\dfrac{\partial^2 v_z}{\partial x^2}+\dfrac{\partial^2 v_z}{\partial y^2}+\dfrac{\partial^2 v_z}{\partial z^2}\right)\end{array}\right\} \qquad (2\text{-}33)$$

应用拉普拉斯（Laplace）算子 $\nabla^2 = \dfrac{\partial^2}{\partial x^2} + \dfrac{\partial^2}{\partial y^2} + \dfrac{\partial^2}{\partial z^2}$，并用实质导数符号 $\dfrac{\mathrm{d}v}{\mathrm{d}t}$ 表示 v 对 t 的三个导数，则式（2-33）可改写为

$$\left.\begin{aligned}
\frac{\mathrm{d}v_x}{\mathrm{d}t} &= X - \frac{1}{\rho}\frac{\partial p}{\partial x} + \nu\nabla^2 v_x \\[1mm]
\frac{\mathrm{d}v_y}{\mathrm{d}t} &= Y - \frac{1}{\rho}\frac{\partial p}{\partial y} + \nu\nabla^2 v_y \\[1mm]
\frac{\mathrm{d}v_z}{\mathrm{d}t} &= Z - \frac{1}{\rho}\frac{\partial p}{\partial z} + \nu\nabla^2 v_z \\[1mm]
\frac{\mathrm{D}v}{\mathrm{D}t} &= W - \frac{1}{\rho}\nabla p + \nu\nabla^2\,v
\end{aligned}\right\} \tag{2-34}$$

或

式中　∇p——压力梯度，$\nabla p = \dfrac{\partial}{\partial x}p + \dfrac{\partial}{\partial y}p + \dfrac{\partial}{\partial z}p$。

这就是实际流体的动量守恒方程，即不可压缩黏性流体的动量传输方程，由法国的纳维尔（Navier）和英国的斯托克斯（Stokes）于 1826 年和 1847 年先后提出的，故又称纳维尔-斯托克斯方程式（也被称为 N-S 方程）。可以认为式（2-34）是牛顿第二定律的一种表达形式，将矢量表达式改写为

$$\rho\frac{\mathrm{D}v}{\mathrm{D}t} = -\nabla p + \eta\nabla^2\,v + \rho W$$

可以看出：密度（ρ）乘加速度（$\mathrm{D}v/\mathrm{D}t$）等于压力（$-\nabla p$）、黏滞力（$\eta\nabla^2 v$）和质量力（ρW）或重力等力的总和。

到此为止，一直是沿用了一般力学关系推导出实际流体的运动方程；也可以从动量传输的角度导出纳维尔-斯托克斯方程式，此处不再赘述。

如果流体是无黏性的，即 ν 等于零，则式（2-34）即可简化为欧拉方程式（2-29）。

第五节　理想流体和实际流体的伯努利方程

一、理想流体的伯努利方程

本节讨论理想流体动量守恒方程在一定条件下的积分形式——伯努利方程，它表述了运动流体所具有的能量以及各种能量之间的转换规律，是流体动力学的重要理论。

积分是在下述条件下进行的：

1）单位质量力（X、Y、Z）是定常而有势的，势函数 $W = f(x,\ y,\ z)$ 的全微分是

$$\mathrm{d}W = X\mathrm{d}x + Y\mathrm{d}y + Z\mathrm{d}z = \frac{\partial W}{\partial x}\mathrm{d}x + \frac{\partial W}{\partial y}\mathrm{d}y + \frac{\partial W}{\partial z}\mathrm{d}z$$

2）流体是不可压缩的，即 $\rho =$ 常数。

3）流体运动是定常的（稳定流），即

$$\frac{\partial p}{\partial t}=0, \quad \frac{\partial v_x}{\partial t}=\frac{\partial v_y}{\partial t}=\frac{\partial v_z}{\partial t}=0$$

而且流线与迹线重合，即对流线来说，符合 $\mathrm{d}x=v_x\mathrm{d}t$，$\mathrm{d}y=v_y\mathrm{d}t$，$\mathrm{d}z=v_z\mathrm{d}t$。

在满足上述条件的情况下，将式（2-29）中的各个方程分别乘以 $\mathrm{d}x$、$\mathrm{d}y$、$\mathrm{d}z$，然后相加，得

$$\left(X\mathrm{d}x+Y\mathrm{d}y+Z\mathrm{d}z\right)-\frac{1}{\rho}\left(\frac{\partial p}{\partial x}\mathrm{d}x+\frac{\partial p}{\partial y}\mathrm{d}y+\frac{\partial p}{\partial z}\mathrm{d}z\right)$$

$$=\frac{\mathrm{d}v_x}{\mathrm{d}t}\mathrm{d}x+\frac{\mathrm{d}v_y}{\mathrm{d}t}\mathrm{d}y+\frac{\mathrm{d}v_z}{\mathrm{d}t}\mathrm{d}z \tag{2-35}$$

上式等号左边第一项为势函数 W 的全微分 $\mathrm{d}W$。因为是不可压缩流体的定常流动，则式（2-35）等号左边的第二项等于 $\frac{1}{\rho}\mathrm{d}p$。因为在定常流动中流线与迹线重合，故式（2-35）等号右边的三项之和为

$$\frac{\mathrm{d}v_x}{\mathrm{d}t}\mathrm{d}x+\frac{\mathrm{d}v_y}{\mathrm{d}t}\mathrm{d}y+\frac{\mathrm{d}v_z}{\mathrm{d}t}\mathrm{d}z=v_x\mathrm{d}v_x+v_y\mathrm{d}v_y+v_z\mathrm{d}v_z$$

$$=\frac{1}{2}\mathrm{d}\left(v_x^2+v_y^2+v_z^2\right)=\mathrm{d}\left(\frac{v^2}{2}\right)$$

将此结果代入式（2-35），得

$$\mathrm{d}W-\frac{1}{\rho}\mathrm{d}p=\mathrm{d}\left(\frac{v^2}{2}\right) \tag{2-36}$$

即单位质量流体所受的外力和运动的全微分方程。考虑到 $\rho=$ 常数，式（2-36）可写为

$$\mathrm{d}\left(W-\frac{p}{\rho}-\frac{v^2}{2}\right)=0 \tag{2-37}$$

沿流线将式（2-37）积分，得

$$W-\frac{p}{\rho}-\frac{v^2}{2}=C \tag{2-38}$$

式中　C——常数。

此即理想流体运动微分方程的伯努利积分。它表明在有势质量力的作用下，理想不可压缩流体做定常流动时，函数值 $\left(W-\frac{p}{\rho}-\frac{v^2}{2}\right)$ 是沿流线不变的。

因此，如沿同一流线，取相距一定距离的任意两点 1 和 2，可得

$$W_1-\frac{p_1}{\rho}-\frac{v_1^2}{2}=W_2-\frac{p_2}{\rho}-\frac{v_2^2}{2} \tag{2-39}$$

式中　W_1、p_1、v_1——在某一条流线上点 1 处的势能、压力、流速；

W_2、p_2、v_2——在同一条流线上点 2 处的势能、压力、流速。

在实际工程问题中经常遇到的质量力场只有重力场，即 $X=0$，$Y=0$，$Z=-g$，g 是重力加速度，则势函数 W 的全微分为

$$\mathrm{d}W=0+0+(-g)\mathrm{d}z=-g\mathrm{d}z$$

将此值代入式（2-38），则得

$$-gz - \frac{p}{\rho} - \frac{v^2}{2} = C$$

除此式除以 g，并考虑到 $\gamma = \rho g$，则上述结果可以写为

$$z + \frac{p}{\gamma} + \frac{v^2}{2g} = C \tag{2-40}$$

仿照式（2-39），对处在同一流线上的任意两点 1 和 2 来说，也可将式（2-40）改写成

$$z_1 + \frac{p_1}{\gamma} + \frac{v_1^2}{2g} = z_2 + \frac{p_2}{\gamma} + \frac{v_2^2}{2g} \tag{2-41}$$

或 $\quad gz_1 + \dfrac{p_1}{\rho} + \dfrac{v_1^2}{2} = gz_2 + \dfrac{p_2}{\rho} + \dfrac{v_2^2}{2}$

式（2-41）是对于只有重力场作用下的稳定流动、理想的不可压缩流体沿流线的运动方程式的积分形式，称为**伯努利方程式**（Bernoulli Equation），它是伯努利在 1738 年发表的。此式说明在上述限定条件下，任何点的 $\left(z + \dfrac{p}{\gamma} + \dfrac{v^2}{2g} \right)$ 为常量。

二、实际流体的伯努利方程

和讨论理想流体的伯努利方程一样，以下只讨论有势质量力作用下实际流体（黏性流体）运动微分方程的积分问题。

如果运动流体所受的质量力只有重力，则质量力可用势函数 W 表示。以此代入式（2-34）并经整理，可得

$$\left. \begin{aligned} \frac{\partial}{\partial x}\left(W - \frac{p}{\rho} - \frac{v^2}{2} \right) + \nu \mathbf{\nabla}^2 v_x = 0 \\[2mm] \frac{\partial}{\partial y}\left(W - \frac{p}{\rho} - \frac{v^2}{2} \right) + \nu \mathbf{\nabla}^2 v_y = 0 \\[2mm] \frac{\partial}{\partial z}\left(W - \frac{p}{\rho} - \frac{v^2}{2} \right) + \nu \mathbf{\nabla}^2 v_z = 0 \end{aligned} \right\} \tag{2-42}$$

如果流体是定常流动，流体质点沿流线运动的微元长度 $\mathrm{d}l$ 在各轴上的投影分别为 $\mathrm{d}x$、$\mathrm{d}y$、$\mathrm{d}z$，而且 $\mathrm{d}x = v_x \mathrm{d}t$，$\mathrm{d}y = v_y \mathrm{d}t$，$\mathrm{d}z = v_z \mathrm{d}t$，则可将式（2-42）中的各个方程分别对应地乘以 $\mathrm{d}x$、$\mathrm{d}y$、$\mathrm{d}z$，然后相加，得出

$$\mathrm{d}\left(W - \frac{p}{\rho} - \frac{v^2}{2} \right) + \nu \left(\mathbf{\nabla}^2 v_x \mathrm{d}x + \mathbf{\nabla}^2 v_y \mathrm{d}y + \mathbf{\nabla}^2 v_z \mathrm{d}z \right) = 0 \tag{2-43}$$

从式（2-43）中可以看出，$\mathbf{\nabla}^2 v_x$、$\mathbf{\nabla}^2 v_y$、$\mathbf{\nabla}^2 v_z$ 项是单位质量黏性流体所受切应力在相应轴上的投影。所以式（2-43）中的第二项即为这些切应力在流线微元长度 $\mathrm{d}l$ 上所做的功。又由于黏性使这些切应力的合力总是与流体运动方向相反，故所做的功应为负功。因此，式（2-43）中的第二项可表示为

$$\nu \left(\mathbf{\nabla}^2 v_x \mathrm{d}x + \mathbf{\nabla}^2 v_y \mathrm{d}y + \mathbf{\nabla}^2 v_z \mathrm{d}z \right) = -\mathrm{d}W_R \tag{2-44}$$

式中 $\quad W_R$——阻力功。

将式（2-44）代入式（2-43），则

$$\mathrm{d}\left(W - \frac{p}{\rho} - \frac{v^2}{2} - W_R \right) = 0$$

将此式沿流线积分，得

$$W - \frac{p}{\rho} - \frac{v^2}{2} - W_R = C \qquad (2\text{-}45)$$

式（2-45）即实际流体运动微分方程的伯努利积分。它表明：在质量力为有势，且做定常流动的情况下，函数值$\left(W - \frac{p}{\rho} - \frac{v^2}{2} - W_R\right)$是沿流线不变的。

如在同一条流线上取 1 和 2 两点，则可列出下列方程：

$$W_1 - \frac{p_1}{\rho} - \frac{v_1^2}{2} - W_{R1} = W_2 - \frac{p_2}{\rho} - \frac{v_2^2}{2} - W_{R2} \qquad (2\text{-}46)$$

当质量力只有重力时，则 $W_1 = -z_1 g$；$W_2 = -z_2 g$。

代入式（2-46），经整理得

$$gz_1 + \frac{p_1}{\rho} + \frac{v_1^2}{2} = gz_2 + \frac{p_2}{\rho} + \frac{v_2^2}{2} + (W_{R2} - W_{R1}) \qquad (2\text{-}47)$$

式中（$W_{R2} - W_{R1}$）表示单位质量黏性流体自点 1 运动到点 2 的过程中内摩擦力所做功的增量，其值总是随着流动路程的增加而增加。

令 $h'_w = (W_{R2} - W_{R1})$ 表示单位质量的黏性流体沿流线从点 1 到点 2 的路程上所接受的摩擦阻力功（或摩擦阻力损失），则式（2-47）可写为

$$gz_1 + \frac{p_1}{\rho} + \frac{v_1^2}{2} = gz_2 + \frac{p_2}{\rho} + \frac{v_2^2}{2} + h'_w \qquad (2\text{-}48a)$$

或

$$z_1 + \frac{p_1}{\gamma} + \frac{v_1^2}{2g} = z_2 + \frac{p_2}{\gamma} + \frac{v_2^2}{2g} + \frac{h'_w}{g} \qquad (2\text{-}48b)$$

这就是黏性流体运动的伯努利方程。

三、伯努利方程的几何意义和物理意义

1. 几何意义

z 是指流体质点流经给定点时所具有的位置高度，称为位置水头，简称位头；z 的量纲是长度的量纲。$\frac{p}{\gamma}$是指流体质点在给定点的压力高度（受到压力 p 而能上升的高度），称为压力水头，简称压头；$\frac{p}{\gamma}$ 的量纲也是长度的量纲。$\frac{v^2}{2g}$表示流体质点流经给定点时，以速度 v 向上喷射时所能达到的高度，称为速度水头，其量纲为$\left[\frac{v^2}{2g}\right] = \frac{L^2 T^{-2}}{L T^{-2}} = L$，也是长度的量纲。

伯努利方程中位置水头、压力水头、速度水头三者之间的和称为总水头，用 H 表示，则

$$H = z + \frac{p}{\gamma} + \frac{v^2}{2g}$$

由于伯努利方程中每一项都代表一个高度，所以就可以用几何图形来表示各物理量之间

的关系。如图 2-12 所示，连接 $\frac{p}{\gamma}$ 各顶点而成的线称为静水头线，它是一条随过水断面改变而起伏的曲线；连接 $\frac{v^2}{2g}$ 各顶点而成的线称为总水头线。由图 2-12 看出，理想流体运动中，因为不形成水头损失，故有 $H_1 = H_2 = H = $ 常数，即流线上各点的总水头是相等的，其总水头顶点的连线是一条水平线。也就是说，虽然速度水头 $\frac{v^2}{2g}$ 是随过水断面的改变而变化的，但包括位置水头（连接各点 z 而成的）在内的三个水头可以相互转化，而总水头却仍不变。

按式（2-48）可绘出实际流体总流的几何图形，如图 2-13 所示。可以看出，在黏性流体运动中，因为形成水头损失，故 $H_1 \neq H_2 \neq H$，即沿着流向总水头必然是降低的，所以其总水头线是一条沿流向向下倾斜的曲线。与理想流体运动的情形一样，此时其静水头线还是一条随着过水断面改变而起伏的曲线。

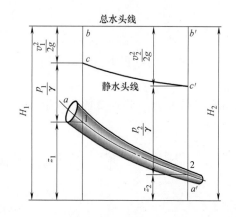

图 2-12 理想流体微元流束伯努利方程图解

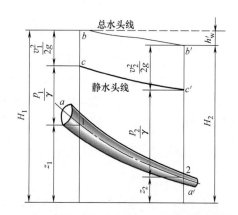

图 2-13 黏性流体微元流束伯努利方程图解

2. 物理意义

从前述几何意义的讨论可以看出，方程中的每一项都具有相应的能量意义。

gz 可看成是单位质量流体流经该点时所具有的位置势能，称比位能；$\frac{p}{\rho}$ 可看成是单位质量流体流经该点时所具有的压力能，称比压能；$\frac{v^2}{2}$ 是单位质量流体流经给定点时的动能，称比动能；W_R 是单位质量流体在流动过程中所损耗的机械能，称能量损失。

对于理想流体，$gz_1 + \frac{p_1}{\rho} + \frac{v_1^2}{2} = gz_2 + \frac{p_2}{\rho} + \frac{v_2^2}{2}$ 表明单位质量无黏性流体沿流线自位置 1 流到位置 2 时，其各项能量可以相互转化，但它们的总和是不变的。

对于黏性流体，式（2-48a、b）的物理意义为，表明单位质量黏性流体沿流线自位置 1 流到位置 2 时，不但各项能量可以相互转化，而且它的总机械能也是有损失的。设 E 表示总比能，ΔE 表示单位质量流体总比能的损失，则

$$E_1 = E_2 + \Delta E$$

该式表明，单位质量黏性流体在整个流动过程中，其总比能是一定有损失的。

四、实际流体总流的伯努利方程

通过一个流道的流体的总流量是由许多流束组成的，每个流束的流动参量都有差异。而对于总流，希望用平均参量来描述其流动特性。

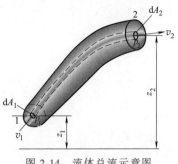

由实际流束的伯努利方程式（2-48a、b），可以在流道的缓变流区写出整个流道的伯努利方程式（图2-14）。所谓缓变流区，是指流道中流线之间的夹角很小，且流线趋于平行并近似于直线。

图 2-14 流体总流示意图

流道的伯努利方程如下：

$$\int_{A_1}\left(gz_1+\frac{p_1}{\rho}+\frac{v_1^2}{2}\right)\rho v_1\mathrm{d}A_1=\int_{A_2}\left(gz_2+\frac{p_2}{\rho}+\frac{v_2^2}{2}\right)\rho v_2\mathrm{d}A_2+\int_Q h'_w\rho\mathrm{d}Q \qquad (2\text{-}49)$$

式中　$\rho v_1\mathrm{d}A_1$、$\rho v_2\mathrm{d}A_2$——经过流通截面 A_1 和 A_2 上任一流束的流体质量；

　　　　$\mathrm{d}Q$——流束中流过流体的体积。

根据连续性方程可知：$\rho v_1\mathrm{d}A_1=\rho v_2\mathrm{d}A_2=\rho\mathrm{d}Q$，故式（2-49）等号左边

$$\int_{A_1}\left(gz_1+\frac{p_1}{\rho}+\frac{v_1^2}{2}\right)\rho v_1\mathrm{d}A_1=\int_{A_1}\left(gz_1+\frac{p_1}{\rho}\right)\rho v_1\mathrm{d}A_1+\int_{A_1}\frac{v_1^2}{2}\rho v_1\mathrm{d}A_1$$

因为是缓变流，在截面 1 上，$gz_1+\dfrac{p_1}{\rho}=$常数，故

$$\int_{A_1}\left(gz_1+\frac{p_1}{\rho}\right)\rho v_1\mathrm{d}A_1=\left(gz_1+\frac{p_1}{\rho}\right)\int_{A_1}\rho v_1\mathrm{d}A_1=\left(gz_1+\frac{p_1}{\rho}\right)\rho Q_1$$

而

$$\int_{A_1}\frac{v_1^2}{2}\rho v_1\mathrm{d}A_1=\int_{A_1}\frac{v_1^3}{2}\rho\mathrm{d}A_1=\frac{\rho}{2}\int_{A_1}v_1^3\mathrm{d}A_1=\frac{\rho\alpha_{1-3}}{2}\overline{v}_1^3 A_1$$

$$=\frac{\alpha_{1-2}}{2}\overline{v}_1^2\rho\,\overline{v}_1 A_1=\frac{\alpha_{1-2}}{2}\overline{v}_1^2\rho Q_1$$

式中　α——动能修正系数。

令

$$\alpha=\frac{\displaystyle\int_A v^3\mathrm{d}A}{\overline{v}_3 A}$$

所以式（2-49）左边等于

$$\int_{A_1}\left(gz_1+\frac{p_1}{\rho}+\frac{v_1^2}{2}\right)\rho v_1\mathrm{d}A_1=\left(gz_1+\frac{p_1}{\rho}+\alpha_1\frac{\overline{v}_1^2}{2}\right)\rho Q_1 \qquad (2\text{-}50)$$

同理，可得式（2-49）等号右边的第一项为

$$\int_{A_2}\left(gz_2+\frac{p_2}{\rho}+\frac{v_2^2}{2}\right)\rho v_2\mathrm{d}A_2=\left(gz_2+\frac{p_2}{\rho}+\alpha_2\frac{\overline{v}_2^2}{2}\right)\rho Q_2 \qquad (2\text{-}51)$$

将式（2-50）及式（2-51）代入式（2-49）得（以后的平均流速都用 v 表示，省去字母上的平均符号）

$$\left(gz_1+\frac{p_1}{\rho}+\alpha_1\frac{v_1^2}{2}\right)\rho Q_1=\left(gz_2+\frac{p_2}{\rho}+\alpha_2\frac{v_2^2}{2}\right)\rho Q_2+\int_Q h'_w\rho\mathrm{d}Q$$

因为 $Q_1=Q_2$，所以

$$gz_1+\frac{p_1}{\rho}+\alpha_1\frac{v_1^2}{2}=gz_2+\frac{p_2}{\rho}+\alpha_1\frac{v_2^2}{2}+\frac{1}{\rho Q}\int_Q h'_w\rho\mathrm{d}Q$$

令 $\dfrac{1}{\rho Q}\displaystyle\int_Q h'_w\rho\mathrm{d}Q=h_w$，则

$$gz_1+\frac{p_1}{\rho}+\alpha_1\frac{v_1^2}{2}=gz_2+\frac{p_2}{\rho}+\alpha_2\frac{v_2^2}{2}+h_w \tag{2-52a}$$

或

$$z_1+\frac{p_1}{\gamma}+\alpha_1\frac{v_1^2}{2g}=z_2+\frac{p_2}{\gamma}+\alpha_2\frac{v_2^2}{2g}+\frac{h_w}{g} \tag{2-52b}$$

式中 h_w——通过流道截面 1 与 2 之间的距离时单位质量流体的平均能量损失。

式（2-52a、b）就是描述实际流体经流道流动的伯努利方程式。

利用式（2-52a、b），可以在取得 p_1 和 p_2 的实际测量数据和流量数据后推算出流道中的阻力损失 h_w。也可用经验公式求出流道阻力损失 h_w 后再来决定流道中的某些参量，如 p、v 等。

式（2-52a、b）中的动能修正系数 α_1、α_2 通常都大于 1。流道中的流速越均匀，α 值越趋近于 1。在一般工程中，大多数情况下流速都比较均匀，α 在 $1.05\sim1.10$ 之间，所以在工程计算中可取 $\alpha=1$。

流道的伯努利方程是个很重要的公式，它与连续性方程和后面将要讨论的动量方程一起用于解决许多工程实际问题。

第六节 伯努利方程的应用

一、应用条件

伯努利能量方程是动量传输的基本方程之一，在解决工程实际问题中有极其重要的作用，被广泛地应用。但由于伯努利方程是在一定条件下导出的，所以它的应用也有下述条件限制：

1）流体运动必须是稳定流。

2）所取的有效断面必须符合缓变流条件；但两个断面间的流动可以是缓变流动，也可以是急变流动。

3）流体运动沿程流量不变。对于有分支流（或汇流）的情况，可按总能量的守恒和转化规律列出能量方程。

4）在所讨论的两有效断面间必须没有能量的输入或输出。如有能量的输入或输出，则式（2-52a）可写成如下形式，即

$$gz_1 + \frac{p_1}{\rho} + \alpha_1 \frac{v_1^2}{2} \pm H_p = gz_2 + \frac{p_2}{\rho} + \alpha_2 \frac{v_2^2}{2} + h_w \qquad (2\text{-}53)$$

例如，系统中装有泵或风机时，H_p 前的符号取正号；若装水轮机向外输出能量，H_p 前的符号取负号。

5）式（2-53）适用于不可压缩流体运动。一般气流速度小于50m/s时可按不可压缩流体处理。

二、应用举例

【例2-3】 在金属铸造及冶金中，如连续铸造、铸锭等，通常用浇包盛装金属液进行浇注，如图2-15所示。设 m_i 是浇包内金属液的初始质量，m_c 是需要浇注的铸件质量。为简化计算，假设浇包的内径 D 是不变的。因浇口的直径 d 比浇包的直径小很多，自由液面（1）的下降速度与浇口处（2）金属液的流出速度相比可以忽略不计，求金属液的浇注时间。

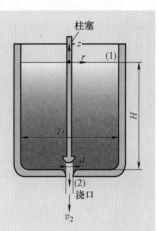

图2-15 金属液从浇包流出时间计算

解： 由伯努利方程

$$0 + 0 + 101.3\text{kPa} = \frac{1}{2}\rho v_2^2 + \rho g(-H) + 101.3\text{kPa}$$

因此有

$$v_2 = \sqrt{2gH} \qquad (2\text{-}54a)$$

式中 v_2——出口处液体的平均流出速度；

H——液体金属的高度。

由总质量平衡原理，有

$$\frac{\mathrm{d}m}{\mathrm{d}t} = m_入 - m_出 = 0 - \rho v_2\left(\frac{\pi}{4}d^2\right) \qquad (2\text{-}54b)$$

将式（2-54a）代入式（2-54b），得

$$-\frac{\mathrm{d}m}{\mathrm{d}t} = \frac{\pi}{4}\rho d^2\sqrt{2gH} \qquad (2\text{-}54c)$$

忽略柱塞的体积，有

$$m = \rho\left(\frac{\pi}{4}D^2 H\right) \qquad (2\text{-}54d)$$

由式（2-54c）和式（2-54d）消去 H，得

$$\frac{-1}{2}\frac{1}{\sqrt{m}}\mathrm{d}m = \sqrt{\frac{\pi\rho g}{2}}\frac{d^2}{2D}\mathrm{d}t \qquad (2\text{-}54e)$$

根据题意，按下列范围积分：

$$t = 0, \quad m = m_i$$

$$t = t, \quad m = m_i - m_c$$

有

$$\sqrt{m_i} - \sqrt{m_i - m_c} = \sqrt{\frac{\pi \rho g}{8} \frac{d^2 t}{D}}$$

因此，需要的流出时间为

$$t = \sqrt{\frac{8}{\pi \rho g}} \frac{D}{d^2} (\sqrt{m_i} - \sqrt{m_i - m_c})$$

【例2-4】 毕托管（Pitot Tube）是用来测量流场中一点流速的仪器。其原理如图 2-16a 所示，在管道里沿流线装设迎着流动方向开口的细管，可以用来测量管道中流体的总压，试求毕托管的测速公式。

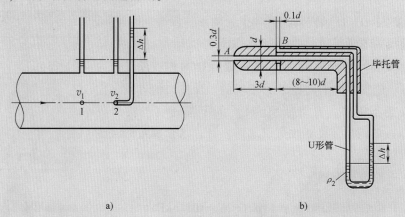

图 2-16 毕托管测量原理

a）原理　b）结构示意图

解：沿流线 1、2 两点列出伯努利方程式：

$$gz_1 + \frac{p_1}{\rho} + \frac{v_1^2}{2} = gz_2 + \frac{p_2}{\rho} + \frac{v_2^2}{2}$$

因为迎着流体的毕托管端对流动的流体有阻滞作用，此处流体的流速 $v_2 = 0$。$z_1 = z_2$，于是

$$\frac{p_1}{\rho} + \frac{v_1^2}{2} = \frac{p_2}{\rho}$$

又因为 $p_2 - p_1 = \rho g \Delta h$，所以

$$v_1 = \sqrt{\frac{2(p_2 - p_1)}{\rho}} = \sqrt{2\Delta h g}$$

一种本身带有静压测点的毕托管称为动压管（图2-16b），同一支毕托管内不同管路同时输出总压（测点 A）及静压（测点 B），接到同一个 U 形管上，也可以直接读出动压头 $v^2/(2g)$。根据毕托管所测风速及毕托管在管道截面的安放位置，可计算出流量。若气流密度 ρ_1 与 U 形管中液体的密度 ρ_2 不同，$p_A - p_B = \Delta h(\gamma_2 - \gamma_1) = \Delta h g(\rho_2 - \rho_1)$，故

$$v = \sqrt{\frac{2(p_A - p_B)}{\rho_1}} = \sqrt{\frac{2g\Delta h(\rho_2 - \rho_1)}{\rho_1}}$$

【例2-5】 图2-17所示为测量风机流量常用的集流管试验装置示意图。已知其内径 $D = 0.3\text{m}$，空气重度 $\gamma_a = 12.6\text{N/m}^3$，由装在管壁下边的 U 形测压管（内装水）测得 $\Delta h = 0.25\text{m}$。问此风机的风量 Q。

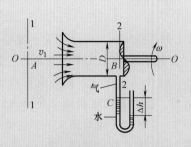

解：因流速不高，且集流管不长，能量损失可以忽略。同时，可视为不可压缩无黏性流体。选水平基准面 O—O，过风断面 1—1 及 2—2 如图2-17所示。并假定单位质量流体自 A 点流到 B 点，$z_A = z_B =$

图2-17 轴流式风机集流管

0；$p_0 = p_A = p_a$；$p_2 = p_B = p_C = p_a - \gamma_w \Delta h$（$\gamma_w$ 为水的重度，值为 9800N/m^3，p_a 为环境气压）。

自过风断面 1—1 到 2—2（由 A 点到 B 点）列出无黏性流体的总流伯努利方程为

$$z_1 + \frac{p_1}{\gamma} + \alpha_1 \frac{v_1^2}{2g} = z_2 + \frac{p_2}{\gamma} + \alpha_2 \frac{v_2^2}{2g}$$

因为 $v_1 \approx 0$，$\alpha_1 = \alpha_2 = \alpha = 1$，由此得

$$v_2 = \sqrt{2g\frac{1}{\gamma_a}(p_1 - p_2)} = \sqrt{2g\frac{1}{\gamma_a}[p_a - (p_a - \gamma_w \Delta h)]}$$

$$= \sqrt{2g\frac{\gamma_w}{\gamma_a}\Delta h} = \sqrt{2 \times 9.80 \times \frac{9800}{12.6} \times 0.25}\,\text{m/s} = 61.7\text{m/s}$$

故风量 $Q = v_2 A_2 = 61.7 \times \frac{\pi \times 0.3^2}{4}\text{m}^3/\text{s} = 4.36\text{m}^3/\text{s}$

第七节　稳定流的动量方程及其应用

在某些工程问题上往往需要了解运动流体与固体边界面上的相互作用力，例如水在弯管中的流动对管壁的冲击等。动量方程就提供了流体与固体相互作用的动力学规律。

一、稳定流动的动量方程

根据质点系的动量定理；质点系动量（$\sum mv$）对时间（t）的微商，等于作用在该质点系上诸外力的合矢量（F）。即

$$\frac{\mathrm{d}}{\mathrm{d}t}(\sum m v) = F$$

如果用符号 M 表示动量，则上式可写成

$$\frac{\mathrm{d}\boldsymbol{M}}{\mathrm{d}t} = \boldsymbol{F} \quad 或 \quad \mathrm{d}\boldsymbol{M} = \boldsymbol{F}\mathrm{d}t \tag{2-55}$$

现将这一定理引用到稳定流动中。设在总流中任选一条微元流束段 1—2，其过水断面分别为 1—1 及 2—2，如图 2-18 所示，以 p_1 及 p_2 分别表示作用于过水断面 1—1 及 2—2 上的压强；$\boldsymbol{v}_1$ 及 $\boldsymbol{v}_2$ 分别表示流经过水断面 1—1 及 2—2 时的速度，经 $\mathrm{d}t$ 时间后，流束段 1—2 将沿着微元流束运动到 1′—2′ 的位置，流束段的动量因而发生变化。

这个动量变化，就是流束段 1′—2′ 的动量 $\boldsymbol{M}_{1'-2'}$ 与流束段 1—2 的动量 $\boldsymbol{M}_{1-2}$ 两量的矢量差，但因是稳定流动，在 $\mathrm{d}t$ 时间内经过流束段 1′—2′ 的流体动量无变化，所以流束段由 1—2 的位置运动到 1′—2′ 位置时的整个流束段的动量变化，应等于流束段 2—2′ 与流束段 1—1′ 两者的动量差，即

$$\mathrm{d}\boldsymbol{M} = \boldsymbol{M}_{2-2'} - \boldsymbol{M}_{1-1'} = \mathrm{d}m_2\,\boldsymbol{v}_2 - \mathrm{d}m_1\,\boldsymbol{v}_1$$

$$= \rho\mathrm{d}Q_2\mathrm{d}t\,\boldsymbol{v}_2 - \rho\mathrm{d}Q_1\mathrm{d}t\,\boldsymbol{v}_1$$

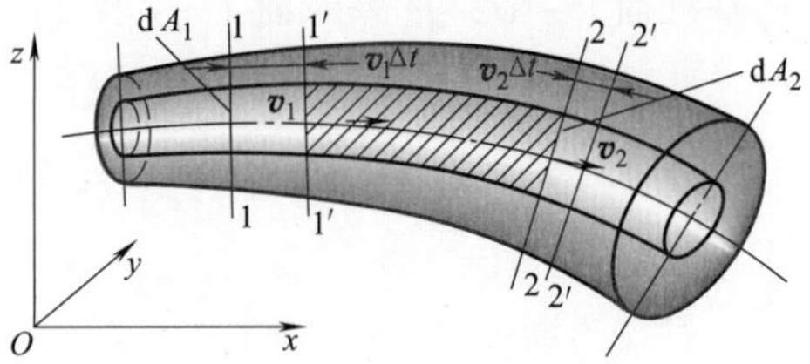

将上式推广到总流中，得

$$\sum \mathrm{d}\boldsymbol{M} = \int_{Q_2} \rho\mathrm{d}Q_2\mathrm{d}t\,\boldsymbol{v}_2 - \int_{Q_1} \rho\mathrm{d}Q_1\mathrm{d}t\,\boldsymbol{v}_1$$

$$= \mathrm{d}t\left(\int_{A_2} \rho\,\boldsymbol{v}_2\mathrm{d}A_2\,\boldsymbol{v}_2 - \int_{A_1} \rho\,\boldsymbol{v}_1\mathrm{d}A_1\,\boldsymbol{v}_1\right)$$

图 2-18 流束动量变化

按稳定流的连续性条件，有

$$\int_{A_2} \boldsymbol{v}_2\mathrm{d}A_2 = \int_{A_1} \boldsymbol{v}_1\mathrm{d}A_1 = Q$$

因为断面速度分布难以确定，故要求出单位时间动量表达式的积分是有困难的，工程上常用平均流速 $\bar{v}$ 来表示动量，即 $\rho Q\bar{v}$，这样可建立如下关系，即

$$\beta\rho Q\bar{v} = \int_Q \rho\bar{v}\mathrm{d}Q$$

或

$$\beta = \frac{\int_A \bar{v}^2\mathrm{d}A}{\bar{v}^2 A} \tag{2-56}$$

式中 β——动量修正系数，它的大小取决于断面上流速分布的均匀程度，β 的试验值为 1.02~1.05，通常取 $\beta = 1$。

将动量修正系数概念引入动量表达式（2-55）得

$$\sum \mathrm{d}\boldsymbol{M} = \rho Q\mathrm{d}t(\beta_2\,\boldsymbol{v}_2 - \beta_1\,\boldsymbol{v}_1)$$

取 $\beta_2 = \beta_1 = 1$，上式为

$$\sum \mathrm{d}\boldsymbol{M} = \rho Q\mathrm{d}t(\boldsymbol{v}_2 - \boldsymbol{v}_1)$$

由式（2-55），即得外力合矢量为

$$\boldsymbol{F} = \rho Q(\boldsymbol{v}_2 - \boldsymbol{v}_1) \tag{2-57}$$

这就是不可压缩流体稳定流动总流的动量方程。不难看出，$\boldsymbol{F}$ 为作用于流体上所有外力的合力，即流速段 1—2 的重力 $\boldsymbol{G}$、两过水断面上压力的合力 $\boldsymbol{p}_1 A_1$、$\boldsymbol{p}_2 A_2$ 及其他边界面上所受到的表面力的总值 $\boldsymbol{R}_\mathrm{w}$，因此式（2-57）也可写为

$$F = G + R_w + p_1 A_1 + p_2 A_2 = \rho Q (v_2 - v_1) \tag{2-58}$$

其物理意义为：作用在所研究的流体上的外力总和等于单位时间内流出与流入的动量之差。为便于计算，常写成空间坐标的投影式，即

$$\left. \begin{array}{l} F_x = \rho Q (v_{2x} - v_{1x}) \\ F_y = \rho Q (v_{2y} - v_{1y}) \\ F_z = \rho Q (v_{2z} - v_{1z}) \end{array} \right\} \tag{2-59}$$

式（2-59）说明了作用在流体段上合力在某一轴上的投影等于流体沿该轴的动量变化率。换言之，所取的流体段在单位时间内沿某轴的出入口的动量差，等于作用在流体段上合力在该轴上的投影。

二、动量方程的应用

1. 液流对弯管壁的作用力

在图 2-19a 所示的渐缩弯管中，液体以速度 v_1 流入 1—1 断面，从 2—2 断面流出的速度为 v_2。以弯管中的流体为分离体，其重力为 G。弯管对此分离体的作用力为 R，取坐标如图 2-19b 所示。

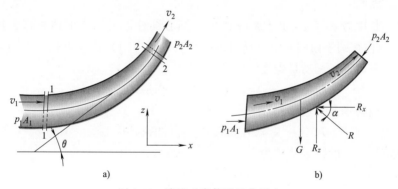

图 2-19 液流对弯管壁的作用力

按式（2-59），沿 x 轴和 z 轴求分量：

$$F_x = p_1 A_1 - p_2 A_2 \cos\theta - R_x = \rho Q (v_{2x} - v_{1x})$$

$$F_z = -p_2 A_2 \sin\theta - G + R_z = \rho Q (v_{2z} - v_{1z})$$

即

$$R_x = p_1 A_1 - p_2 A_2 \cos\theta - \rho Q (v_2 \cos\theta - v_1)$$

$$R_z = p_2 A_2 \sin\theta + G + \rho Q v_2 \sin\theta$$

$$R = \sqrt{R_x^2 + R_z^2}, \quad \alpha = \arctan \frac{R_z}{R_x}$$

液体作用于弯管上的力，大小与 R 相等，方向与 R 相反。

2. 射流对固体壁的冲击力

液体自管嘴喷出形成射流。液流处在同一大气压强之下如略去重力的影响，则作用在流体上的力，只有固体壁对射流的阻力，其反作用则为射流对固体壁的冲击力。

图 2-20 所示为流股射向与水平成 θ 角的固定平板情况。当流体自喷管射出时，其断

面面积为 A_0，平均流速为 v_0，射向平板后分散成两股，其动量分别为 $m_1 v_1$ 与 $m_1 v_2$。

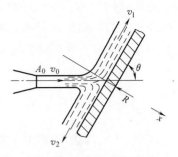

取射流为分离体，设平板沿其法线方向对射流的作用力为 R，射流所受的相对压强为零，则按式（2-58）得

$$m_1 \boldsymbol{v}_1 + m_2 \boldsymbol{v}_2 - m_0 \boldsymbol{v}_0 = \boldsymbol{R}$$

以平板法线方向为 x 轴方向，向右为正，则上式各量在 x 轴上的投影为

$$-m_0 v_0 \sin\theta = -R$$

即

$$R = m_0 v_0 \sin\theta = \rho A_0 v_0^2 \sin\theta$$

图 2-20　射流冲击固体壁

因此，射流对此平板的冲击力就是一个与 R 大小相等、方向相反的力 R'（图 2-20 中未标出）。当 $\theta = 90°$，即射流沿平板法线方向射出时，平板所受的冲击力为

$$R' = \rho A_0 v_0^2$$

设平面沿射流方向以速度 v 移动，则射流对此移动平板的冲击力为

$$R' = \rho A_0 (v_0 - v)^2$$

1. 取轴向长度为 dz 和径向间隙 dr 的两个同心圆柱面所围成的体积作为控制体（单元），试导出流体在圆管内做对称流动时的二维（r、z 方向）连续方程。

2. 下面的平面流场流动是否连续？

$$v_x = x^3 \sin y, \quad v_y = 3x^3 \cos y$$

3. 下列平面流场是否连续？

$$v_r = 2r \sin\theta \cos\theta, \quad v_\theta = 2r \cos^2\theta$$

4. 设有流场，其欧拉表达式为

$$v_x = x + t, \quad v_y = -y + t, \quad v_z = 0$$

求此流场中的流线微分方程式。若取流场中的一点：$x = 1$，$y = 2$，$z = 3$。在 $t = 1$ 及 $t = 1.5$ 时通过该点的流线方程式又为如何？试加以比较并说明。

5. 从换热器两条管道输送空气至炉子的燃烧器，管道横截面尺寸均为 400mm×600mm，设在温度为 400℃时通向燃烧器的空气量为 8000kg/h，试求管道中空气的平均流速。在标准状态下空气的密度为 1.293kg/m³。

6. 某条供水管路 AB 自高位水池引出如图 2-21 所示。已知：流量 $Q = 0.034\text{m}^3/\text{s}$；管径 $D = 15\text{cm}$；压力表读数 $p_B = 4.9\text{N/cm}^2$；高度 $H = 20\text{m}$。水流在管路 AB 中损失了多少水头？

7. 在图 2-22 所示的虹吸管中，已知：$H_1 = 2\text{m}$；$H_2 = 6\text{m}$；管径 $d = 15\text{mm}$。如不计损失，S 处的压强应为多大时此管才能吸水？此时管内流速 v_2 及流量 Q 各为多少？（注意：管 B 端并未接触水面或深入水中。）

8. 图 2-23a 所示为一连接水泵出水口的压力水管，直径 $d = 500\text{mm}$，弯管与水平线的夹角为 45°。水流流过弯管时有一水平推力，弯管的受力分析如图 2-23b 所示，为防止弯管发生位移，做一混凝土镇墩使管道固定。若通过管道的流量为 0.5m³/s，断面 1—1 及

2—2 中心点的压力分别为 $p_1 = 108000\text{N/m}^2$ 和 $p_2 = 105000\text{N/m}^2$。试求作用在镇墩上的力 F。

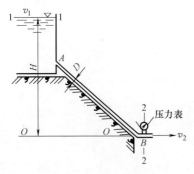

图 2-21　供水管路

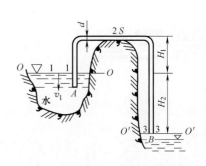

图 2-22　虹吸管

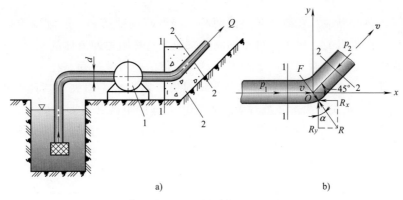

图 2-23　弯管镇墩上作用力分析

a）弯管镇墩示意　b）分离体受力分析

1—水泵　2—混凝土镇墩

9. 有一文特利管（图 2-24），已知 $d_1 = 15\text{cm}$，$d_2 = 10\text{cm}$，水银差压计液面高度差 $\Delta h = 20\text{cm}$。若不计阻力损失，求通过文特利管的流量。

10. 在直径为 $D = 80\text{mm}$ 的水平管路末端，接上一个出口直径 $d = 40\text{mm}$ 的喷嘴，如图2-25 所示，管路中水的流量 $Q = 1\text{m}^3/\text{min}$。喷嘴与管子接合处的纵向拉力为多少？设动量校正系数 β 和动能校正系数 α 都取值为 1。

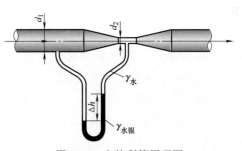

图 2-24　文特利管原理图

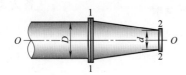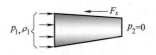

图 2-25　水枪喷嘴

第三章

层流流动及湍流流动

由于实际流体有黏性，在流动时呈现两种不同的流动形态——层流流动及湍流流动，并在流动过程中产生阻力。对于不可压缩流体来说，这种阻力使流体的一部分机械能不可逆地转化为热能而散失。这部分能量便不再参与流体的动力学过程，在流体力学中称为能量损失。单位质量（或单位体积）流体的能量损失，称为水头损失（或压力损失）并以 h_w（或 Δp）表示。水头损失的正确计算，在工程上是一个极其重要的问题。本章首先讨论流体的两种流动形态，然后对黏性流体在两种流动方式下的能量损失进行分析及具体计算。

第一节　流动状态及阻力分类

一、雷诺试验

雷诺（Reynolds）最早于 1882 年在圆管内进行了流体流动形态的试验。试验状况如图 3-1 所示。当水在圆管内的流速很小时，加入有色液体，则它将随水流共同前进而不与周围的水流混合，而是自己形成一条流线。水流各质点有规则、有秩序地向前运动，互相平行，互不干扰，如图 3-1a 所示。当增加圆管内水流速度时，有色液体所形成的流线便发生振荡，上下波动；流速再大时，流线产生弯曲或呈波浪形，如图 3-1b 所示。当进一步增

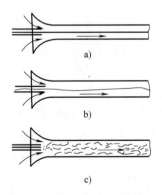

图 3-1　层流、过渡状态及湍流

加圆管内水流速度至一定值时，有色液体刚从细管流出，就被周围的水流掺混而消失，不再保持线状。此时流体的质点是杂乱无章的，不规则、无秩序地向前涌进，形成了互相干扰紊乱的流动，如图 3-1c 所示。

二、层流和边界层

流体质点在流动方向上分层流动，各层互不干扰和渗混，这种流线呈平行状态的流动称为层流（Laminar Flow），或称流线型流。一般说来，层流是在流体具有很小的速度或黏度较大的流体流动时才出现的。如果流体沿平板流动，则形成许多与平板平行流动的薄层，互不干扰地向前运动，就像一叠纸张向前滑动一样。如果流体在圆管内流动，则构成许多同心的圆筒，形成与圆管平行的薄层，互不干扰地向前运动，就像一束套管向前滑动。

对于管内流动（图 3-2a），由于实际流体的黏性而在流层之间及流体与管壁之间产生摩擦阻力，使原来均匀分布的速度逐渐变得不均匀，在管壁附近一定厚度的区域内流体的速度要降低，造成速度的曲线分布规律如图 3-2b 所示。近壁处，由流速为零的壁面到速度分布较均匀的地方（严格地说，到速度为均匀速度的 99% 的地方），这一流体层称为边界层（Boundary Layer）或附面层。边界层厚度用 δ 表示，δ 是随流体流进管内的距离的增加而增大的。流体黏性大，δ 增大就快。由于流过管子各截面的流量不变，边界层内流速降低，必引起边界层外流速的提高，最后形成如图 3-2a 中的 C 截面上的速度分布。由试验和理论计算都可确定，不论入口速度分布如何，只要管内是层流状态，流体的最终速度分布总是呈旋转抛物面规律分布。图 3-2 中 AC 管段称为"层流起始段"。对于直径为 d 的直管来说，层流起始段的长度 $l = 0.065dRe$（Re 为雷诺数）。

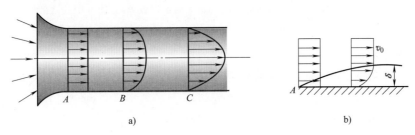

图 3-2　管内层流的速度发展

三、湍流及湍流边界层

流体流动时，各质点在不同方向上做复杂的无规则运动，互相干扰地向前运动，这种流动称为湍流（Turbulent Flow）。湍流运动在宏观上既非旋涡运动，在微观上又非分子运动。在总的向前运动过程中，流体微团具有各个方向上的脉动。在湍流流场空间中的任一点上，流体质点的运动速度在方向和大小上均随时间而变，这种

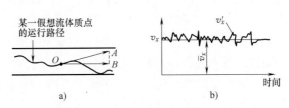

图 3-3　湍流质点的运动

运动状态可称为湍流脉动。图 3-3a 所示为流线上 O 点在某瞬间的速度示意图。该点的速度 v 随时间而变。因此该点的分速度，即脉动分速度 v'_x 和 v'_y 也随时间而变。图 3-3b 所示

为流体上某点分速度 v'_x 随时间变化的示意图。由于脉动的存在，空间中任一质点速度均随时间而变，因而产生了瞬时速度的概念。瞬时速度在一定时间 t 内的平均值，称为瞬时平均速度，如图 3-3b 中的 $\overline{v_x}$。

图 3-4 为两个流体混合运动的状况。被射入的流体并不是做直线运动，在自身流体的内部进行着湍流流动，流体微团剧烈地运动，在运动过程中逐渐与另一相流体混合。

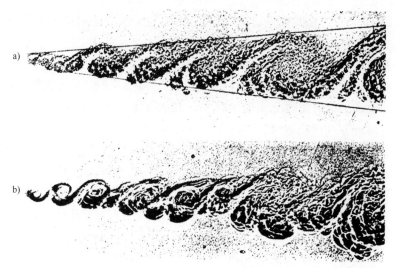

图 3-4　两个流体混合运动的状况（图 a 的雷诺数 Re 是图 b 中的两倍）

（摘自 Lesieur M. Turbulence in Fluids. Marttinus Nijhoff Publishers，1987）

对于管内湍流流动，由于管内流体质点的横向迁移，造成湍流的速度分布及流动阻力与层流大不相同。图 3-5 表示圆管径向截面上层流和湍流的速度分布。请注意，在流体与管壁界面处，上述两种情况的速度均为零，但在管子中间部分流体的平均速度在湍流时是比较均匀的。在此区域内，流体层与层之间的相对速度很小，因而黏性摩擦阻力很小，以至于可以忽略。然而，正是在这个区域，由于流体微团的无规则迁移、脉动，使得流体微团间的动量交换得很激烈，湍流中的流动阻力主要是由这种原因造成的，它要比层流中的黏性阻力大得多。

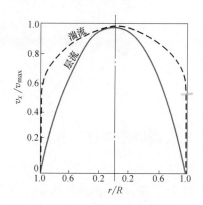

图 3-5　管道内层流和湍流的速度分布

湍流边界层的结构也与层流边界层不同。由于黏性力的作用，紧贴壁面的那一层流体对邻近层流体产生阻滞作用。在管入口处，管内湍流与边界层均未充分发展，边界层极薄，边界层内还是层流流动。进入管内一段距离后［湍流下，直管进口起始段的长度 $l = (25 \sim 40)d$］，管内湍流已获得充分发展，这时，原边界层内流体质点的横向迁移也相当强烈，层流边界层变成了湍流边界层，只不过湍流的程度不如边界层外的主流大。但贴近壁面处仍有一薄层流体处于层流状态，这层流体称为层流底层。可见，湍流边界层包括层流底层和它外面的湍流部分。

四、流动状态判别准则——雷诺数

在试验基础上，雷诺提出了在流体流动过程中存在着两种力，即惯性力和黏性阻力，它们的大小和比值直接影响到流体流动的形态。它们的比值越大，也就是惯性力越大，就越趋向于由层流向湍流转变；比值越小，即使原来是湍流，也会变成层流。显然，若用代表流动过程的物理量来表达上述关系会更确切。表示这个关系的数群是雷诺首先提出的，所以称为雷诺数（Reynolds Number），常用 Re 来表示。

$$Re = \frac{\bar{v}\rho D}{\eta} = \frac{\bar{v}D}{\nu} \tag{3-1}$$

式中　$\bar{v}$——流体在圆管内的平均流速（m/s）；

D——圆管内径（m）。

式（3-1）可表示为

$$Re = \frac{\bar{v}\rho D}{\eta} = \frac{\bar{v}^2\rho}{\eta\bar{v}/D} = \frac{惯性力}{黏性力}$$

表示了流体流动过程中的惯性力与黏性力的比值。

试验确定，对于在圆管内强制流动的流体，由层流开始向湍流转变时的临界雷诺数（也叫下临界雷诺数）$Re_{cr} \approx 2320$。通常临界雷诺数随体系的不同而变化，即使同一体系，它也会随其外部因素（如圆管内表面粗糙度和流体中的起始扰动程度等）的不同而改变。一般来说，在雷诺数超过上临界雷诺数 $Re'_{cr} \approx 13000$ 时，流动形态转变为稳定的湍流。当 $Re_{cr} < Re < Re'_{cr}$ 时，流动处于过渡区域，是一个不稳定的区域，可能是层流，也可能是湍流。

以上所讲的雷诺数都是以直径 d 作为圆形过水断面的特征长度来表示的。当流道的过水断面是非圆形断面时，可用水力半径 R 作为固体的特征长度，即

$$R = A/x$$

$$Re = \frac{\bar{v}A}{\nu x}$$

式中　A——过水断面的面积；

x——过水断面的润湿周长。

取 Re_{cr} 为 500。对于工程中常见的明渠水流，Re_{cr} 则更低些，常取 300。

当流体绕过固体（如绕过球体）而流动时，也出现层状绕流（物体后面无旋涡）和紊乱绕流（物体后面形成旋涡）的现象。此时，雷诺数用下式计算，即

$$Re = \frac{\bar{v}l}{\nu}$$

式中　$\bar{v}$——主流体的绕流速度；

l——固体的特征长度（球形物体为直径 d）。

$Re = 1$ 的流动情况称为蠕流。这一判别数据，对于选矿、水力运输等工程计算是很有实用意义的。

【例 3-1】 在水深 $h=2\mathrm{cm}$，宽度 $b=80\mathrm{cm}$ 的槽内，水的流速 $v=6\mathrm{cm/s}$，已知水的运动黏度，$\nu=0.013\mathrm{cm^2/s}$。水流处于什么运动状态？如需改变其流态，速度 v 应为多大？

解：这种宽槽属非圆形断面，可取水深 h 代表水力半径 R，并作为固体的特征长度 l。因为 $R=\dfrac{A}{x}=\dfrac{bh}{b+2h}=\dfrac{80\times2}{80+2\times2}\mathrm{cm}\approx2\mathrm{cm}$，槽内水流的雷诺数为

$$Re=\frac{vl}{\nu}=\frac{vR}{\nu}=\frac{6\times2}{0.013}=923>300$$

故为湍流状态。如需改变流态，应算出层流的临界速度，即

$$v=\frac{Re_{\mathrm{cr}}\nu}{R}=\frac{300\times0.013}{2}\mathrm{cm/s}=1.95\mathrm{cm/s}$$

当 $v\leqslant1.95\mathrm{cm/s}$ 时，水流将改变为层流状态。

五、流动阻力分类

流体运动时，由于外部条件不同，其流动阻力与能量损失可分为以下两种形式。

1. 沿程阻力

它是沿流动路程上由于各流体层之间的内摩擦而产生的流动阻力，因此也称为摩擦阻力。在层流状态下，沿程阻力完全是由黏性摩擦产生的。在湍流状态下，沿程阻力的一小部分由边界层内的黏性摩擦产生，主要还是由流体微团的迁移和脉动造成。

2. 局部阻力

流体在流动中因遇到局部障碍而产生的阻力称局部阻力。所谓局部障碍，包括流道发生弯曲、流通截面扩大或缩小、流体通道中设置了各种各样的物件（如阀门）等。

流体在流动时，上述两类流动阻力都会产生，因此掌握计算流动阻力的方法是必要的。

第二节　流体在圆管中的层流运动

一、有效断面上的速度分布

圆管中的层流运动是与管轴对称的。所以在以管轴为中心轴的圆柱面上，其速度 v 和切应力 τ 将是均匀分布的。取一半径为 r，长度为 l 的圆柱形流体段（图 3-6），设 1—1 及 2—2 断面的中心距基准面 $O-O$ 的垂直高度为 z_1 和 z_2；压力分别为 p_1 和 p_2；圆柱侧表面上的切应力为 τ；圆柱形流体段的重力为 $\pi r^2 l\gamma$。

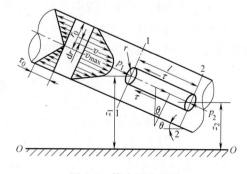

图 3-6　管中层流运动

由于所取流体段沿管轴做等速运动，所以流体段沿管轴方向必满足力的平衡条件，即

$$\pi r^2(p_1-p_2)-2\pi rl\tau+\pi r^2l\gamma\sin\theta=0 \tag{3-2}$$

由图 3-6 中可知 $\sin\theta=(z_1-z_2)/l$，由牛顿内摩擦定律可得

$$\tau=-\eta\frac{\mathrm{d}v}{\mathrm{d}y}=-\eta\frac{\mathrm{d}v}{\mathrm{d}r}$$

式中　v——半径 r 处流体的速度，由于在管壁处速度为零，故知 v 随 r 的增大而减小，如图 3-6 左端所示。

将 $\sin\theta$ 及 τ 的关系式代入式（3-2）得

$$\mathrm{d}v=-\frac{\gamma}{2\eta l}\left(\frac{p_1-p_2}{\gamma}+z_1-z_2\right)r\mathrm{d}r \tag{3-3}$$

写出 1—1 及 2—2 两断面的总流伯努利方程为

$$z_1+\frac{p_1}{\gamma}+\frac{v_1^2}{2g}=z_2+\frac{p_2}{\gamma}+\frac{v_2^2}{2g}+h_f$$

因为是等断面，故 $v_1=v_2$，则上式成为

$$h_f=\frac{p_1-p_2}{\gamma}+z_1-z_2$$

将此关系代入式（3-3），得

$$\mathrm{d}v=-\frac{\gamma h_f}{2\eta l}r\mathrm{d}r$$

积分后得

$$v=-\frac{\gamma h_f}{4\eta l}r^2+C$$

取边界条件：$r=r_0$ 时，$v=0$，故积分常数为 $C=\dfrac{\gamma h_f}{4\eta l}r_0^2$

结果得

$$v=\frac{\gamma h_f}{4\eta l}(r_0^2-r^2) \tag{3-4}$$

式（3-4）即为管中层流有效断面上的速度分布公式。它表明速度在有效断面上按抛物线规律变化。最大速度 $v_{\max}$ 在管轴上，即 $r=0$ 处，此时

$$v_{\max}=\frac{\gamma h_f}{4\eta l}r_0^2 \tag{3-5}$$

二、平均流速和流量

根据平均流速的表达式（2-9）有 $\bar{v}=\dfrac{\displaystyle\int_A v\mathrm{d}A}{\displaystyle\int_A \mathrm{d}A}$。注意到 $\mathrm{d}A=2\pi r\mathrm{d}r$，并将式（3-4）代入，得

$$\bar{v}=\int_0^{r_0}\frac{\gamma h_f}{4\eta l}(r_0^2-r^2)2\pi r\mathrm{d}r/\pi r_0^2$$

$$=\frac{\gamma h_f}{2\eta l r_0^2}\left[\int_0^{r_0}r_0^2 r\mathrm{d}r-\int_0^{r_0}r^3\mathrm{d}r\right]$$

$$= \frac{\gamma h_f}{2\eta l r_0^2}\left(\frac{r_0^4}{2} - \frac{r_0^4}{4}\right) = \frac{\gamma h_f}{8\eta l}r_0^2 = \frac{1}{2}v_{max} \tag{3-6}$$

它表明，层流中平均流速恰好等于管轴上最大流速的一半。如用毕托管测出管轴上的点速，即可利用这一关系算出圆管层流中的平均流速 $\bar{v}$ 和流量 Q。

$$Q = \bar{v}A = \frac{\gamma h_f}{8\eta l}r_0^2 \pi r_0^2 = \frac{\pi\gamma h_f}{8\eta l}r_0^4 = \frac{\pi\gamma h_f}{128\eta l}d_0^4 \tag{3-7}$$

式（3-7）即为管中层流流量公式，也称亥根-泊肃叶（Hagen-Poiseuille）定律。它表明，流量与沿程损失水头及管径的四次方成正比。由于式中的 Q、γ、h_f、l 及 d_0 都是可测出的量，因此利用式（3-7）可求得流体的动力黏度 η。有些黏度计就是根据这一原理制成的。

三、管中层流沿程损失的达西公式

由式（3-6）可写出沿程损失水头为

$$h_f = \frac{8\eta l}{\gamma r_0^2}\bar{v} = \frac{32\eta l}{g\rho d^2}\bar{v} \tag{3-8}$$

式（3-8）即管中层流沿程损失水头的表达式。它从理论上说明了，沿程损失水头 h_f 与平均流速 $\bar{v}$ 的一次方成正比。这同雷诺试验结果是一致的。

在流体力学中，常用速度头 $\left(\dfrac{\bar{v}^2}{2g}\right)$ 来表示损失水头。为此，将式（3-8）加以变化而写成

$$h_f = \frac{32 \times 2}{\dfrac{\bar{v}\rho d}{\eta}}\frac{l}{d}\frac{\bar{v}^2}{2g} = \frac{64}{Re}\frac{l}{d}\frac{\bar{v}^2}{2g}$$

令

$$\lambda = \frac{64}{Re} \tag{3-9}$$

则

$$h_f = \lambda\frac{l}{d}\frac{\bar{v}^2}{2g}$$

或

$$\Delta p_f = \gamma h_f = \lambda\frac{l}{d}\rho\frac{\bar{v}^2}{2} \tag{3-10}$$

式（3-10）即为流体力学中著名的达西（Darcy）公式。

式中　λ——沿程阻力系数或摩阻系数（量纲为一的数），它仅由 Re 确定，对于管内层流，$\lambda = \dfrac{64}{Re}$；

$\bar{v}$——平均流速（m/s）；

h_f——沿程损失水头（m）；

Δp_f——沿程压力损失（N/m^2）。

如果流量为 Q 的流体在管中做层流运动时，其沿程损失的功率为

$$P_f = Q\gamma h_f = \frac{128\eta l Q^2}{\pi d^4} \qquad (3\text{-}11)$$

式（3-11）表明，在一定的 l、Q 情况下，流体的 η 越小，则损失功率 P_f 越小。在长距离输送石油时，要预先将石油加热到某一温度后再输送，就是这个道理。

【例 3-2】 沿直径 $d = 305\text{mm}$ 的管道，输送密度 $\rho = 980\text{kg/m}^3$、运动黏度 $\nu = 4\text{cm}^2/\text{s}$ 的重油。若流量 $Q = 60\text{L/s}$，管道起点标高 $z_1 = 85\text{m}$，终点标高 $z_2 = 105\text{m}$，管长 $l = 1800\text{m}$。试求管道中重油的压力降及损失功率。

解：1）本题所求的压力降，是指管道起点 1 断面与终点 2 断面之间的静压差 $\Delta p = p_1 - p_2$。为此，首先列出 1、2 两断面的总流伯努利方程。因为是等断面管，所以有

$$z_1 + \frac{p_1}{\gamma} = z_2 + \frac{p_2}{\gamma} + h_f$$

故得压力降 $\qquad\qquad \Delta p = p_1 - p_2 = \gamma(z_2 - z_1 + h_f)$

可见，需计算沿程损失水头 h_f，因此应确定流动类型，先计算 Re：

$$Q = 60\text{L/s} = 0.06\text{m}^3/\text{s}$$

$$v = \frac{Q}{A} = \frac{0.06}{0.785 \times 0.305^2}\text{m/s} = 0.822\text{m/s}$$

$$Re = \frac{vd}{\nu} = \frac{0.822 \times 0.305}{4 \times 10^{-4}} = 626.8 < 2320，为层流$$

按达西公式（3-10）求沿程损失水头，即

$$h_f = \frac{64}{Re}\frac{l}{d}\frac{v^2}{2g} = \frac{64 \times 1800 \times 0.822}{626.8 \times 0.305 \times 2 \times 9.81}\text{m} = 20.75\text{m}$$

将已知值代入，则得压力降为

$$\Delta p = \gamma(z_2 - z_1 + h_f) = 980 \times 9.81 \times (105 - 85 + 20.75)\text{N/m}^2 = 391762\text{N/m}^2$$

2）计算损失功率。将已知值代入式（3-11）中，得

$$P_f = \frac{128\eta l Q^2}{\pi d^4} = \frac{128 \times 980 \times 4 \times 10^{-4} \times 1800 \times 0.06^2}{3.14 \times 0.305^4}\text{W} = 11966\text{W}$$

或 $\qquad\qquad P_f = Q\gamma h_f = 0.06 \times 980 \times 9.81 \times 20.75\text{W} = 11969\text{W}$

第三节　流体在平行平板间的层流运动

一、运动微分方程

设有相距为 $2h$ 的两块平行板，如图 3-7 所示，其垂直于图面的宽度假定是无限的。质量力为重力的流体，在其间做层流运动。现在来分析其速度分布、流量及水头损失计

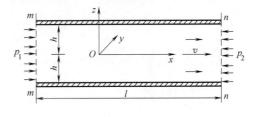

图 3-7　平行平板间的层流运动

算问题。

因为质量力只有重力,取坐标系如图 3-7 所示,则得单位质量力在各轴上的投影分别为 $X=0$,$Y=0$,$Z=-g$。因为是定常(稳态)流动,故有

$$\frac{\partial p}{\partial t}=\frac{\partial v_x}{\partial t}=\frac{\partial v_y}{\partial t}=\frac{\partial v_z}{\partial t}=0$$

又因为速度 v 与 x 轴方向一致,故有 $v_x=v$,$v_y=v_z=0$

由此可得

$$\frac{\partial v_y}{\partial y}=0,\quad \frac{\partial^2 v_y}{\partial y^2}=\frac{\partial^2 v_y}{\partial x^2}=\frac{\partial^2 v_y}{\partial z^2}=0$$

及

$$\frac{\partial v_z}{\partial z}=0,\quad \frac{\partial^2 v_z}{\partial z^2}=\frac{\partial^2 v_z}{\partial y^2}=\frac{\partial^2 v_z}{\partial x^2}=0$$

由于假定平板沿 y 方向是无限宽的,则在此方向的边界面对流体运动无影响,故有

$$\frac{\partial v_y}{\partial y}=0,\quad \frac{\partial^2 v}{\partial y^2}=\frac{\partial^2 v_x}{\partial x^2}=\frac{\partial^2 v_y}{\partial y^2}=\frac{\partial^2 v_z}{\partial z^2}=0$$

由上述条件可知,p,v 都不是时间 t 的函数,v 仅是坐标 z 的函数,将其代入 N-S 方程式(2-34),得

$$\left.\begin{array}{l} -\dfrac{1}{\rho}\dfrac{\partial p}{\partial x}+\nu\dfrac{\partial^2 v}{\partial z^2}=0 \\[2ex] -\dfrac{1}{\rho}\dfrac{\partial p}{\partial y}=0 \\[2ex] -g-\dfrac{1}{\rho}\dfrac{\partial p}{\partial z}=0 \end{array}\right\} \tag{3-12}$$

式(3-12)中的第一式可改写为

$$\frac{\partial p}{\partial x}=\eta\frac{\partial^2 v}{\partial z^2} \tag{3-13}$$

因是黏性流体在水平的平板间流动,故

$$\frac{\partial p}{\partial x}=-\frac{p_1-p_2}{l}=-\frac{\Delta p}{l}$$

又因 v 只是 z 的函数,式(3-13)右边可写成 $\eta\dfrac{\partial^2 v}{\partial z^2}=\eta\dfrac{\mathrm{d}^2 v}{\mathrm{d}z^2}$

将此两式代回到式(3-13)中,则有

$$\frac{\mathrm{d}^2 v}{\mathrm{d}z^2}=-\frac{\Delta p}{\eta l} \tag{3-14}$$

式(3-14)即黏性流体在水平的平板间做层流运动时的运动微分方程。将其积分两次可得

$$v=-\frac{\Delta p}{2\eta l}z^2+C_1 z+C_2 \tag{3-15}$$

积分常数 C_1、C_2 可从不同的边界条件求得。

二、应用举例

1)$\Delta p=0$,上板以定速 v_0 运动,下板不动,如图 3-8 所示。

在这种情况下，边界条件是

$$z = +h \text{ 时}, v = v_0$$
$$z = -h \text{ 时}, v = 0$$

由此可定出两个积分常数为

$$C_1 = \frac{v_0}{2h}, C_2 = \frac{v_0}{2}$$

代入式（3-15）得

$$v = \frac{v_0}{2}\left(1 + \frac{z}{h}\right) \tag{3-16}$$

式（3-16）表明，两个平行平板间的流体层流运动，其速度呈线性规律分布，如润滑油在轴颈与轴承间的流动。

如图3-9所示，因轴承不动，轴颈以等角速度绕轴线做旋转运动；而轴承与轴颈间的环形间隙 Δ 远小于轴颈直径 d，也远小于轴颈长度 B，故可将此环形间隙视为无视宽的两平行平板间的间隙。润滑油在这期间流动，其过水断面面积为 $A = B\Delta$，湿周为 $x = 2B + 2\Delta$，故水力半径为

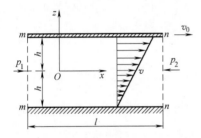

图 3-8　$\Delta p = 0$，上板运动，下板不动

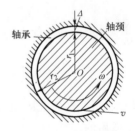

图 3-9　轴颈轴承

$$R = \frac{A}{x} = \frac{B\Delta}{2B + 2\Delta} \approx \frac{\Delta}{2}$$

若以水力半径作为过水断面上的特征长度，则雷诺数为 $Re = \dfrac{\rho v R}{\eta} = \dfrac{\rho v \Delta}{2\eta}$。

一般说来，润滑油的 η 值很大，Δ 值很小，故通常 Re 值很小，流动属层流。但必须注意，只有当轴颈负荷小、转速高，轴承与轴颈几乎同心时才可这样分析。

2）$\Delta p \neq 0$，两板均静止，如图3-10所示。

此时的边界条件

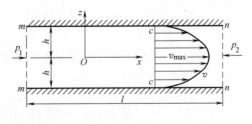

图 3-10　$\Delta p \neq 0$，两板均静止

$$\text{当 } z = +h \text{ 时}, v = 0$$
$$\text{当 } z = -h \text{ 时}, v = 0$$

由此可得

$$v = \frac{\Delta p}{2\eta l}(h^2 - z^2) \tag{3-17}$$

式（3-17）说明：在这样的平行平板中间，任意过水断面 c—c 上的速度是按抛物线规律分布的。

① 平均速度 $\bar{v}$。若取 y 轴方向（与图面垂直）的宽度为 B，由此得

$$\bar{v} = \frac{Q}{A} = \frac{1}{2hB}\int_{-h}^{+h} v\,\mathrm{d}zB = \frac{1}{2hB}\int_{-h}^{+h} \frac{\Delta p}{2\eta l}(h^2 - z^2)\,\mathrm{d}zB$$

$$= \frac{1}{2hB} \times \frac{2}{3}\frac{\Delta p}{\eta l}h^3 B = \frac{\Delta p h^2}{3\eta l}$$

② 水头损失 h_f。因为是均匀流动，故

$$h_f = \frac{\Delta p}{\gamma} = \frac{1}{\gamma}\frac{3\eta l \bar{v}}{h^2} = \frac{24\eta}{2h\rho}\frac{1}{\bar{v}2h}\frac{\bar{v}^2}{2g}$$

$$= \frac{24}{Re_{2h}}\frac{1}{2h}\frac{\bar{v}^2}{2g}$$

式中　Re_{2h}——以液流深度 $2h$ 作为水力半径 R 而表示的雷诺数，$Re_{2h} = \frac{\bar{v}R}{\nu} = \frac{2h\bar{v}}{\nu}$。

令 $\lambda = \frac{24}{Re_{2h}}$ 表示这种流动中的阻力系数，则上式为

$$h_f = \lambda \frac{1}{2h}\frac{\bar{v}^2}{2g} \tag{3-18}$$

以上这种分析，在研究固定柱塞与固定工作缸之间环形间隙中的油液流动时（两端存在 Δp）是适用的。

3）$\Delta p \neq 0$，上板运动，v 与 Δp 方向相同，下板不动，如图 3-11 所示。

边界条件为

$$z = +h \text{ 时}, v' = v$$
$$z = -h \text{ 时}, v' = 0$$

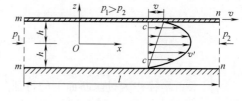

图 3-11　上板运动，下板不动

由此可得　$v' = \frac{\Delta p}{2\eta l}(h^2 - z^2) + \frac{v}{2}\left(1 + \frac{z}{h}\right)$

$$\tag{3-19}$$

从图 3-11 看出，在这种平行平板之间的流速分布规律正是前面两种速度分布的合成。

第四节　流体在圆管中的湍流运动

在实际工程中，除了很少一部分是层流运动外，绝大部分都是湍流运动。所以研究湍流的特性和规律，是有很大实际意义的。本节将概要介绍有关湍流的一些概念，并对有关湍流能量损失的计算进行讨论。

一、湍流的脉动现象

从雷诺试验中看到，湍流状态中流体质点有大量极不规则的混乱运动，运动的速度和大小及方向都随时间而改变。因此，湍流中所有的运动参数（如 v，p 等），都将随时间而变化。也就是说，湍流运动实质上是非稳定流动，即使边界条件恒定不变，任一点瞬时速度仍具有随机性质的变化。但是，这种变化在足够长时间内，始终是围绕着某一"平均值"而上下摆动。观察湍流中的压力场也具有这种性质。这种围绕某一"平均值"而上下变动的现象，称为脉动现象。

二、速度的时均化原则及时均速度

由于湍流中存在某点瞬时速度的脉动现象，人们就试图用这一"平均值"来代替具有脉动的真实速度值来分析研究湍流问题。这样就对这个"平均值"提出了时均化原则的问题。

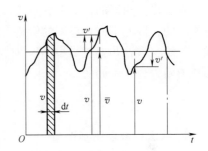

图 3-12　速度时均化

在某一足够长时间段 T 内，以平均值的速度 $\bar{v}$（图 3-12）流经一微小有效断面面积 ΔA 的流体体积，应等于在同一时间段内以真实的有脉动的速度 v 流经同一微小有效断面面积的流体体积。这就是湍流的速度时均化原则。根据这一原则可写出

$$\bar{v}\Delta A T = \int_0^T v\Delta A \mathrm{d}t \tag{3-20}$$

即

$$\bar{v} = \frac{1}{T}\int_0^T v\mathrm{d}t \tag{3-21}$$

这就是在足够长时间段内，某点速度的平均值称为时间平均速度，简称时均速度。如果将式（3-21）换成形式 $\bar{v}T = \int_0^T v\mathrm{d}t$ 来表示，则其几何意义就很明显了。$\int_0^T v\mathrm{d}t$ 正是图中横坐标长度为 T 的真实速度曲线下的面积，它可用矩形面积 $\bar{v}T$ 来代替。此矩形面积的高度就是时均速度 $\bar{v}$。因此，真实速度与时均速度之间的关系为

$$v = \bar{v} + v' \tag{3-22}$$

式中　v'——脉动的真实速度与时均速度的差值，称为脉动速度或附加速度。

同上述分析的结果类似，对于湍流中某点的时均压力 $\bar{p}$，按式（3-21）的定义也可写出

$$\bar{p} = \frac{1}{T}\int_0^T p\mathrm{d}t \tag{3-23}$$

因此，可以认为湍流的脉动现象就是湍流特征的表现。由于存在脉动，就存在了脉动速度，它还会引起湍流运动中的附加阻力。

三、水力光滑管和水力粗糙管

由各种材料做成的管子，其管壁都具有不同粗糙程度的凸出高度 Δ，如图 3-13 所示，

称为管壁的绝对粗糙度。层流边界层的厚度 δ 与管壁的绝对粗糙度 Δ 之间存在着 $\delta<\Delta$ 或 $\delta>\Delta$ 的情况。在不同情况下，流体所受到的阻力也不同。

当 $\delta>\Delta$ 时（图 3-13a），管壁凸出高度完全被淹没在层流边界之中，Δ 对流动阻力影

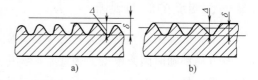

图 3-13　水力光滑管和水力粗糙管

响很小。这种情况类似于液流在完全光滑的管路中运动。这种管子称为水力光滑管。当 $\delta<\Delta$ 时（图 3-13b），管壁凸出高度暴露在层流边界层之外，当流体经过凸出部分时即形成碰撞，加剧湍动，而且在凸出部分后面形成旋涡，消耗了能量。通常将处于这种情况的管子称为水力粗糙管。

在雷诺数相同的情况下，层流边界层厚度 δ 应该是相等的，但不同管壁的凸出高度 Δ 是不等的，因此不同粗糙度的管路对雷诺数相等的流体运动，会形成不同的阻力。此外，同一管路（其凸出高度 Δ 相等）对雷诺数不同（因而其边界厚度 δ 也不同）的流动，所形成的阻力也是不同的。

四、湍流运动中的速度分布

1. 湍流的脉动附加阻力

湍流中的脉动使流体质点之间发生交换，引起了附加阻力。按普朗特（Prandtl）混合长度理论分析，对单位面积而言，其附加阻力即切应力为

$$\tau' = \rho l^2 \left(\frac{\mathrm{d}v}{\mathrm{d}y}\right)^2 \tag{3-24}$$

式中　l——流体质点因脉动而由某一层移动到另一层的径向距离。

l 相当于分子运动的平均自由行程，普朗特称为混合长，并认为它与流体层管壁距离 y 成正比，即

$$l = ky \tag{3-25}$$

式中　k——比例系数，据卡门（Karman）测定，可取 $k=0.36\sim0.435$。

湍流中的总阻力等于黏性阻力与附加阻力之和，即

$$\tau = \eta \frac{\mathrm{d}v}{\mathrm{d}y} + \rho l^2 \left(\frac{\mathrm{d}v}{\mathrm{d}y}\right)^2 \tag{3-26}$$

试验证明：在靠近管壁的层流边界层中，只有黏性阻力的作用；在湍流区起主要作用的是附加阻力；在过渡区中两者都起作用。

2. 湍流的速度分布

当流动的 Re 很大时，除层流边界层外，黏性阻力只起很小作用，因而可以忽略。此时，就只考虑湍流的附加阻力，并且普朗特将此附加阻力取为管壁处的切应力 τ_0 来处理，即为

$$\tau' = \tau_0 = \rho(ky)^2 \left(\frac{\mathrm{d}v}{\mathrm{d}y}\right)^2$$

开方后移项得

$$\frac{\mathrm{d}v}{\mathrm{d}y} = \frac{1}{ky}\sqrt{\frac{\tau_0}{\rho}} = \frac{1}{ky}v_f$$

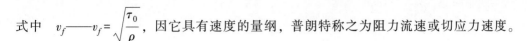

式中 v_f——$v_f = \sqrt{\dfrac{\tau_0}{\rho}}$，因它具有速度的量纲，普朗特称之为阻力流速或切应力速度。

将上式积分，则得

$$v = \frac{v_f}{k}(\ln y + C)$$

利用管轴上速度为最大的条件来确定 C。如图 3-14 所示，即当 $y = r_0$ 时，$v = v_{max}$，故有

$$v_{max} = \frac{v_f}{k}(\ln r_0 + C)$$

所以

$$C = \frac{k v_{max}}{v_f} - \ln r_0$$

从而得

$$\frac{v_{max} - v}{v_f} = -\frac{1}{k}\ln\frac{y}{r_0} \tag{3-27}$$

由式（3-27）看出，在湍流中，速度是按对数规律分布的。此式又称为普朗特方程。又由于（$v_{max} - v$）是流速差，定名为流速亏值，故式（3-27）又称为流速亏值定律。

由式（3-27）表明：由于动量交换，使得管轴附近各点上的速度大大平均化了，因此，它与层流运动中的速度分布是不同的。式（3-27）中的 k 值，因各人的测定情况而异，所提出的速度计算公式也各不相同。尼古拉茨（Nikuradse）试验指出，当 $k = 0.4$ 时，按式（3-27）算出的速度分布曲线（图 3-14 中 1 线）与试验结果基本上是符合的。

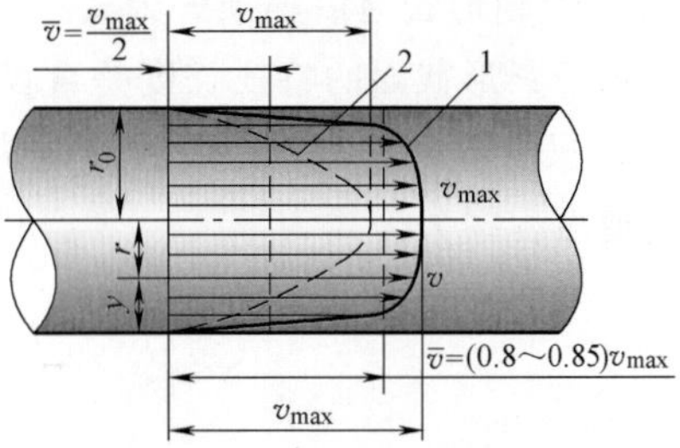

此外，有人提出速度是按指数曲线分布的，即

$$\frac{v}{v_{max}} = \left(\frac{r_0 - r}{r_0}\right)^m = \left(1 - \frac{r}{r_0}\right)^m \tag{3-28}$$

图 3-14 管中湍流速度分布
1—湍流速度分布
2—层流速度分布

式中 r_0——管子半径；

m——$\dfrac{1}{10} \sim \dfrac{1}{4}$；

r——管中任一流层到管轴的距离。

五、湍流沿程损失的基本关系式

1. 湍流沿程损失基本公式

湍流中沿程损失的影响因素比层流复杂得多。试验研究表明，管中湍流的沿程压力损失 Δp 与断面平均流速 v、流体密度 ρ、管径 d、管长 l、流体的黏度 η 以及管壁的绝对粗糙度 Δ 等有关。写成函数式为

$$\Delta p = F(v, \rho, d, l, \eta, \Delta)$$

目前还不能完全从理论上求出这些变量之间的解析表达式，一般采用瑞利（Rayleigh）于 1899 年建立的量纲分析法来建立它。量纲分析得出 Δp 与 v 的关系式为

$$\Delta p = \lambda \frac{l}{d} \rho \frac{v^2}{2} \tag{3-29}$$

或
$$h_f = \lambda \frac{l}{d} \frac{v^2}{2g} \tag{3-30}$$

其中湍流沿程阻力系数 λ 为

$$\lambda = \Phi\left(Re, \frac{\Delta}{d}\right) \tag{3-31}$$

式（3-31）即为管中湍流沿程损失的基本公式（达西公式），其沿程阻力系数 λ 是两个量纲为一的数 Re 和 $\frac{\Delta}{d}$ 的函数，只能由试验确定。正因为如此，在湍流沿程阻力系数 λ 的经验公式中，一般都含有 Re 及 $\frac{\Delta}{d}$ 这两个量纲为一的数。还可看出，湍流时的 λ 值，已与层流时的 $\lambda = \frac{64}{Re}$ 不同。

在流体力学中，$\frac{\Delta}{d}$ 称为相对粗糙度。其值越大，表示管壁越粗糙。

2. 非圆形管道沿程损失公式

由于圆形截面的特征长度是直径 d，非圆形截面的特征长度是水力半径 R，而且 $d = 4R$，故只需将式（3-30）中的 d 改为 $4R$（或称为当量直径 $d_{当}$）便可应用。因而，非圆形管道沿程损失公式为

$$h_f = \lambda \frac{l}{d_{当}} \frac{v^2}{2g} = \lambda \frac{l}{4R} \frac{v^2}{2g} \tag{3-32}$$

第五节 沿程阻力系数 λ 值的确定

经以上讨论已知，在湍流运动中 λ 是 Re 及 $\frac{\Delta}{d}$（或 $\frac{\Delta}{r}$，r 为半径）的函数，这三个量间的关系要由试验来确定。下面着重介绍尼古拉茨试验，以及莫迪图。

一、尼古拉茨试验曲线

尼古拉茨在不同相对粗糙度 $\frac{\Delta}{r}$ 的管路中进行了阻力系数 λ 的测定，并扼要表述了 λ、Re 及 $\frac{\Delta}{r}$ 的关系。他采用人为的方法制造六种不同 $\frac{\Delta}{r}$ 的管子并使流体通过，以改变 Re 的办法来进行阻力系数 λ 的测定。

先取长度为 l 的某种 $\frac{\Delta}{r}$ 的管路，设法使其中流速逐渐由慢变快（即使 Re 由小变大）通过管路，同时陆续测定其间的水头损失 h_f，按式（3-30）求出 λ 与 Re 的对应关系点，

并逐点地描在横坐标 $\lg Re$ 和纵坐标 $\lg(100\lambda)$ 的对数坐标上，得出此管路的 λ 与 Re 的对数关系曲线。然后，依次取用其他 $\dfrac{\Delta}{r}$ 的管路，重复上述试验，便可绘出尼古拉茨试验图（图 3-15）。现将其分为几个区间来加以分析和说明：

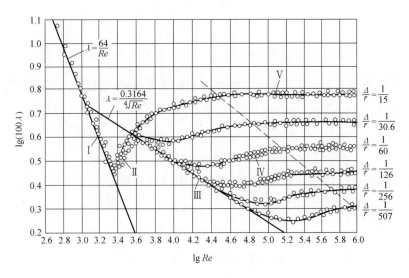

图 3-15　尼古拉茨试验图

Ⅰ区——层流区，雷诺数 $Re < 2320$。粗糙度对阻力系数 λ 没有影响，λ 只是 Re 的函数，$\lambda = 64/Re$。

Ⅱ区——层流变为湍流的过渡区，其雷诺数范围是 $2320 \leqslant Re < 4000$（即 $3.36 < \lg Re < 3.6$）。在此区间内，阻力系数 λ 值都急剧升高，所有试验点几乎都集中在线Ⅱ上。尚未总结出此区的 λ 计算公式，通常按下述水力光滑管来处理，或用后面的通用公式（3-37）计算。

Ⅲ区——水力光滑管区，$4000 \leqslant Re < 59.8\left(\dfrac{r}{\Delta}\right)^{8/7}$。在 $4000 \leqslant Re < 10^5$ 范围内，可用布拉休斯（Blasius）公式，即 $\lambda = \dfrac{0.3164}{\sqrt[4]{Re}}$ （3-33）

当 $10^5 \leqslant Re < 10^6$ 时，可用尼古拉茨（光滑管）公式，即
$$\lambda = 0.0032 + 0.221 Re^{-0.237} \tag{3-34}$$

Ⅳ区——由水力光滑管转变为水力粗糙管的过渡区，其雷诺数范围是 $59.8\left(\dfrac{r}{\Delta}\right)^{8/7} \leqslant Re < \dfrac{382}{\sqrt{\lambda}}\left(\dfrac{r}{\Delta}\right)$。在这个区间内，各种 $\dfrac{r}{\Delta}$ 管流的 λ 与 Re 及 $\dfrac{r}{\Delta}$ 都可能有关，可用以下试验式计算 λ，即

$$\lambda = \dfrac{1.42}{\left[\lg\left(Re\,\dfrac{d}{\Delta}\right)\right]^2} \tag{3-35}$$

Ⅴ区——水力粗糙管区，其 $Re \geqslant \dfrac{382}{\sqrt{\lambda}}\left(\dfrac{r}{\Delta}\right)$。习惯上称它为完全粗糙区或阻力平方区。此区内常用尼古拉茨（粗糙管）公式计算，即

$$\lambda = \frac{1}{\left(1.74 + 2\lg\dfrac{r}{\Delta}\right)} \tag{3-36}$$

总之，尼古拉茨试验有着很重要的意义。它概括了各种相对粗糙管内液流 λ、Re 及 $\dfrac{\Delta}{r}$ 的关系，从而说明了各种理论公式、经验公式的适用范围。此外，为了便于计算，在工程上还提出了一个适合于整个湍流的经验公式，即

$$\lambda = 0.11\left(\frac{\Delta}{d} + \frac{68}{Re}\right)^{0.25} \tag{3-37}$$

还有很多经验公式用来计算 λ，在各种手册中均可查到，本书就不多介绍了。各种材料管壁的绝对粗糙度 Δ 也可从手册中查到。

【例3-3】 长度 $l = 1000\text{m}$，内径 $d = 200\text{mm}$ 的普通镀锌钢管，用来输送运动黏度 $\nu = 0.355\text{cm}^2/\text{s}$ 的重油，已测得其流量 $Q = 38\text{L/s}$。问其沿程损失。（查手册 $\Delta = 0.39\text{mm}$，重油密度为 880kg/m^3。）

解：
$$v = \frac{Q}{A} = \frac{Q}{\pi\dfrac{d^2}{4}} = \frac{0.038}{0.785 \times 0.2^2}\text{m/s} = 1.21\text{m/s}$$

$$Re = \frac{vd}{\nu} = \frac{121 \times 20}{0.355} = 6817 > 4000$$

且
$$59.8\left(\frac{r}{\Delta}\right)^{8/7} = 59.8\left(\frac{100}{0.39}\right)^{1.143} \approx 33893$$

符合条件
$$4000 < Re < 59.8\left(\frac{r}{\Delta}\right)^{8/7}$$

故为水力光滑管。采用式（3-33）得

$$\lambda = \frac{0.3164}{\sqrt[4]{Re}} = \frac{0.3164}{6817^{0.25}} = 0.0348$$

故沿程压头损失
$$h_f = \frac{\lambda l}{d}\frac{v^2}{2g} = \frac{0.0348 \times 1000}{0.2} \times \frac{1.21^2}{2 \times 9.8}\text{m} = 13\text{m}$$

沿程压力损失
$$\Delta p = \gamma h_f = 880 \times 9.81 \times 13\text{Pa} = 11.2 \times 10^4\text{Pa}$$

二、莫迪（Moody）图

粗糙度大小、形状和分布是不规则的。莫迪于1944年提供了工业管道 λ 与 Re、Δ/d 之间的关系图，称为莫迪图，如图3-16所示。该图也分为五个区域，图上编号依次是层流区、

临界区（相当于尼古拉茨图的层流到湍流过渡区）、光滑管区、过渡区（相当于尼古拉茨曲线的湍流粗糙管过渡区）、完全湍流粗糙管区（相当于尼古拉茨曲线的平方阻力区）。

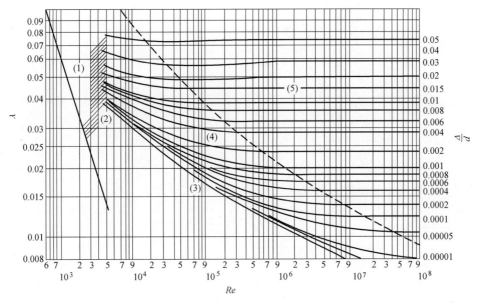

图 3-16　莫迪图

【例 3-4】　某新铸铁管管壁粗糙度 $\Delta = 0.3\text{mm}$，长 $l = 100\text{m}$，管径 $d = 0.25\text{m}$，水温 $20℃$，水流量 $q = 0.05\text{m}^3/\text{s}$，求沿程损失水头 h_f。

解：$v = \dfrac{4q}{\pi d^2} = \dfrac{4 \times 0.05}{\pi \times 0.25^2}\text{m/s} = 1.019\text{m/s}$。查表得水的运动黏度 $\nu = 1.003 \times 10^{-6}\text{m}^2/\text{s}$。

$Re = vd/\nu = \dfrac{1.019 \times 0.25}{1.003 \times 10^{-6}} = 2.53 \times 10^5$，$\Delta/d = 1.2 \times 10^{-3}$，查莫迪图，$\lambda = 0.021$，故

$$h_f = \lambda \frac{l}{d} \frac{v^2}{2g} = 0.021 \times \frac{100}{0.25} \times \frac{1.019^2}{2 \times 9.8}\text{m} = 0.445\text{m}$$

第六节　局 部 阻 力

实际的流体通道，除了在各直管段产生沿程阻力外，流体流过各个接头、阀门等局部障碍时都要产生一定的流动损失，即局部阻力。由于产生局部阻力的原因很复杂，所以大多数情况下的局部阻力只能通过试验来确定。今仅以管道截面突然扩大的情况为例来介绍局部阻力的计算方法。

一、截面突然扩大的局部损失

设有突然扩大的管道截面段如图 3-17 所示。平均速度的流线在小管中是平直的，经

过一个扩大段以后，到 2—2 截面上流线又恢复到平直状态。扩大段的沿程摩阻可忽略不计。取截面 1—1 与 2—2 间液流的伯努利方程（取动能修正系数 $\alpha_1 = \alpha_2 \approx 1$），可得

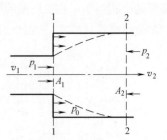

图 3-17　截面突然扩大的管道

$$p_1 + \frac{\rho v_1^2}{2} = p_2 + \frac{\rho v_2^2}{2} + \Delta p$$

或

$$\Delta p = p_1 - p_2 + \frac{\rho}{2}(v_1^2 - v_2^2)$$

若以 h_f 表示，则又可写为

$$h_f = \frac{p_1 - p_2}{\gamma} + \frac{1}{2g}(v_1^2 - v_2^2) \qquad (3\text{-}38)$$

式中　h_f——局部水头损失。

由动量方程（取动量修正系数 $\beta_1 = \beta_2 \approx 1$）可得

$$\frac{\gamma}{g}Qv_2 - \frac{\gamma}{g}Qv_1 = p_1 A_1 - p_2 A_2 + p_0(A_1 - A_2)$$

将 $Q = A_2 v_2$ 代入上式，并经试验证明取 $p_0 \approx p_1$，得

$$\frac{v_2}{g}(v_2 - v_1) = \frac{p_1 - p_2}{\gamma} \qquad (3\text{-}39)$$

联立式（3-38）与式（3-39）后得

$$h_f = \frac{(v_1 - v_2)^2}{2g}$$

按连续性方程 $Q = v_1 A_1 = v_2 A_2$，上式可改写为

$$\left. \begin{array}{l} h_f = \left(1 - \dfrac{A_1}{A_2}\right)^2 \dfrac{v_1^2}{2g} = \zeta_1 \dfrac{v_1^2}{2g} \\[3mm] h_f = \left(\dfrac{A_2}{A_1} - 1\right)^2 \dfrac{v_2^2}{2g} = \zeta_2 \dfrac{v_2^2}{2g} \end{array} \right\} \qquad (3\text{-}40)$$

或

式中　ζ_1 或 ζ_2——局部阻力系数，共值随比值 A_1/A_2 不同而异（见表 3-1）。

表 3-1　管径突然扩大的局部阻力系数 ζ 值

A_1/A_2	1	0.9	0.8	0.7	0.6	0.5	0.4	0.3	0.2	0.1	0
ζ_1	0	0.01	0.04	0.09	0.16	0.25	0.36	0.49	0.64	0.81	1
ζ_2	0	0.0123	0.0625	0.184	0.444	1	2.25	5.44	36	81	∞

二、其他类型的局部损失

管道中的各种局部阻力系数可以从专门的手册中查到。在流体力学中常以管径突然扩大的水头损失计算公式作为通用的计算公式，然后根据具体情况乘以不同的局部阻力系数，即

$$h_f = \zeta \frac{v^2}{2g} \qquad (3\text{-}41)$$

习题

1. 流体在两块无限大平板间做一维稳态层流。试计算截面上等于主体速度 v_b 的点距板壁面的距离。又如流体在圆管内做一维稳态层流时，该点与管壁的距离为多少？

2. 温度 $t=5℃$ 的水在直径 $d=100mm$ 的管中流动，体积流量 $q_V=15L/s$，管中水流处于什么运动状态？

3. 温度 $t=15℃$，动力黏度 $\nu=0.0114cm^2/s$ 的水，在直径 $d=2cm$ 的管中流动，测得流速 $v=8cm/s$，水流处于什么状态？如要改变其运动，可以采取哪些办法？

4. 大横截面面积为 $2.5m×2.5m$ 的矿井巷道中，当空气流速 $v=1m/s$ 时，气流处于什么运动状态？（已知：井下温度 $t=20℃$，空气的 $\nu=0.15cm^2/s$。）

5. 某输油管道，管径 $d=25.4mm$，已知输油质量流量 $q_m=2.5kg/mm$，油的密度 $\rho=960kg/m^3$，油的动力黏度 $\nu=4cm^2/s$，管中油的流动属于何种类型？（提示：质量流量 $q_m=\rho q_V$。）

6. 设流体在两块平板间流动，该两块平板与重力方向的夹角为 β，试求：

（1）速度分布方程。

（2）体积流率。

7. 在内半径为 r_2 的足够长的圆管内，有一外半径为 r_1 的同轴圆管，现有不可压缩性黏性流体在套管环隙内沿轴向做定常层流。试确定环形通道内的速度分布公式和流量公式。

8. 无介质磨矿送风管道（钢管，$\Delta=0.2mm$），长 $l=30m$，直径 $d=750mm$，在温度 $t=20℃$ 的情况下，送风量 $Q=30000m^3/h$。问：

（1）此风管中的沿程损失为多少？

（2）使用一段时间后，其绝对粗糙度增加到 $\Delta=1.2mm$，其沿程损失又为多少？（$t=20℃$ 时，空气的动力黏度 $\nu=0.157cm^2/s$。）

9. 管道直径 $d=100mm$，输送水的质量流量为 $10kg/s$，如水温为 $10℃$，试确定管内水流的流态。如用此管输送同样质量流量的石油，已知石油密度 $\rho=850kg/m^3$，运动黏度 $\nu=1.14cm^2/s$，试确定石油流动的流态。

10. 有一供试验用的圆管，直径为 $15mm$，用其进行沿程水头损失试验，测量段的长度为 $4.0m$，问：

（1）当流量为 $2×10^{-5}m^3/s$ 时，水流是层流还是湍流？

（2）此时测量段的沿程水头损失是多大？

（3）当水流处于由层流至湍流的临界转变点时，测量段的测压管水头差为多少？（试验水温为 $10℃$）。

11. 要一次测得圆管层流的截面平均流速，毕托管应放在距离管轴多远的 r 处？

12. 有一圆管直径为 $40mm$，长为 $5m$，粗糙度 Δ 为 $0.4mm$，水温为 $20℃$，当通过流量分别为 $5.0×10^{-5}m^3/s$ 和 $6.0×10^{-3}m^3/s$ 时，沿程水头损失各是多少？

第四章

边界层理论

从前面各章可以看到，对于实际流体的流动，无论流动形态是层流还是湍流，真正能够求解的问题很少。这主要是因为流体流动的控制方程本身是非线性的偏微分方程，处理非线性偏微分方程的问题是当今科学界的一大难题，至今还没有一套完整的求解方案。但在实际工程中的大多数问题，是流体在固体容器或管道限制区域内的流动，这种流动除靠近固体表面的一薄层流体速度变化较大之外，其余大部分区域内速度的梯度很小。对于具有这样特点的流动，控制方程可以简化。首先由于远离固体壁面的大部分流动区域流体的速度梯度很小，可略去速度的变化，这部分流体之间将无黏性力存在，视为理想流体，用欧拉方程或伯努利方程就可求解。而靠近固体壁面的一个薄层——称为流动边界层，在它内部由于速度梯度较大，不能略去黏性力的作用，但可以利用边界层很薄的特点，在边界层内把控制方程简化后再求解。这种对整个区域求解的问题就转化为求解主流区内理想流体的流动问题和靠近壁面的边界层内的流动问题。当然，在这样的求解过程中还有一个重要的求解对象，就是两个区域的分界线，即下面要谈到的边界层厚度的问题。普朗特于1904 年首先提出来把受固体限制的流动的问题转化为两个区域来求解的思想，他为黏性流体流动的理论应用于实际问题中开辟了一条道路，同时也进一步明确了研究无黏性流体（理想流体）流动的实际意义，在流体力学的发展史上起了非常重要的作用。

第一节 边界层概念及其微分方程

一、边界层的定义

前面已经讲过，流体在绕流过固体壁面流动时紧靠固体壁面形成速度梯度较大的流体薄层称为边界层。随着流体流过壁面的距离不断增长，因受壁面黏性力传递的影响，边界层的厚度在不断加厚，如图4-1 所示。但不管边界层厚度怎样变化，总是把流速相当于主流区速度的 0.99 处（即 $v = 0.99v_0$）到固体壁面间的距离定义为边界层的厚度。这样，边界以外的速度的变化量充其量只有 1/100，这与前述仅在边界层内部有速度变化的观点是一致的。

二、边界层的形成与特点

如图 4-1 所示，当流体流过一平板时，与平板紧邻的流体受平板的黏附作用而与平板保持相对静止，其他边界层内的流体依次受到下层流体的黏性力作用而使其速度减小，在固体的壁面附近就形成了有较大的速度变化的边界层。

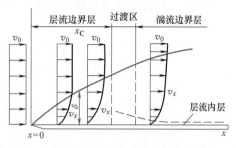

图 4-1 边界层定义

流体流过管道时，两种不同的流动形态的判别标准是雷诺数 $Re=Dv\rho/\eta$。当 $Re<Re_{cr}$ 时流动形态为层流；$Re>Re_{cr}$ 时为湍流。对于流体绕平板的流动，两种不同流态的分界线仍然由雷诺数给出，只不过这时的雷诺数表示形式为 $Re_x=xv_0\rho/\eta$，这里 x 为流体进入平板的长度，v_0 为主流区速度。对光滑平板而言，$Re_x<2\times10^5$ 时流体为层流，$Re_x>3\times10^6$ 时为湍流，而 $2\times10^5\leqslant Re_x\leqslant3\times10^6$ 为层流到湍流的过渡区。

由图 4-1 所示的平板绕流流动来分析边界层的特点：

（1）层流区　流体绕流进入平板后，当进流长度不是很长，$x<x_C$（x_C 为对应于 $Re_x=2\times10^5$ 的进流深度），这时 $Re_x<2\times10^5$，边界层内部为层流流动，这一区域称为层流区。

（2）过渡区　随着进流深度的增长，当 $x>x_C$，使得 $3\times10^6\geqslant Re_x\geqslant2\times10^5$ 时，边界层内处于一种不清楚的流动形态，部分层流，部分湍流，故称为过渡区。在这一区域内边界层的厚度随进流尺寸增加得相对较快。

（3）湍流区　随着进流尺寸的进一步增加，使得 $Re_x>3\times10^6$，这时边界层内流动形态已进入湍流状态，边界层的厚度随进流长度的增加而迅速增加。

应当注意，无论是对过渡区还是湍流区，边界层最靠近壁面的一层始终做层流流动，这一层称为层流底层，这主要是因为在最靠近壁面处壁面的作用使该层流体所受的黏性力永远大于惯性力所致。这里要特别说明的是，边界层与层流底层是两个不同的概念。层流底层根据有无脉动现象来划分，而边界层则根据有无速度梯度来划分。因此，边界层内的流动既可以为层流，也可以为湍流。

三、平面层流边界层微分方程的建立

连续性方程与纳维尔-斯托克斯方程（N-S 方程）是流体层流流动过程中普遍适用的控制方程。下面应用边界层理论的思想与边界层厚度很薄的特点来把该方程在边界层内部简化并求解；至于边界层之外的主流区，则由欧拉方程或伯努利方程描述。

对于二维平面不可压缩层流稳定态流动，在直角坐标系下满足的控制方程为

$$\left.\begin{aligned}
&\frac{\partial v_x}{\partial x}+\frac{\partial v_y}{\partial y}=0\\[2mm]
&v_x\frac{\partial v_x}{\partial x}+v_y\frac{\partial v_x}{\partial y}=-\frac{1}{\rho}\frac{\partial p}{\partial x}+\nu\left(\frac{\partial^2 v_x}{\partial x^2}+\frac{\partial^2 v_x}{\partial y^2}\right)\\[2mm]
&v_x\frac{\partial v_y}{\partial x}+v_y\frac{\partial v_y}{\partial y}=-\frac{1}{\rho}\frac{\partial p}{\partial y}+\nu\left(\frac{\partial^2 v_y}{\partial x^2}+\frac{\partial^2 v_y}{\partial y^2}\right)
\end{aligned}\right\}\qquad(4\text{-}1)$$

式中已去掉了质量力，这主要考虑到对于二维平面的不可压缩流体，质量力对流动状态产生的影响很小。

式（4-1）中的第一式为连续性方程；第二式为 x 方向的动量传输方程，可简化为

$$v_x \frac{\partial v_x}{\partial x} + v_y \frac{\partial v_x}{\partial y} = -\frac{1}{\rho} \frac{\partial p}{\partial x} + \nu \frac{\partial^2 v_x}{\partial y^2} \tag{4-2}$$

式（4-1）中的第三式为 y 方向的动量传输方程，因为边界层厚度 δ 很小，除 $\frac{1}{\rho} \frac{\partial p}{\partial y}$ 项外，其他各项与 x 方向上的动量传输方程相比可忽略不计简化为

$$\frac{\partial p}{\partial y} = 0 \tag{4-3}$$

因为 $\partial p/\partial y = 0$，故 x 方向动量中 $\partial p/\partial x$ 可以写为全微分 $\mathrm{d}p/\mathrm{d}x$。应用上述方程组去求解边界层内流动问题时，特别是式中 $\partial p/\partial x$ 成为全微分后，其值可由主流区的运动方程求得。对主流区同一 y 值，不同 x 值的伯努利方程可写为

$$p + \frac{\rho v_0^2}{2} = C \tag{4-4}$$

由于 ρ 与 v_0 为常量，故 p 也为常量，即 $\mathrm{d}p/\mathrm{d}x = 0$，所以式（4-2）可进一步简化为

$$v_x \frac{\partial v_x}{\partial x} + v_y \frac{\partial v_x}{\partial y} = \nu \frac{\partial^2 v_x}{\partial y^2} \tag{4-5}$$

该方程称为普朗特边界层微分方程，它与连续性方程式构成了求解边界层内流体流动的控制方程组，即式（4-1）方程组简化为

$$\left.\begin{array}{l} \dfrac{\partial v_x}{\partial x} + \dfrac{\partial v_y}{\partial y} = 0 \\[2mm] v_x \dfrac{\partial v_x}{\partial x} + v_y \dfrac{\partial v_x}{\partial y} = \nu \dfrac{\partial^2 v_x}{\partial y^2} \end{array}\right\} \tag{4-6}$$

再加上如下的边值条件，就构成完备的定解问题。边界条件：

$$\left.\begin{array}{ll} y = 0 & v_x = 0, v_y = 0 \\ y = \delta & v_x = v_0 \end{array}\right\} \tag{4-7}$$

四、微分方程的解

普朗特边界层微分方程的解是由布拉休斯（Blasius）给出的，所以通常称为布拉休斯解。他首先引入流函数的概念，将上述偏微分方程组化为偏微分方程，得出边界层微分方程的解为一无穷级数：

$$\begin{aligned} f(\beta) &= \frac{A_2}{2!}\beta^2 - \frac{1}{2}\frac{A_2^2}{5!}\beta^5 + \frac{11}{4}\frac{A_2^3}{8!}\beta^8 - \frac{375}{8}\frac{A_2^4}{11!}\beta^{11} + \cdots \\ &= \sum_{n=1}^{\infty} \left(-\frac{1}{2}\right)^n \frac{A_2^{n+1}}{(3n+2)!} C_n \beta^{3n+2} \\ &\qquad \beta = y\sqrt{\frac{v_0}{\nu x}} \end{aligned} \tag{4-8}$$

式中　C_n——二项式的系数；

　　　A_2——系数，可由边界条件决定。

由式（4-8）可得出边界层厚度 δ 与距离 x 及流速 v_0 的关系为

$$\delta = 5.0\sqrt{\frac{\nu x}{v_0}} = 5.0\frac{x}{\sqrt{Re_x}} \tag{4-9}$$

第二节　边界层内积分方程

从普朗特边界层理论的思想出发，将不可压缩流体的纳维尔-斯托克斯（N-S）方程简化到普朗特边界层方程，方程的形式被大大简化，数学上求解的困难也大大减小。但无论怎样，普朗特方程的求解过程还是一件麻烦的事情，并且所得到的布拉休斯解还是一个无穷级数，使用起来也不方便。另一方面，布拉休斯解只能够用于平板表面的层流边界层，其应用也受到了很大的限制。因此，这里引入能用于不同流动形态和不同几何形状边界层问题的近似解法。这种方法是由冯·卡门最早提出的。此法的关键是避开复杂的纳维尔-斯托克斯方程，直接从动量守恒定律出发，建立边界层内的动量守恒方程，然后对其求解。它是求解复杂边界层流动问题的一条非常重要的途径。

一、边界层积分方程的建立

现以二维绕平面流动为例来导出边界层积分方程，如图 4-2 所示。

首先对控制体（单元体）做动量平衡计算（在计算过程中取垂直于纸面 z 方向为单位长度）：

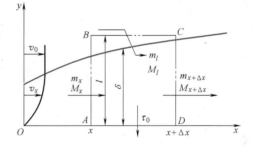

图 4-2　平面流动及单元体

1）流体从 AB 面单位时间流入的动量记为 M_x。由图 4-2 知，从 AB 面单位时间流入的质量为

$$m_x = \int_0^l \rho v_x \mathrm{d}y$$

所以

$$M_x = \int_0^l \rho v_x v_x \mathrm{d}y = \int_0^l \rho v_x^2 \mathrm{d}y \tag{4-10}$$

2）流体从 CD 面单位时间流出的动量记为 $M_{x+\Delta x}$。从 CD 面单位时间流出的质量为

$$m_{x+\Delta x} = \int_0^l \rho v_x \mathrm{d}y + \frac{\mathrm{d}}{\mathrm{d}x}\left[\int_0^l \rho v_x \mathrm{d}y\right]\Delta x$$

所以

$$M_{x+\Delta x} = \int_0^l \rho v_x^2 \mathrm{d}y + \frac{\mathrm{d}}{\mathrm{d}x}\left[\int_0^l \rho v_x^2 \mathrm{d}y\right]\Delta x \tag{4-11}$$

3）流体从 BC 面单位时间流入的动量为 M_l。由质量守恒可知，因为 AD 面没有流体的流入与流出，所以 BC 面流入的质量流量必须等于 CD 面及 AB 面上的质量流量之

差，即

$$m_l = m_{x+\Delta x} - m_x = \frac{d}{dx}\left[\int_0^l \rho v_x dy\right]\Delta x$$

又因为 BC 面取在边界层之外，所以流体沿 x 方向所具有的速度近似等于 v_0，由 BC 面流入的动量的 x 分量为

$$M_l = m_l v_0 = v_0 \frac{d}{dx}\left[\int_0^l \rho v_x dy\right]\Delta x \tag{4-12}$$

4）AD 面上的动量。由于 AD 是固体表面，无流体通过 AD 流入或流出，即质量通量为零，但由黏性力决定的黏性动量通量是存在的，其量值为 τ_0，所以在控制体内由 AD 面单位时间传给流体的黏性动量为 $\tau_0\Delta x$。

沿 x 方向一般来说可能还会存在着压力梯度，所以作用在 AB 面与 CD 面上的压力差而施加给控制体的冲量为

$$I_p = \int_0^l p dy - \left[\int_0^l p dy + \frac{d}{dx}\left(\int_0^l p dy\right)\Delta x\right] = -\frac{d}{dx}\left(\int_0^l p dy\right)\Delta x \tag{4-13}$$

由讨论边界层微分方程时知道 $\partial p/\partial y = 0$，所以

$$I_p = -\frac{dp}{dx}\Delta x l \tag{4-14}$$

由动量守恒可得

$$\int_0^l \rho v_x^2 dy - \left[\int_0^l \rho v_x^2 dy + \frac{d}{dx}\left(\int_0^l \rho v_x^2 dy\right)\Delta x\right]$$

$$+ v_0 \frac{d}{dx}\left(\int_0^l \rho v_x dy\right)\Delta x - \tau_0 \Delta x - \frac{dp}{dx}\Delta x l = 0$$

即

$$\frac{d}{dx}\left[\int_0^l \rho(v_0 - v_x)v_x dy\right] = \tau_0 + \frac{dp}{dx}l \tag{4-15}$$

将积分 $\int_0^l$ 换为 $\int_0^\delta + \int_\delta^l$，且注意到 $y>\delta$ 时 $v_x \approx v_0$，得

$$\frac{d}{dx}\left[\int_0^\delta \rho(v_0 - v_x)v_x dy\right] = \tau_0 + \frac{dp}{dx}\delta \tag{4-16}$$

式（4-16）为边界层积分方程，也称为冯·卡门方程。

对绕平板流动按前面的分析 $\frac{dp}{dx}$ 是一个小量，可略去，这时方程可简化为

$$\frac{d}{dx}\left[\int_0^\delta \rho(v_0 - v_x)v_x dy\right] = \tau_0 \tag{4-17}$$

式（4-17）称为简化的冯·卡门方程。应该说明的是，在推导冯·卡门方程时，没有对边界层内的流动形态加任何限制，所以这个方程可适用于不同流动形态，只要是不可压缩流体就行。冯·卡门方程是由一个小的有限控制体而得出来的，故仅是一种近似求解方案。它也可由普朗特微分方程通过积分而得来，这里不详细给出推导过程，有兴趣的读者可参阅有关书籍。

二、层流边界层积分方程的解

波尔豪森是最早解出冯·卡门积分方程解的人，他分析了冯·卡门方程的特点，并假设在层流情况下速度分布曲线是 y 的三次方函数关系，即

$$v_x = a + by + cy^2 + dy^3 \tag{4-18}$$

式中 a，b，c，d——特定常数，可由一些边界条件来确定。这些边界条件是：

1）$y = 0$ 时，$v_x = 0$。

2）$y > \delta$ 时，$v_x = v_0$。

3）$y > \delta$ 时，$\dfrac{\partial v_x}{\partial y} = 0$。

4）$y = 0$ 时，$\dfrac{\partial^2 v_x}{\partial y^2} = 0$。

前三个边界条件是显然的；而第四个边界条件的得出是因为 $v_{x\mid y=0} = v_{y\mid y=0} = 0$，再结合普朗特微分方程 $v_x \dfrac{\partial v_x}{\partial x} + v_y \dfrac{\partial v_x}{\partial y} = \nu \dfrac{\partial^2 v_x}{\partial y^2}$，并取 $y = 0$ 而得到。

利用上述边界条件而定出式（4-18）中的系数为

$$a = 0, c = 0, b = \frac{3}{2}\frac{v_0}{\delta}, d = -\frac{v_0}{2\delta^3}$$

因此速度分布可表示为

$$v_x = \frac{v_0}{2\delta}\left(3y - \frac{y^3}{\delta^2}\right)$$

即

$$\frac{v_x}{v_0} = \frac{3}{2}\left(\frac{y}{\delta}\right) - \frac{1}{2}\left(\frac{y}{\delta}\right)^3 \tag{4-19}$$

式（4-19）为速度分布与边界层厚度之间的一个关系式，联立它与式（4-17），可求出速度分布与边界层厚度：

$$\delta = 5.84\sqrt{\frac{\nu x}{v_0}} = 5.84\frac{x}{\sqrt{Re_x}} \tag{4-20}$$

式（4-20）为边界层厚度随进流距离变化的关系，它与微分方程解出的结论基本相符。有了边界层厚度的公式，速度场就由式（4-19）具体给出，所以式（4-19）与式（4-20）是边界层积分方程的层流边界层的条件下最终的解。它像边界层微分方程理论给出的结论一样，也回答了边界层内的速度变化及边界层厚度分布的问题。

三、湍流边界层内积分方程的解

在湍流情况下，冯·卡门积分方程式（4-17）中 τ_0 为一般的应力项，要想解上述方程也必须补一个 v_x 与 δ 之间的关系式，它不能由波尔豪森的三次方函数关系给出。

借助于圆管内湍流速度分布的 1/7 次方定律：

$$v_x = v_0\left(\frac{y}{R}\right)^{1/7} \tag{4-21}$$

用边界层厚度 δ 代替式中的 R 得到：

$$v_x = v_0 \left(\frac{y}{\delta}\right)^{1/7} \tag{4-22}$$

用它来代替多项式的速度分布，根据圆管湍流阻力的关系式，得出壁面切应力 τ_0 为

$$\tau_0 = 0.0225 \rho v_0^2 \left(\frac{\nu}{v_0 \delta}\right)^{1/4} \tag{4-23}$$

用它代替牛顿黏性力，代入式（4-21）可解得

$$\delta = 0.381 \left(\frac{\nu}{v_0 x}\right)^{1/5} x = 0.381 \frac{x}{Re_x^{1/5}} \tag{4-24}$$

式（4-24）为湍流边界层厚度的分布，把它代入式（4-22）即可求出湍流边界层的速度分布。从式（4-24）还可以看出，湍流边界层厚度 $\delta \propto x^{4/5}$，与层流时 $\delta \propto x^{1/2}$ 相比，边界层厚度随 x 增加得要快得多。这也是湍流边界层区分于层流边界的一个显著特点。

第三节　平板绕流摩擦阻力计算

对于实际流体绕流流过平板时，由于黏性的存在使得流体与固体之间存在着相互作用，这样的相互作用力就是这里所讲的摩擦阻力。

前面已知道平板对流体单位时间、单位面积上所施加的力 τ_{yx}（黏性动量通量），其值为

$$\tau_{yx|y=0} = \eta \left(\frac{\partial v_x}{\partial y}\right)_{y=0} \tag{4-25}$$

式（4-25）告诉人们，如果知道流体在边界层内的速度分布与流体的动力黏度 η，平板对流体的作用力就可以很方便地求出。下面分两种不同的流动形态来讨论这一力的具体形式。

一、不可压层流平板绕流摩擦阻力

通常定义摩擦阻力系数 C_f 为

$$C_f = \frac{\tau_{yx|y=0}}{\frac{1}{2}\rho v_0^2} \tag{4-26}$$

对于长度为 L，宽度为 B 的平板总阻力为 S，即

$$S = \int_0^B \int_0^L \tau_{yx|y=0} \, \mathrm{d}x \mathrm{d}z \tag{4-27}$$

按总阻力为单位面积上的平板阻力 $h(h=\tau_{yx})$ 与面积的乘积的规律可得

$$S = hLB = \frac{C_f}{2} v_0^2 \rho LB \tag{4-28}$$

把式（4-28）与式（4-27）结合，可求出层流条件下平板绕流摩擦阻力的平板摩擦阻力系数 C_f：

$$C_f = 1.372 \sqrt{\frac{\eta}{\rho v_0 L}} = \frac{1.372}{\sqrt{Re_L}} \tag{4-29}$$

式中，$Re_L = \dfrac{v_0 L}{\nu}$。

由边界层积分方程的解，也可计算层流平面绕流摩擦阻力。这时只要应用层流下边界层积分方程的解，即

$$\frac{v_x}{v_0} = \frac{3}{2}\left(\frac{y}{\delta}\right) - \frac{1}{2}\left(\frac{y}{\delta}\right)^3 \quad \text{与} \quad \delta = 5.84\sqrt{\frac{\nu x}{v_0}} = 5.84\frac{x}{\sqrt{Re_x}}$$

得

$$\tau_{yx|y=0} = \eta\left(\frac{\partial v_x}{\partial y}\right)_{y=0} = \frac{2}{3}\eta v_0\left(\frac{1}{\delta}\right)$$

所以

$$S = \int_0^B \int_0^L \tau_{yx|y=0}\,\mathrm{d}x\mathrm{d}z = 0.646\sqrt{\eta\rho v_0^3 B^2 L} \tag{4-30}$$

因此，无论从边界层积分方程理论出发还是从边界层微分方程理论出发，都可以求出固体壁面与流体之间的摩擦阻力，且结论相差很小。

二、不可压湍流平板绕流的摩擦阻力

对湍流绕流平壁时，平壁与流体之间的摩擦阻力不仅与分子黏性有关，而且也与湍流的脉动有关，具体讨论起来困难较多。但是，前面在讨论湍流边界层积分方程的解时曾引进速度 1/7 次方的经验公式，即 $v_x/v_0 = (y/\delta)^{1/7}$，把它代入普通的冯·卡门方程可得

$$\tau_0 = \frac{7}{72}\rho v_0^2 \frac{\mathrm{d}\delta}{\mathrm{d}x} \tag{4-31}$$

式（4-31）为湍流情况下单位时间、单位面积平板对流体的阻力（切应力），所以总阻力为

$$S = \int_0^B \int_0^L \tau_{0|y=0}\,\mathrm{d}x\mathrm{d}z = \int_0^B \int_0^L \frac{7}{72}\rho v_0^2 \frac{\mathrm{d}\delta}{\mathrm{d}x}\,\mathrm{d}x\mathrm{d}z$$

$$= \frac{7}{72}\rho v_0^2 B\int_0^{\delta(L)}\mathrm{d}\delta = \frac{7}{72}\rho v_0^2 B\delta(L) \tag{4-32}$$

边界层厚度 δ 由式（4-20）给出，只要把式（4-20）中的 x 换为 L 即可。

这时平板摩擦阻力系数可由下式给出：

$$C_f = \frac{S}{\frac{1}{2}\rho v_0^2 BL} = 0.074 Re_L^{-1/5} \tag{4-33}$$

【例 4-1】　设空气从宽为 40cm 的平板表面流过，空气的流动速度 $v_0 = 2.6\mathrm{m/s}$；空气在当时温度下的运动黏度 $\nu = 1.47 \times 10^{-5}\mathrm{m^2/s}$。试求流入深度 $x = 30\mathrm{cm}$ 处的边界层厚度，距板面高 $y = 4.0\mathrm{mm}$ 处的空气流速及板面上的总阻力。

解：1）$Re_x(x=30\mathrm{cm})$：$Re_x = \dfrac{v_0 x}{\nu} = \dfrac{2.6 \times 0.3}{1.47 \times 10^{-5}} = 0.53 \times 10^5$

2）边界层厚度（按 Re 为层流区）：

$$\delta = \frac{5.84x}{\sqrt{Re_x}} = \frac{5.84 \times 0.3}{\sqrt{0.53 \times 10^5}} \, \text{m} = 0.0076 \, \text{m} (7.6 \, \text{mm})$$

3）求 $y = 4.0 \, \text{mm}$ 处的速度 v_x。按边界层内的速度场：

$$\frac{v_x}{v_0} = \frac{3}{2}\left(\frac{y}{\delta}\right) - \frac{1}{2}\left(\frac{y}{\delta}\right)^3 = \frac{3}{2} \times \left(\frac{4.0}{7.6}\right) - \frac{1}{2} \times \left(\frac{4.0}{7.6}\right)^3 = 0.717$$

$$v_x = 0.717 \times 2.6 \, \text{m/s} = 1.86 \, \text{m/s}$$

4）平板上的总阻力 S 按式（4-30）确定：

$$S = 0.646\sqrt{\eta \rho v_0^3 B^2 L} = 0.646\sqrt{\nu \rho^2 v_0^3 B^2 L}$$

$$= 0.646 \times (1.47 \times 10^{-5} \times 1.239^2 \times 2.6^3 \times 0.4^2 \times 0.3)^{1/2} \, \text{N}$$

$$= 2.82 \times 10^{-3} \, \text{N}$$

第四节 曲面边界层的分离及绕流阻力

一、曲面边界层的分离

平板边界层是无压强梯度的边界层，而有曲面边界的物体，其边界层外缘的速度和压强沿着流动方向（x 方向）均有变化，亦即存在非零的压强梯度。这种压强梯度的存在会影响到边界层内的流动，其中最重要的就是在一定条件下会造成边界层的分离。边界层分离是边界层流动在一定条件下发生的一种极重要的流动现象。下面分析一个典型的边界层分离的例子。

有一等速平行的平面流动。流速为 v，在该流场中放置一个固定的圆柱体，如图 4-3a 所示。现取一条正对圆心的流线分析，沿该流线的流速，越接近圆柱体时流速越小，在到达圆柱体表面一点 a 时，流速减至零，压强增到最大，该点即为前驻点；到达最高点 b 点后压强降为最低；沿 ab 面压强逐渐下降，$\mathrm{d}p/\mathrm{d}x < 0$（$x$ 为物面切向坐标），压降有利于流动，使流体逐渐加速，ab 区称为顺压区；从 b 点到后驻点 c，速度逐渐变小，压强逐渐增加，$\mathrm{d}p/\mathrm{d}x > 0$，压强的逐渐增加不利于流体的流动，致使流体减速，$bc$ 区称为逆压区。

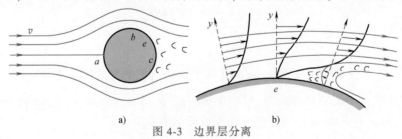

a)　　　　　　　　　　　　　　b)

图 4-3　边界层分离

由于圆柱壁面的黏滞作用，从 a 点开始形成边界层内流动。从 a 点到 b 点区间，因圆柱面的弯曲，使流线密集。边界层内流动处于加速减压的情况，但在过了 b 点断面之后，情况呈现相反态势，由于流线的扩散，边界层内流动转而处在减速加压的情况下。此时，在切应力消耗动能和减速加压的双重作用下，边界层迅速扩大，边界层内流速和横向流速梯度迅速降低，到了一定的地点，例如过 e 点的断面，靠近 e 点的质点流速 $v = 0$，横向流速梯度 $\partial v/\partial y = 0$，故又出现了驻点。又由于流体的不可压缩性，继续流来的质点势必要改变原有的流向，脱离边界，向外侧流去，如图 4-3a、b 所示，这种现象称为边界层分离，e 点称为分离点。边界层离体后，e 点的下游必将有新的流体来补充，形成反向的回流，即出现旋涡区，时均流速分布沿程将急剧改变。

可见产生分离的条件是：①流动的方向与压力降方向相反，即图 4-3a 的 bc 区域；②黏性对速度的迟滞作用。只有这两个条件同时存在，才会产生分离现象。

以上是边界缓变时实际流体流动减速增压而导致的边界层分离。此外，在边界有突变或局部凸出时，由于流动的流体质点具有惯性，不能沿着突变的边界做急剧的转折，因而也将产生边界层的脱离，出现旋涡区，时均流速分布则沿程急剧改变。这种流动脱体现象产生的原因，仍可解释为是流体突然发生很大减速增压的缘故，它与边界情况缓慢变化时产生的边界层分离原因本质上是一样的。

边界层分离现象以及回流旋涡区的产生，在工程实际的流体流动中是很常见的。例如管道或渠道的突然扩大、突然缩小、转弯、连续扩大等，或在流动中遇到障碍物，如闸阀、桥墩、拦污栅等。由于在边界层分离产生的回流区中存在着许多尺度不等的涡体，它们在运动、破裂、再形成等过程中，经常从流体中吸取一部分机械能，通过摩擦和碰撞的方式转化为热能而损耗掉，这就形成了能量损失，有的甚至引起了工程上的意外事故，故而工程上需要采取适当措施防止或推迟边界层分离现象的发生，详情可参阅有关专门书籍。

二、绕流物体的阻力

边界层分离之后，物体的后部出现尾涡区。由于尾涡区的压强很低，是负压区，这就造成了前后有明显的压差，增加了物体的绕流阻力。所谓绕流阻力，是指物体在流场中所受到的流动方向上的流体阻力（垂直流动方向上的作用力为升力）。例如飞机、舰船、桥墩等，都

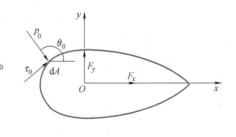

图 4-4 绕流物体的阻力

存在绕流阻力，所以这也是一个很重要的概念。如图 4-4 所示，有一速度为 v_0 的平面平行流动，流场中放置一个二维固定物体，取其坐标原点为 O，分析它所受到的绕流阻力 F。可将 F 分解为 F_x 与 F_y 两个分力。根据实际流体的边界层理论，可以分析得出绕流阻力实际上由摩擦阻力和压差阻力两部分组成，物面上切应力 τ_0 所形成的阻力称为摩擦阻力，而物面上压应力 p_0 所形成的阻力称为压差阻力。当发生边界层分离现象时，特别是分离旋涡区较大时，压差阻力较大，将起主导作用。为了定量研究绕流阻力，根据试验提出以下计算式，即

$$F = C_D \frac{\rho v_0^2}{2} A \tag{4-34}$$

式中 v_0——来流流速；

A——绕流物体在垂直来流方向上投影的面积；

C_D——绕流阻力系数，它主要与物体的形状及雷诺数（$Re = v_0 l / \nu$，其中 l 是物体的特征长度）有关，其关系一般通过试验确定。

表4-1列出了常见物型的阻力系数。

最后要指出的是，在工程实际中减小边界层的分离区就能减小阻力损失及绕流阻力。所以，管道渠道进口段，闸墩、桥墩的外形，汽车、飞机、舰船的外形，都要设计成流线型，以减少边界层的分离。

表 4-1 常见物型的阻力系数

物体类型		Re	C_D	图 示
二维物型	圆柱	$10^4 \sim 10^5$	1.2	
	半管	4×10^4	1.2	
	半管	4×10^4	2.3	
	方柱	3.5×10^4	2.0	
	平板	$10^4 \sim 10^6$	1.98	
	椭柱	10^5	0.46	
	椭柱	2×10^5	0.20	
三维物型	球	$10^4 \sim 10^5$	0.47	
	半球	$10^4 \sim 10^5$	0.42	
	半球	$10^4 \sim 10^5$	1.17	
	方块	$10^4 \sim 10^5$	1.05	
	方块	$10^4 \sim 10^5$	0.80	
	矩形板	$10^4 \sim 10^5$	0.80	
	矩形板（长/宽=5）	$10^3 \sim 10^5$	1.20	

【例 4-2】 如图 4-5 所示，直径 $d = 1m$ 的圆柱形烟囱在标准大气压条件下受到 50km/h 均匀风的作用。端部效应可忽略。估算由于风力造成的烟囱底部的弯矩，假设 $Re > 10^4$。

解：阻力系数定义为

$$C_D = \frac{F_D}{\frac{1}{2}\rho v_0^2 A}, A = dl$$

所以

$$F_D = C_D \rho v_0^2 A / 2$$

烟囱底部因风力而承受的弯矩则为

$$M_0 = F_D \frac{l}{2} = C_D A \frac{l}{4} \rho v_0^2$$

$$v_0 = 50km/h = 13.9m/s$$

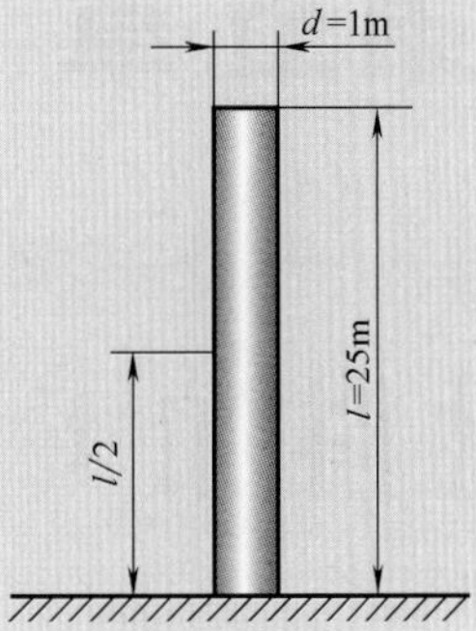

对标准大气压下的空气，$\rho = 1.23kg/m^3$，$\eta = 1.78 \times 10^{-5} Pa \cdot s$，由此算得

$$Re = \frac{\rho v_0 d}{\eta} = 9.61 \times 10^5，$$ 查表 4-1 得到 $C_D \approx 1.2$，于是

$$M_0 = F_D \frac{l}{2} = C_D A \frac{l}{4} \rho v_0^2 = 1.2 \times 1 \times \frac{25^2}{4} \times 1.23 \times 13.9^2 N \cdot m = 44559N \cdot m$$

图 4-5 例 4-2 图

 习题

1. 常压下温度为 20℃ 的水，以 5m/s 的均匀流速流过一光滑平面表面，试求出层流边界转变为湍流边界层时临界距离 x_c 值的范围。

2. 流体在圆管中流动时，"流动已经充分发展"的含义是什么？在什么条件下会发生充分发展了的层流？又在什么条件下会发生充分发展了的湍流？

3. 常压下温度为 30℃ 的空气以 10m/s 的流速流过一光滑平板表面，设临界雷诺数 $Re_{cr} = 3.2 \times 10^5$，试判断距离平板前缘 0.4m 及 0.8m 两处的边界层是层流边界层还是湍流边界层？求出层流边界层相应点处的边界层厚度。

4. 常压下，20℃ 的空气以 10m/s 的速度流过一平板，试用布拉休斯解求距平板前缘 0.1m，$v_x/v_\infty = 0$ 处的 y、δ、v_x、v_y 及 $\partial v_x/\partial y$。

5. $\eta = 0.73 Pa \cdot s$，$\rho = 925kg/m^3$ 的油，以 0.6m/s 速度平行地流过一块长为 0.5m、宽为 0.15m 的光滑平板，求出边界层最大厚度、摩擦阻力系数及平板所受的阻力。

6. 流体以速度 $v_0 = 0.6m/s$ 绕一块长 $l = 2m$ 的平板流动，如果流体分别是水（$v_1 = 10^{-6} m^2/s$）和油（$v_2 = 8 \times 10^{-5} m^2/s$），试求平板末端的边界层厚度。

7. 已知矩形薄板的宽 $b = 0.6m$，长 $L = 50m$，平板以速度 $v = 10m/s$ 在石油中滑动，不考虑板厚的影响，石油的动力黏度 $\eta = 0.0128 Pa \cdot s$，密度 $\rho = 850kg/m^3$。设临界雷诺数 $Re_{cr} = 5 \times 10^5$，试确定：

（1）沿平板层流动界层的长度 x_c。

（2）平板所受的阻力 F。

第五章

材料加工中的特殊流体流动

在材料加工及冶金中的很多工艺过程，特别是在一些新工艺新技术中，都存在着流体流动现象，甚至许多特殊的流体流动形态也已变得常见。例如，颗粒增强金属基复合材料的液态成形工艺，以及半固态金属的成形工艺中就存在液相与固相同时存在的两相流的问题；在泡沫材料制备以及复合材料的压力渗透工艺中就存在流体通过填料层流动的现象等。很多材料加工过程及冶金过程的水力学计算、流动阻力计算以及流体动力学分析等问题，利用前面几章的知识已能很好地解决，如送风阻力计算、金属液从包内的流出时间、多维充型流动过程等。

本章是对材料加工过程及冶金过程中经常出现的流体和颗粒的两相流动，以及流体通过填料层的流动进行深入的分析，并对气液两相流动及射流做简单的介绍。此外，金属熔体的电磁动力学在材料加工新技术中也利用得越来越多，有兴趣的读者可参考有关的资料。

第一节　流体与颗粒的两相流

在许多冶金和材料加工工艺中，都会遇到流体和颗粒相互接触的体系，以及使流体-颗粒混合物分离的体系。典型的流体与颗粒接触体系有：金属液精炼过程中夹杂物颗粒的上浮（熔体和颗粒均在运动）；炼铁高炉中缓慢移动的固体料床与运动的气流。流体和颗粒分离体系有：除尘（颗粒与气体同时运动）；沉淀过程中的颗粒沉降、流体静止等。此外，液体中气泡（或液滴）的上浮过程，除伴随发生的质量传输外，其在流体中的运动规律也属此类。

一、单个颗粒在流体中的运动

1. 颗粒在流体中的稳定运动

虽然在一定条件下可以通过求解纳维尔-斯托克斯方程，来计算一个形状规则的固体颗粒周围的速度分布，但在一般情况下，更为方便的是借助于经验的阻力系数或摩擦系数，来估算作用于运动颗粒上的力。

如图 5-1 所示，当流体与浸没在其中的颗粒有相对运动时，除有重力及浮力的作用外，还有阻力作用于颗粒上，此阻力 F_d 可表示为

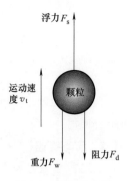

图 5-1 流体中作用于颗粒的力

$$F_d = C_d A_p \frac{1}{2} \rho v_t^2 \qquad (5-1)$$

式中　C_d——量纲为一的阻力系数（它与第三章讨论管内流动时定义的阻力系数相似）；

　　　A_p——颗粒在垂直于运动方向的平面投影面积；

　　　v_t——流体对颗粒的相对速度。

试验发现，阻力系数是颗粒雷诺数和颗粒形状的函数，而半径为 r_p 的颗粒雷诺数定义为

$$Re_p = \frac{2 r_p v_t \rho}{\eta} \qquad (5-2)$$

图 5-2 给出了阻力系数 C_d 与 Re_p 间的试验关系曲线。根据试验结果可分为如下四个区域：

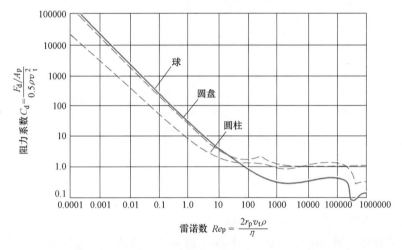

图 5-2　球、圆盘和圆柱形颗粒的阻力系数与雷诺数的关系

1）$10^{-3} < Re_p < 2$，缓慢流动区或斯托克斯定律区。这一区域中，阻力系数与颗粒雷诺数成反比，可写成

$$C_d = \frac{24}{Re_p} \qquad (5-3)$$

将式（5-3）中的 C_d 代入式（5-1），并注意到球形颗粒的投影面积 $A_p = \pi r_p^2$，则得

$$F_d = 6 \pi \eta r_p v_t \qquad (5-4)$$

这就是著名的斯托克斯公式，斯托克斯于 1851 年通过解纳维尔-斯托克斯方程得到这一结果。

2）$2 \leqslant Re_p \leqslant 500$，过渡区。这一区域中，试验数据可由下述近似关系式来表示：

$$C_d \approx \frac{18.5}{Re_p^{0.6}} \tag{5-5}$$

3）$500 \leqslant Re_p \leqslant 2 \times 10^5$，牛顿定律区。这一区域中，阻力系数与雷诺数无关，近似为常数，即

$$C_d \approx 0.44 \tag{5-6}$$

4）$Re_p > 2 \times 10^5$。在这最后区域中，阻力系数突然减小到 0.09，然后随雷诺数的增加而略有增加。

2. 沉降终速

上述颗粒阻力表达式（5-4）的一个重要应用，是计算沉降（或上升）速度。一个颗粒在流体中开始沉降（如灰尘在空气中）或上升（如夹杂物在钢液中）时，它会逐渐加速，直到引起这一运动的重力（或其他的体积力场）与阻碍这一运动的阻力相平衡时为止。如果流体是静止的，那么从达到平衡时起颗粒的运动速度就为常数，这一速度称为沉降（或上升）终速。

令作用于颗粒上的质量力（通常为重力）与阻力相等，就可以求出沉降终速的值。参考图 5-1，对于缓慢流动区（斯托克斯定律区），有

$$F_d = \frac{4}{3} \pi r_p^3 (\rho_p - \rho) g = 6 \pi \eta r_p v_t \tag{5-7}$$

即

$$v_t = \frac{2 r_p^2}{9 \eta} (\rho_p - \rho) g \tag{5-8}$$

式中　ρ_p——颗粒的密度。

式（5-8）即为常见的沉降终速的斯托克斯公式。牛顿定律区中相应的表达式为

$$v_t = \left(6 Re_p g \frac{\rho_p - \rho}{\rho} \right)^{1/2} \tag{5-9}$$

对于其他区域也可推出类似的表达式。应该向读者强调指出，这些公式的应用条件为：①球形固体颗粒；②稳定运动；③颗粒在静止流体或在速度场均匀且无湍流的流体中运动；④单个颗粒在离固体表面相当远处运动。

当运动颗粒靠近固体生长表面时，作用于颗粒上的力还将有范德华力或表面张力的存在，发生力的不平衡，颗粒受到加速运动，根据力的作用情况而被表面所排斥或吸引[⊖]。例如，金属的凝固前沿与金属液中的夹杂物（或陶瓷增强颗粒）发生相互作用，颗粒或被排斥而推移，或被捕捉而进入固相。这类问题归纳为流体中异相颗粒在固体表面的行为，很有实际意义。

但是，对于具有实用价值的表达式（5-8）和式（5-9）而言，上述限制条件显得有些过严了。实际上，这些简单关系已相当广泛地用于估计各种体系的行为。有些情况下应用这些简单公式进行计算，就可以得到必要的精确度；但在另一些情况下，这种计算也会出现很大的误差。

　⊖　吴树森. 金属基复合材料凝固界面的颗粒行为的研究进展［J］. 材料导报，1998，12（5）。

二、悬浮液中颗粒的运动

以上单个颗粒的沉降通常称为自由沉降，这只有在颗粒很少、颗粒间相互影响可以忽略的情况下发生。当溶液中颗粒含量较多时，颗粒间相互作用就不能忽略，会发生"干涉沉降"，通常使沉降速度减小。颗粒沉降速度发生变化的主要原因有：①大颗粒是相对于小颗粒悬浮体进行沉降的，因此对大颗粒而言，流体有效密度和黏度增大；②因颗粒沉降而排出的流体，以相当大的速度向上运动，对其他颗粒的沉降具有阻滞作用，使沉降速度减小。

诸如颗粒增强金属基复合材料溶液这样的悬浮液，其运动黏度 η_C 与溶液中颗粒的体积分数（φ_f，%）有关：

$$\eta_C = \eta_M(1 + 1.25\varphi_f + 10.25\varphi_f^2), \varphi_f < 0.25 \tag{5-10}$$

式中 η_M——无颗粒时基础溶液的动力黏度。

悬浮液中颗粒的沉降速度 v_h 与沉降终速 v_t 有如下关系：

$$v_h = v_t(1 - \varphi_f)^n \tag{5-11}$$

式中 n——常数，n 的值只取决于管径 D 与粒径 d 之比。

当 $Re_p < 0.2$ 时，$n = 4.65 + 19.5d/D$； $\tag{5-12}$

当 $Re_p > 500$ 时，$n = 2.4$。 $\tag{5-13}$

在过渡区（$0.2 \le Re_p \le 500$）中，发现 n 取决于颗粒雷诺数和 d/D，详见有关参考资料。

【例 5-1】 700℃的铝溶液，分别含有 Al_2O_3 陶瓷颗粒 5%、10%、20%（体积分数）时，直径 30μm 的 Al_2O_3 颗粒的沉降速度分别为多少？已知：$\eta_M = 2.0 \times 10^{-3}$ Pa·s，$\rho = 2.36 \times 10^3$ kg/m³，$\rho_p = 3.97 \times 10^3$ kg/m³，$D = 6 \times 10^{-3}$ m，$g = 9.81$ m/s²（$Re_p < 0.2$）。

解：
$$n = 4.65 + 19.5d/D = 4.75$$

$$\eta_C = \eta_M(1 + 2.5\varphi_f + 10.25\varphi_f^2)$$

$$\varphi_f = 20\%, \eta_C = 1.91\eta_M = 3.82 \times 10^{-3} \text{Pa·s}$$

$$v_h = v_t(1 - \varphi_f)^n = \frac{2r_p^2}{9\eta_C}(\rho_p - \rho)g(1 - \varphi_f)^n \text{m/s} = 7.02 \times 10^{-5} \text{m/s}$$

$$\varphi_f = 10\%, \eta_C = 1.35\eta_M = 2.70 \times 10^{-3} \text{Pa·s}$$

$$v_h = 1.77 \times 10^{-4} \text{m/s}$$

$$\varphi_f = 5\%, \eta_C = 1.15\eta_M = 2.30 \times 10^{-3} \text{Pa·s}$$

$$v_h = 1.75 \times 10^{-4} \text{m/s}$$

计算表明，悬浮液的颗粒浓度越大，沉降越缓慢，颗粒含量 20% 时（体积分数）的沉降速度不到 5% 时的 1/3。研究表明，工程中颗粒含量在 25%~30% 时，颗粒的沉降速度已很小，不容易产生颗粒的偏析。

第二节 固体填料层内的流动

在很多冶金及材料加工的生产系统中，包括从炼铁的高炉到通过粉末冶金生产复杂的零件，均存在流体通过粒状固态填料层的问题（图 5-3）。流体通过多孔料堆的流动不是简单的流动形式，特别是由于填料性质对流动的影响，使其复杂化了。但是，在某些情况下还是可以很好地预测其流动特性。

许多新型的泡沫材料（如泡沫铝合金）或多孔材料中的流动与上述填料层是相同的。图 5-4 所示为一多孔聚氨酯膜的电镜照片。这种情况与颗粒填料层相比，只是多孔层的参数可能更难确定而已。

气流

图 5-3 填料层示意图

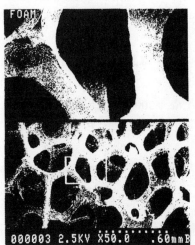

图 5-4 多孔聚氨酯膜的电镜照片

（孔隙度 $\omega = 0.98$，孔径 $= 200\mu m$）

（参考 Kaviang M. Principles of Heat Transfer in Porous Media. Springer-Verlag lnc，1995）

一、达西（Darcy）定律

假如流体是在低压条件下流动，也就是说流动足够缓慢，那么其体积流量 q_V 基本上与单位料层长度的压降 $\Delta p/L$ 成正比：

$$q_V = \frac{k_D A \Delta p}{L} \tag{5-14}$$

式中　q_V——单位时间流动的流体体积（cm^3/s）；

A——截面面积（cm^2）；

k_D——渗透系数，它是一个取决于流体、温度和填料的特性的常数（$m^4/N \cdot s$）。

式（5-14）称为达西定律，它已被应用于研究气体通过铸造中型砂渗透和水通过滤层过滤等问题。

式（5-14）中的渗透系数 k_D，只要在相同温度下用同一种流体反复进行试验，就能得到令人满意的 k_D 值。但是，一般说来，用比渗透率 β 更通用，更合乎要求。比渗透率 β 与渗透系数 k_D 的关系为

$$k_D = \frac{\beta}{\eta} \qquad (5-15)$$

式中 η——流体的动力黏度。

具体地说，β 仅与填料有关，因此式（5-15）能够预测不同流体或同一种流体在不同温度下的流动特性。β 的单位是 m^2。

二、管束理论和厄冈（Ergun）方程

达西定律是一个经验定律。但是，通过对该问题的半理论性探讨，可以得到填料对 β 影响的更深入了解。有一种理论被称为管束理论，它把料层当作一束缠在一起的具有特殊横截面的管子，并假定：该填料分布均匀，没有孤立的孔隙；不存在沟流（即气流在填料内存在不均匀的现象）；料柱的直径远大于颗粒的直径。首先回顾一下第三章中适用于层流的亥根-泊肃叶公式（3-7）。

通过类推法，得到

$$\bar{v} = K_1 \frac{\Delta p R_h^2}{L\eta} \qquad (5-16)$$

式中 K_1——比例常数；

$\quad\quad R_h$——水力学半径；

$\quad\quad \bar{v}$——气流在料层孔隙内的平均流速。

工程技术人员常常知道 v_0 而不知道 $\bar{v}$；v_0 称为表观速度，可定义为

$$v_0 = q_V/A \qquad (5-17)$$

因为

$$v_0 = \bar{v}\omega \qquad (5-18)$$

所以

$$v_0 = K_1 \frac{\Delta p R_h^2 \omega}{\eta L} \qquad (5-19)$$

式中 ω——孔隙度。

根据当量直径的定义，可以引进水力学半径 R_h 的概念。对于填料层，R_h 可定义为

$$R_h = \frac{供流体流动的平均横截面面积}{平均湿周} = \frac{A_h}{P_w} \qquad (5-20)$$

所谓平均湿周 P_w，指的是通过垂直于料层轴线的一部分料层所观察到的流体与填料之间的平均总边界线。因此，在长度为 L 的料层内

$$R_h = \frac{供流体流动的体积}{总湿润表面积} = \frac{A_h L}{P_w L} \qquad (5-21)$$

这里，$A_h L$ 即为填料内孔隙的体积。

孔隙度 ω 的定义为 $\quad\quad \omega = \dfrac{料层总体积-固体颗粒的总体积}{料层总体积} \qquad (5-22)$

根据所有强制对流体系中的流动特性，流体超过某一速度，层流不再占主导地位。

若为填料层，则用下面的修正雷诺数

$$Re_c = \frac{\rho v_0}{\eta(1-\omega)S_0} \tag{5-23}$$

当流体是在雷诺数 Re_c 大于 2 左右的情况下流动时，达西定律式（5-14）就不再适用，而要利用厄冈方程式（5-24）求解

$$\frac{\Delta p}{L} = \frac{150(1-\omega)^2}{\omega^3}\frac{\eta v_0}{D_p^2} + \frac{1.75(1-\omega)}{\omega^3}\frac{\rho v_0^2}{D_p} \tag{5-24}$$

式中　D_p——颗粒的特征尺寸，$D_p = \phi_S d_p$，d_p 为体积等效直径，即与这一颗粒体积相同的球形颗粒的直径，ϕ_S 为颗粒形状系数：

$$\phi_S = \frac{\text{与颗粒同体积的球表面积}}{\text{颗粒的表面积}}$$

【例 5-2】　计算空气通过一填料层的压降，条件为：料层直径为 0.2m；料层高度为 1.5m；颗粒直径为 0.01m；$\omega = 0.45$；$\phi_S = 0.85$；气体体积流量 $q_V = 0.04\text{m}^3/\text{s}$；空气黏度 $\eta = 1.85 \times 10^{-5}\text{Pa} \cdot \text{s}$；空气密度为 1.21kg/m^3。

解：根据式（5-17）　$v_0 = q_V/A$

$$v_0 = \frac{0.04}{(0.2)^2 \times 3.14/4}\text{m/s} = 1.27\text{m/s}$$

由式（5-24），$\Delta p = 1.5 \times \left[150 \times \frac{(1-0.45)^2}{0.45^3} \times \frac{1.85 \times 10^{-5} \times 1.27}{(0.85 \times 0.01)^2} + \right.$

$$\left. 1.75 \times \frac{1-0.45}{0.45^3} \times \frac{1.21 \times 1.27^2}{0.85 \times 0.01} \right]\text{Pa}$$

即　　　　　　　　　$\Delta p = 1.5 \times (162 + 2425)\text{Pa} = 3.88 \times 10^3\text{Pa}$

由此可见，在本例中惯性项，即厄冈方程中第二项占支配地位。

第三节　射　流

气体和液体射流系统在许多金属冶炼及材料加工过程中起着重要的作用。射流系统的一些主要应用示例如图 5-5 所示。由图 5-5 可见，这些射流系统包括材料的喷射沉积（自由射流）、氧气顶吹转炉炼钢（冲击射流）、铜液吹炼（浸没射流）以及由水射流冲击的带钢冷却（冲击射流）。

所谓射流，是指流体经由喷嘴流出到一个足够大的空间，不再受固体边界限制，进行扩散流动的一种流体运动。此处所说的扩散流动是指喷出的流体随流动过程而卷吸周围介质，并进行掺混带动的整体流动，与流体的分子扩散是不同的概念。图 5-6 所示为流体经喷嘴喷进由相同性质流体组成的静止介质中的自由射流运动。可以以一定程度的任意性，

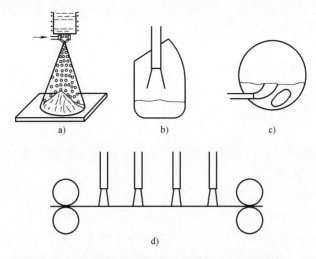

图 5-5 射流系统在冶金及材料加工中的应用示例

a) 喷射沉积 b) 氧气顶吹转炉炼钢 c) 铜吹炼 d) 轧钢中钢材的冷却

把速度接近于 0 的外缘距离轴线的距离定义为射流的半径。由图 5-6 可见，射流的发展十分类似于前面所讨论的边界层现象。

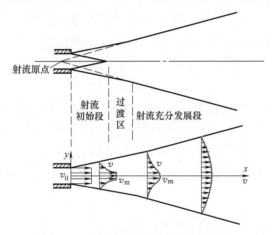

图 5-6 自由射流的几何特征及速度分布

对于自由射流，各个截面的速度分布与各个截面的最大速度 v_m 的关系，有如下经验公式：

$$\frac{v}{v_m} = \left[1 - \left(\frac{y}{b} \right)^{1.5} \right]^2 \qquad (5-25)$$

式中 b——在初始段表示射流全宽；在充分发展段表示射流半宽度。

射流的控制方程仍是纳维尔-斯托克斯方程和连续性方程。对于湍流自由射流的稳定流场，单位时间通过任意截面 x 的射流总动量 M 为

$$M = \int_{-\infty}^{+\infty} \rho v_x^2 \mathrm{d}y = 2\int_0^{\infty} \rho v_x^2 \mathrm{d}y$$

分析表明，射流在流动方向任何截面的总动量保持为一常数，其值恒等于射流出口截

面的动量：

$$M = 2\int_0^\infty \rho v_x^2 \mathrm{d}y = 2\rho v_0^2 b_0 + C$$

式中　b_0——喷嘴半高度；

　　　C——常数。

 习题

1. 有一球形固体颗粒，其直径为 0.1mm。在常压和 30℃ 的静止空气中沉降，已知沉降速度为 0.01m/s，试求：

（1）空气对球体施加的总阻力。

（2）距颗粒中心 $r = 0.3$mm、$\theta = \pi/4$ 处空气与球体的相对速度。

2. 直径为 1.5mm、质量为 13.7mg 的钢球在一个盛有油的直管中垂直等速下落，测得在 56s 内下落 500mm，油的密度为 950kg/m³，管子直径及长度足够大，可以忽略端部及壁面效应。求油的 η 值，并验算 Re，以验证在计算 η 值时所做的假定是否合理。

3. 试回答下列问题：

（1）厄冈方程的实际意义是什么？

（2）哪些因素影响填料层压降的数值？

4. 在粉末冶金或烧结铁矿粉中，气体或空气要透过固体料层。现计算温度为 16℃ 的空气以 $v_0 = 25$cm/s 的速度通过 305mm 的料层（$\omega = 0.39$）流动时的压差。单位料层的总表面积 $S = 81$cm²，$\rho_{空气} = 1.23 \times 10^{-3}$g/cm³（标准状态和压力下），$\eta_{空气} = 1.78 \times 10^{-5}$Pa·s（16℃）。

5. 气体通过断面为 3m×3m、长 14m 的填料层流动。当气体在 93℃ 下以 90.7kg/h 的质量流量流过输出压力为 1.03×10^5Pa（绝对压力）的填料层时，测得入口压力为 1.03×10^5Pa（绝对压力）。已知整个填料层的孔隙度是 $0 < \omega < 0.6$，其他特征数据如下：$D_p = 3.05$cm，$\eta = 0.02 \times 10^{-3}$Pa·s，$\rho = 0.00012$g/cm³。根据上述条件估算此填料层的孔隙度。

第六章

相似原理与量纲分析

对物理过程的研究有数学分析法和试验法两种基本方法。

数学分析法是从物理概念出发进行数学分析，通过建立起物理过程的数学方程式来揭示各有关物理参数之间的联系，然后在一定边界条件下求解。这种方法对比较简单的过程是行之有效的，但是对复杂过程很难求解。例如对前述实际黏性流体的精确求解是难以进行的。

试验法则是对某一具体的物理过程以试验测试为手段，直接对过程中的有关物理量进行测定，然后根据测定结果找出各相关物理量之间的联系及变化规律。显然，试验法也受到实际问题，如恶劣环境与试验测试手段的限制，有很大的局限性。

近些年来，新发展起来的以相似原理为基础的模型研究方法已被广泛采用并取得了很多重要成果。在相似原理指导下的模型研究方法是用方程分析或量纲（因次）分析法导出特征数，通过试验求出特征数之间的关系式，再将这些关系式推广到与之相似的实物、现象及过程中，从而揭示这些现象和过程的规律。实践证明，该法已成为研究探索自然规律的有效方法之一。

第一节　相似的概念

一、几何相似

相似的概念首先出现在几何学里。图 6-1 所示为两个相似三角形的图形。如以 l_1'、l_2'、l_3' 表示第一个三角形 A 的三条边长；而 l_1''、l_2''、l_3'' 表示第二个三角形 B 的三条边长，并以 C_l 表示各对应边的比值，则可得下列关系：

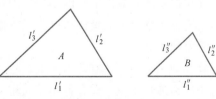

图 6-1　相似三角形

$$\frac{l_1''}{l_1'} = \frac{l_2''}{l_2'} = \frac{l_3''}{l_3'} = C_l \qquad (6-1)$$

式中　C_l——相似常数（倍数），由于相似常数是同类量的比值，因此相似常数量纲为一。

二、运动相似

图 6-2 所示为质点 A、B 沿着几何相似的路径做相似运动的情况。假定物体做匀速运动，即图中 1、2、3 点各处的速度相等，速度 $v=l/t$，则在第一个系统里

$$v' = \frac{l'}{t'} \tag{6-2}$$

在第二个系统里

$$v'' = \frac{l''}{t''} \tag{6-3}$$

做相似变换

$$v'' = C_v v', \quad l'' = C_l l', \quad t'' = C_t t' \tag{6-4}$$

式中　C_v、C_l、C_t——分别对应着速度、位移与时间的相似常数。

仅相似常数存在还不能说明两个物理现象相似，还必须找出相似常数之间的约束关系，为此把相似变换式（6-4）代入式（6-3），要求与式（6-2）相同，整理可得

$$\frac{C_v C_t}{C_l} = 1 \tag{6-5}$$

式（6-5）是两个物体做匀速运动时的相似条件，由于这个由相似常数所组成的量 $\dfrac{C_v C_t}{C_l}$ 能够判断两个物体的运动是否相似，故把它称为相似指标，记为

$$C = \frac{C_v C_t}{C_l} \tag{6-6}$$

这就说明如果两现象相似，那么其相似指标等于 1。对这一结论还可换一种表示法，只要将物理量值代入相似指标的表达式中，整理就可得

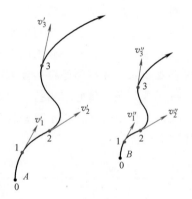

图 6-2　质点运动相似

$$\frac{v' t'}{l'} = \frac{v'' t''}{l''} \tag{6-7}$$

在相似系统对应点上，因不同物理量组成的量纲为一的组合数群（vt/l）的数值必须相等，这个量纲为一的量往往称为无量纲量。组合数群称为特征数，它是相似理论中一个非常重要的概念。

除运动相似外，还有动力相似、时间相似、温度相似等。总之，相似的物理过程，其各有关的物理量相似，即有各相应的相似常数存在，此为相似过程的相似特点。

第二节　流体流动过程中的特征数

对于不可压缩流体流动，其流动过程中满足的控制方程为能量方程（纳维尔-斯托克斯方程）与连续性方程，现从这些控制方程出发，利用相似变换来导出流体流动过程中的特征数。纳维尔-斯托克斯方程在三个直角坐标方向上形式完全相同，故仅从纳维尔-斯托克斯方程沿 x 方向的分量与连续性方程出发进行推导就可以了。

一、特征数的导出

对于两个彼此相似的流动系统，设一个为实际系统，另一个为它的模型系统，前者的所有变量用（′）表示，后者用（″）表示，则控制方程可写为

实际系统
$$\rho'\left(\frac{\partial v_x'}{\partial t'}+v_x'\frac{\partial v_x'}{\partial x'}+v_y'\frac{\partial v_x'}{\partial y'}+v_z'\frac{\partial v_x'}{\partial z'}\right)$$

$$=-\frac{\partial p'}{\partial x'}+\eta'\left(\frac{\partial^2 v_x'}{\partial x'^2}+\frac{\partial^2 v_x'}{\partial y'^2}+\frac{\partial^2 v_x'}{\partial z'^2}\right)+\rho'g' \tag{6-8}$$

$$\frac{\partial v_x'}{\partial x'}+\frac{\partial v_x'}{\partial y'}+\frac{\partial v_x'}{\partial z'}=0 \tag{6-9}$$

模型系统
$$\rho''\left(\frac{\partial v_x''}{\partial t''}+v_x''\frac{\partial v_x''}{\partial x''}+v_y''\frac{\partial v_x''}{\partial y''}+v_z''\frac{\partial v_x''}{\partial z''}\right)$$

$$=-\frac{\partial p''}{\partial x''}+\eta''\left(\frac{\partial^2 v_x''}{\partial x''^2}+\frac{\partial^2 v_x''}{\partial y''^2}+\frac{\partial^2 v_x''}{\partial z''^2}\right)+\rho''g'' \tag{6-10}$$

$$\frac{\partial v_x''}{\partial x''}+\frac{\partial v_y''}{\partial y''}+\frac{\partial v_z''}{\partial z''}=0 \tag{6-11}$$

做相似变换得

$$\frac{x''}{x'}=\frac{y''}{y'}=\frac{z''}{z'}=\frac{l''}{l'}=C_l$$

$$\frac{v_x''}{v_x'}=\frac{v_y''}{v_y'}=\frac{v_z''}{v_z'}=C_v$$

$$\frac{t''}{t'}=C_t \quad \frac{\rho''}{\rho'}=C_\rho \quad \frac{g''}{g'}=C_g \tag{6-12}$$

$$\frac{\eta''}{\eta'}=C_\eta \quad \frac{p''}{p'}=C_p$$

将相似变换式（6-12）代入式（6-10）和式（6-11），则得

$$\frac{C_\rho C_v}{C_t}\rho'\frac{\partial v_x'}{\partial t'}+\frac{C_\rho C_v^2}{C_l}\rho'\left(v_x'\frac{\partial v_x'}{\partial x'}+v_y'\frac{\partial v_x'}{\partial y'}+v_z'\frac{\partial v_x'}{\partial z'}\right)$$

$$=-\frac{C_p}{C_l}\frac{\partial p'}{\partial x'}+\frac{C_\eta C_v}{C_l^2}\eta'\left(\frac{\partial^2 v_x'}{\partial x'^2}+\frac{\partial^2 v_x'}{\partial y'^2}+\frac{\partial^2 v_x'}{\partial z'^2}\right)+C_\rho C_g\rho'g' \tag{6-13}$$

$$\frac{C_v}{C_l}\left(\frac{\partial v'_x}{\partial x'}+\frac{\partial v'_x}{\partial y'}+\frac{\partial v'_x}{\partial z'}\right)=0 \tag{6-14}$$

为了使模型系统在相似变换后与实际系统一致，式（6-13）各项的组合数群必须相等，即

$$\underset{①}{\frac{C_\rho C_v}{C_t}}=\underset{②}{\frac{C_\rho C_v^2}{C_l}}=\underset{③}{C_\rho C_g}=\underset{④}{\frac{C_p}{C_l}}=\underset{⑤}{\frac{C_\eta C_v}{C_l^2}} \tag{6-15}$$

$$\frac{C_v}{C_l}=任意数 \tag{6-16}$$

式（6-16）不能给出相似常数间的任何限制，故不给出特征数。

由式（6-15）中②与①相等得

$$\frac{C_v C_t}{C_l}=1 \tag{6-17}$$

由②与③相等得

$$\frac{C_g C_l}{C_v^2}=1 \tag{6-18}$$

由②与④相等得

$$\frac{C_p}{C_\rho C_v^2}=1 \tag{6-19}$$

由②与⑤相等得

$$\frac{C_\rho C_v C_l}{C_\eta}=1 \tag{6-20}$$

将相似变换式（6-12）代入式（6-17）～式（6-20）得

$$\frac{v't'}{l'}=\frac{v''t''}{l''}=\frac{vt}{l}=Ho(\text{均时性数}) \tag{6-21}$$

$$\frac{g'l'}{v'^2}=\frac{g''l''}{v''^2}=\frac{gl}{v^2}=Fr(\text{弗劳德数}) \tag{6-22}$$

$$\frac{p'}{\rho'v'^2}=\frac{p''}{\rho''v''^2}=\frac{p}{\rho v^2}=Eu(\text{欧拉数}) \tag{6-23}$$

$$\frac{\rho'v'l'}{\eta'}=\frac{\rho''v''l''}{\eta''}=\frac{\rho vl}{\eta}=Re(\text{雷诺数}) \tag{6-24}$$

从上述特征数导出的过程中可以看出，从一个方程中能导出的独立特征数的数目取决于该方程中所包含的结构不同的项数，独立特征数的个数等于方程中不同的结构项数减1。

二、特征数的物理意义

$Ho=\dfrac{vt}{l}=\dfrac{t}{l/v}$ 称为均时性数，其中 l/v 可理解为速度为 v 的流体质点通过系统中某一定性尺寸 l 距离所需要的时间；t 可理解为整个系统流动过程进行的时间，二者比值的量纲为一。如两个不稳定流动的 Ho 相等，它们的速度场随时间改变的快慢就是相似的。

$Fr=\dfrac{gl}{v^2}=\dfrac{\rho gl}{\rho v^2}$ 称为弗劳德数，其中分子反映了单位体积流体的重力位能；分母表示单位

体积流体的动能的两倍，所以 Fr 是流体在流动过程中重力位能与动能的比值。重力位能与动能又分别与重力和惯性力成正比，故 Fr 也表示了流体在流动过程中重力与惯性力的比值。

$Eu = \dfrac{p}{\rho v^2}$ 称为欧拉数，很显然，它表示了流体的压力与惯性力的比值。

$Re = \dfrac{\rho vl}{\eta} = \dfrac{\rho v^2}{\eta v/l}$ 称为雷诺数，表示了流体流动过程中的惯性力与黏性力的比值。

第三节 相似三定律

利用相似定律可以判断两个现象是否相似，并说明相似现象的性质。下面给出相似三定律，但不做详细的证明。

一、相似第一定律

相似第一定律表述为：彼此相似的现象必定具有数值相同的同名特征数。

任何一种物理现象的定量描述从数学的观点来看都是一个定解问题，两物理现象相似，其实质就是从描述一个现象的定解问题出发做相似变换后能够给出描述另一现象的定解问题。从本章第二节描述流体流动的相似的特征数的导出过程中可以体会到，相似现象的特征数在数值上必须相同。从物理上来看，定解问题相似对应着：

1）这两个现象必为同类现象，必须服从自然界中同一基本规律。

2）这两个现象必须发生在几何相似的空间，并且具有相似的初、边值条件。

3）描述这两个现象的物性参量应具有相似的变化规律。

二、相似第二定律

相似第二定律表述为：凡同一种类现象，如果定解条件相似，同时由定解条件的物理量所组成的特征数在数值上相等，那么这些现象必定相似。这一定律是判断两现象相似的充分必要条件。

三、相似第三定律

相似第三定律表述为：描述某现象的各种量之间的关系式可以表示成特征数之间的函数关系，即 $F(\pi_1, \pi_2, \cdots, \pi_n) = 0$，这种关系式称为特征数方程。

物理现象的定解问题的解就是给出有关物理量之间的函数关系，找出这一函数关系式有时是非常困难的，或者说是根本不可能的。相似第三定律指出，任何定解问题的积分结果都可以表示成由这一定解问题所导出的特征数之间的函数关系——特征数方程。而每个特征数都是由有关的物理量构成的，所以它实际上就是定解问题的解。这一定律的好处还在于，当需要用试验的手段找出具体的特征数方程时，试验的变量不是一般而言的物理变量，而是由物理变量构成的独立的量纲为一的特征数，这使得试验变量的个数大大减少，而易于试验。

在实际应用中，人们常把特征数方程写为未定特征数是已定特征数的函数关系，即

$$\pi_{\text{未定}i} = f_i(\pi_{1\text{已定}}, \pi_{2\text{已定}}, \cdots, \pi_{m\text{已定}}) \qquad (6\text{-}25)$$
$$(i = 1, \cdots, n, \cdots, m)$$

这里所说的已定特征数是指那些由定性量组成的决定现象的准数，常称为决定性特征数。而未定特征数，是指那些包含着被决定的量的特征数。例如对不可压缩等温流动，决定性特征数有 Ho、Re 和 Fr，而未定特征数为 Eu，特征数方程常写为

$$Eu = f(Ho, Re, Fr) \qquad (6\text{-}26)$$

第四节　量纲分析基础

从前面相似理论的讲述中知道，特征数是判断两现象是否相似以及设计相似模型的关键。而特征数又是以现象的定解问题为基础通过相似变换的方法获得的，这种方法对能写出微分方程的问题是适用的。但在实际问题中许多现象根本写不出它的控制方程，这时要给出特征数，必须另谋他径。量纲分析方法是一种具有普遍意义的给出特征数的方法。

一、量纲的和谐性

物理量所属于的种类，称为这个物理量的量纲。被测量的值尽管因其所用的单位有所不同，但此量的种类却相同。如用米或毫米表示管径有不同的值，但这个量的种类都属于长度。长度就是管径这个量的量纲。

选定某些基本量的量纲为基本量纲。基本量纲是彼此独立的，不能由其他量的量纲组合来表示。由基本量纲所导出的量纲称为导出量纲。每一个物理量都有量纲，可以是基本量纲或者导出量纲。所有的物理量可以用一个或一组基本量纲来表示。在流体力学中，一般选用长度 L、质量 M、时间 T、温度 θ 为基本量纲。导出量纲有面积 L^2、密度 ML^{-3}、速度 LT^{-1}、力 MLT^{-2} 等。

一个物理量的量纲与这个量的特性有关，和它的大小无关。所以一个物理量只能有一个量纲，不能由其他量的量纲来代替。因此，不同量纲的物理量不能进行加减运算。任何一个正确的物理方程中，各项的量纲一定相同。这就是物理方程量纲的和谐性。量纲分析的基础，就是量纲的和谐性。

二、π 定理

π 定理的内容是：若物理方程

$$f(x_1, x_2, \cdots, x_p) = 0 \qquad (6\text{-}27)$$

共含有 p 个物理量，其中有 r 个基本量，并且保持量纲的和谐性，则这个物理方程可简化为

$$F(\pi_1, \pi_2, \cdots, \pi_{p-r}) = 0 \qquad (6\text{-}28)$$

或

$$\pi_1 = \Phi_1(\pi_2, \pi_3, \cdots, \pi_{p-r}) \qquad (6\text{-}29)$$

式中　π_1，π_2，$\cdots$，π_{p-r}——由方程中的物理量所构成的量纲为一的积。由此可知，把式 (6-28) 中的参数 π_1，π_2 等看为新的变量，则变量的数目将比原方程所包含的数目减少 r 个。

下面举个例子说明 π 定理的应用。

【例 6-1】 用量纲分析法导出不可压黏性流体的等温流动的特征数。流体流动的情况由下列因素决定：流速 v，线性量 l，压力 p，密度 ρ，动力黏度 η，重力加速度 g，时间 t。

解： 有关物理量之间的一般联系式为

$$f(v,l,p,\rho,\eta,g,t)=0 \tag{6-30}$$

从影响现象的 n 个（本例为 7 个）物理量中选择 m 个物理量作为基本物理量，这 m 个基本量的量纲要相互独立，其他 $n-m$ 个物理量的量纲都能由 m 个物理量的量纲导出。在此例中，选 v、l、p。

从 m 个基本物理量以外的物理量中每次轮取一个物理量，连同这三个物理量组合成一个量纲为一的量 π。这一点是一定能做到的，这是因为 m 个物理量以外的所有物理量的量纲都能由这 m 个物理量的量纲组合而得出。在该例中这样的 π 共有 4 个。

$$\pi_1=\frac{p}{v^{a_1}l^{b_1}\rho^{c_1}} \qquad \pi_2=\frac{\eta}{v^{a_2}l^{b_2}\rho^{c_2}}$$

$$\pi_3=\frac{g}{v^{a_3}l^{b_3}\rho^{c_3}} \qquad \pi_4=\frac{t}{v^{a_4}l^{b_4}\rho^{c_4}}$$

由 3 个量纲为一的量来确定上述 $\pi_1 \sim \pi_4$ 式中的 a、b、c，有

$$\left[\pi_1\right]=\frac{\left[ML^{-1}T^{-2}\right]}{\left[LT^{-1}\right]^{a_1}\left[L\right]^{b_1}\left[ML^{-3}\right]^{c_1}}$$

对 $\left[L\right]$ 　　　　$-1=a_1+b_1-3c_1$

对 $\left[M\right]$ 　　　　$1=c_1$

对 $\left[T\right]$ 　　　　$-2=-a_1$

将上述三式联立求得 $a_1=2$，$b_1=0$，$c_1=1$，于是有

$$\pi_1=\frac{p}{\rho v^2}=Eu \tag{6-31}$$

同理由 $\pi_2 \sim \pi_4$ 式可求出

$$\pi_2=\frac{\eta}{\rho vl}=\frac{1}{Re} \tag{6-32}$$

$$\pi_3=\frac{gl}{v^2}=Fr \tag{6-33}$$

$$\pi_4=\frac{vt}{l}=Ho \tag{6-34}$$

写出特征数方程

$$f(Ho, Re, Fr, Eu) = 0 \qquad (6\text{-}35)$$

由此可见，用量纲分析法所得的结果与方程分析法的结果是一样的。从上例的分析中可以看出，描述该流动的所有物理量有 7 个，基本量纲有 3 个，得到的独立特征数有 7−3 = 4 个。

三、特征数的转换

在用量纲分析的方法导出量纲为一的特征数的过程中，当选取不同的物理量作为基本量时，所得到的特征数的形式会不相同。这样，不同的选取方式将会给出许多形式的特征数。但无论怎样，这些特征数中独立的特征数的数目却是固定的，并且这些特征数的形式可以互相转换。常见特征数形式的转换方式有如下几种：

（1）特征数的 n 次方仍为特征数 如：

$$\left(\frac{gl}{v^2}\right)^{-1} = \frac{1}{Fr}$$

（2）特征数的乘积仍是特征数 如：

$$FrRe^2 = \frac{gl}{v^2}\left(\frac{\rho vl}{\eta}\right)^2 = \frac{g\rho^2 l^3}{\eta^2} = Ga$$

Ga 称为伽利略数，其物理意义为重力与黏性力的比值。

（3）特征数乘以量纲为一的数仍是特征数 如：

$$Ga\left(\frac{\rho - \rho_0}{\rho}\right) = \frac{g\rho^2 l^3}{\eta^2}\left(\frac{\rho - \rho_0}{\rho}\right) = Ar$$

Ar 称为阿基米德数，它表示由于流体密度差引起的浮力与黏性力的比值。如果流体密度差取决于温度差时，因 α_V 代表流体温度的体胀系数，则 $\frac{\rho - \rho_0}{\rho} = \alpha_V \Delta T$，代入上式得

$$\frac{g\rho^2 l^3}{\eta^2}\alpha_V \Delta T = Gr$$

Gr 称为格拉晓夫数，它表示气体上升力与黏性力的比值。

（4）特征数的和与差仍是特征数

（5）特征数中任一物理量用其差值代替仍是特征数 如 $Eu = \frac{p}{\rho v^2}$ 中的压强可用压差代替，得 $\frac{\Delta p}{\rho v^2}$ 仍称欧拉数。

【例 6-2】 在冶金熔体处理或送风系统中，经常会遇到流体绕流物体的问题。试用量纲分析法确定不可压缩黏性流体绕球体流动时的阻力 F 的计算公式。已知阻力 F 与流速 v_∞、球的直径 d、流体的密度 ρ、黏度 η 有关。

解：写出特征数方程为

$$f(F, v_\infty, d, \rho, \eta) = 0$$

选取 v_∞、d、ρ 为三个基本量纲的代表，前已证明，这三个物理量在量纲上是独立的。这样有

$$[\pi_1] = \frac{F}{v_\infty^a d^b \rho^c} = \frac{[MLT^{-2}]}{[LT^{-1}]^a [L]^b [ML^{-3}]^c}$$

对 $[L]$ $1 = a + b - 3c$

对 $[M]$ $1 = c$

对 $[T]$ $-2 = -a$

将上述三式联立求得 $a = 2$，$b = 2$，$c = 1$，于是有

$$\pi_1 = \frac{F}{v_\infty^2 d^2 \rho}$$

同理可求出

$$\pi_2 = \frac{\eta}{v_\infty d \rho} = \frac{1}{Re}$$

因此得出特征数方程

$$\frac{F}{v_\infty^2 d^2 \rho} = f(Re)$$

或

$$F = \frac{8}{\pi} f(Re) \frac{\rho}{2} v_\infty^2 \frac{\pi}{4} d^2$$

令 $\xi = \dfrac{8}{\pi} f(Re)$，且 $A = \dfrac{\pi}{4} d^2$，则上式改写为

$$F = \xi \frac{\rho}{2} v_\infty^2 A$$

这里的阻力系数 ξ 是雷诺数 Re 的函数。

第五节　相似模型研究法

相似理论提供了模型研究的理论基础，模型研究方法的实质就是在相似理论的指导下，建立与实际问题相似的模型，并对模型进行试验研究，把所得的结论推广到实际问题中。

一、模型相似条件

模型研究法的关键就是首先要建立与实际问题相似的试验模型。要想保证所建模型与实际相似，必须满足如下条件：

（1）几何相似　所建立的模型是实际模型按一定比例缩小的模型，即模型与实际各部分的比例应为同一常数。

（2）物理相似　模型与实际过程中所进行的应为同一类过程，即两过程服从同一自然规律，有形式相同的控制方程，并且在过程发展的任一时空点上同名特征数必须存在且有相同的数值。

（3）定解条件相似 在过程开始时两过程应有完全相似的状态，并在边界处应始终保持相似。

应该指出，在实际的模型设计中要做到完全相似是非常困难的，几乎是不可能的，所以模型研究方法一般是将次要的因素忽略，仅保证在主要因素作用下相似即可。例如不可压缩黏性流体的稳定流动，要想同时保证模型与实际中的 Re 与 Fr 相等，当模型与实物的几何尺寸比不是 1∶1 时是很难实现的。

二、近似模型法

所谓近似模型法，就是在进行模型研究时分析在相似条件中哪些因素对过程是主要的，起决定作用的，哪些是次要的，所起作用不大。对前者尽量加以保证，而对后者只做近似的保证，甚至忽略不计。这样一方面使相似研究能够进行，另一方面又不致引起较大的误差。例如管道内流动，人们常取 Re 为决定性特征数，而略去 Fr；对自然流动常常取 Fr 为决定性特征数，略去其他特征数的影响。

三、流体流动的稳定性

大量试验表明，黏性流体在管道中流动时，不管入口处速度分布如何，流经一段距离后速度分布的形状就固定下来，这种特殊性称为稳定性。黏性流体在复杂形状的通道中流动，也具有稳定性的特征。所以在进行模型试验时，只要在模型入口前一般为几何相似的稳定段，就能保证进口速度分布相似。同样出口速度分布的相似也不用专门考虑，只要保证出口通道几何相似即可。

四、流体流动的自模化

在管道流动中，决定流体流动状态的特征数是 Re，当 Re 小于某一定值（称为第一临界值）时，流动呈层流，其速度分布彼此相似，与 Re 的大小无关。对管道流动，无论流速如何，沿截面的速度分布形状总是为轴对称的旋转抛物面，这种特性称为"自模化性"。当 Re 大于第一临界值时，流动处于由层流到湍流的过渡状态。流动进入湍流状态后 Re 值继续增加，它对湍流程度及速度分布的影响逐渐减小。当 Re 达到某一定值（称为第二临界值）以后，流动又一次进入自模化状态，即不管 Re 多大，流动状态与速度分布不再变化，都彼此相似。通常将 Re 小于第一临界值的范围叫"第一自模化区"，而将 Re 大于第二临界值的范围叫"第二自模化区"。在进行模型研究时，只要模型与实物中的流体流动处于同一自模化区，模型与实物中的 Re 即使不相等，也能做到速度分布相似，这给模型研究带来很大方便。当实物中的 Re 值远大于第二临界值时，模型中的 Re 稍大于第二临界值即可，就能做到流动相似。在模型实际设计时，选用容量较小的泵或风机就能满足要求。理论分析与试验结果都表明，流动进入第二自模化区后阻力系数（或 Eu）不再变化为一定数，这可作为检验模型中的流动是否进入第二自模化区的一个标志。

五、温度近似模拟

在实际中，流体的温度和相应的物性是变化和不均匀的。因此，模型设计也必须考虑流体流动中的温度相似。有关温度场特征数是 Pr（$Pr = \nu / a$，ν 为运动黏度，也即动量扩散系数，a 为热扩散率），即模型与实物应具有相同的 Pr，这就使得问题更加困难。因此，在某些情况下可实现近似的冷态等温模拟，即"冷模拟"，它与热态模拟有一定的偏差，要进行必要的修正。但实践表明，冷模拟的结果对工程问题也有着相当大的指导意义，所以现在人们还常用冷模拟研究实际问题。

六、模型设计

1. 选择决定性特征数

物理过程的相似以几何相似为前提条件，而模型的几何相似一般易于做到。对于复杂结构的模拟现象，除了出口和入口及主要考查区域以外，几何相似还可以略有放宽。

完全的物理相似不易做到，需要按照所研究过程的特点选择决定性特征数，这样的选择需根据具体问题做具体分析。如研究黏性流体在强制下的流动性质及阻力的问题，起决定性作用的因素为黏力和惯性力，故 Re 可选为决定性特征数；如这一流动中重力也起着不可忽略的作用，Fr 也是决定性特征数；如该流动在某一自模区域内，仅取 Fr 为决定性特征数即可。

2. 模型尺寸及试验介质的选取

模型与实际设备形状及主要部位，应按同一比例缩小才能保证几何相似。模型尺寸及试验介质的物性常常相互制约，这一制约关系取决于决定性特征数。对仅有一个决定性特征数的近似相似，模型尺寸的比例方程较为简单。例如，对决定性特征数为 Re 的流动问题，则有

$$C_v = \frac{C_\eta}{C_\rho C_l} \tag{6-36}$$

根据式（6-36），在已选定试验介质的情况下，即 C_ρ 与 C_η 已定，可综合考虑相似过程的试验流速和模型尺寸。

3. 定型尺寸及定性温度

在决定性特征数（如 Re、Fr）中一般包含有几何尺寸，它为参与过程的物体或空间有决定性意义的几何特征量，可为流体流过物体的空间路程，也可为管道直径等。不同的定型尺寸当然会有不同的特征数值。而决定性特征数中的物性参数（如 ρ、ν）一般为温度的函数，这一温度称为定性温度，一般常取流体的平均温度。

七、试验结果处理

模型试验数据常常要整理成特征数方程式，一般的特征数方程取如下具体形式：

$$\pi_{\mu_i} = C \pi_{d_1}^{n_1} \pi_{d_2}^{n_2} \cdots \pi_{d_m}^{n_m} \tag{6-37}$$

式中　　　　　　π_{μ_i}——任一非决定性特征数；

　　　　　　　π_{d_i}——决定性特征数；

C，n_1，n_2，$\cdots$，n_m——待定常数。

对式（6-37）两边取对数得

$$\lg\pi_{\mu_i} = \lg C + n_1\lg\pi_{d_1} + n_2\lg\pi_{d_2} + \cdots + n_m\lg\pi_{d_m} \qquad (6\text{-}38)$$

最简单的情况是只有一个决定性特征数，则

$$\lg\pi = \lg C + n\lg\pi_d \qquad (6\text{-}39)$$

这是一条直线方程，画在对数坐标纸上，截距与斜率分别为 $\lg C$ 与 n。

决定性特征数数目在两个以上时，用多元线性回归方法可求得各待定常数。

习题

1. 用理想流体的伯努利方程式，以相似转换法导出 Fr 和 Eu。

2. 设运动流体作用于物体上的力 F 取决于流体的速度 v、密度 ρ、黏度 η 和物体的特征尺寸 L。试用 π 定理确定描述这一问题所需量纲为一的参数的组合个数。

3. 设圆管中黏性流动的管壁切应力 τ 与管径 d、粗糙度 Δ、流体密度 ρ、黏度 η、流速 v 有关，试用量纲分析法求出它们的关系式。

4. 按 $1:30$ 比例做成一根与空气管道几何相似的模型管，用黏性为空气的 50 倍，而密度为空气的 800 倍的水做模型试验。

（1）若空气管道中流速为 6m/s，模型管中水速应多大才能与原型相似？

（2）若在模型中测得压降为 226.8kPa，原型中相应的压降为多少？

5. 用孔板测流量。管路直径为 d，流体密度为 ρ，运动黏度为 ν，流体经过孔板时的速度为 v，孔板前后的压力差为 Δp。试用量纲分析法导出流量 Q 的表达式。

第七章

热量传输的基本概念

　　热量传输简称传热（Heat Transfer），是一种极为普遍而又重要的物理现象。工件在制造工艺中的加热、冷却、熔化和凝固均与热量的传递息息相关。

　　热量传输是研究不同物体之间或者同一物体不同部分之间存在温差时热量的传递规律，主要包括热量的传递方式以及在特定条件下热量传播和分布的有关规律。根据热力学定律，热能总是由高能物体向低能物体传递，或由物体的高能部分向低能部分传递。物体间温差越大，热量传递就越容易。由此可见，热量在传输中温度及其分布是最主要的因素，温差是热量传输的推动力。

　　在工件的制造工艺中，温度场的测算和控制，不同工况下不同材质及几何形态对温度场变化的影响，工艺缺陷的分析和预防等无不受热量传递规律的制约。因此，研究热量传输是保证工艺实施、提高产品质量和生产率的重要理论依据。

第一节　热量传递方式与传热定律

　　热量传递有三种基本方式：热传导、热对流和热辐射。一个实际的热量传递过程可以是一种、两种或者三种传热方式同时进行的。

一、热传导（导热）

　　物体各部分之间不发生相对位移时，依靠分子、原子及自由电子等微观粒子的热运动进行的热量传递称为热传导，简称导热（Heat Conduction）。例如，窑炉的炉衬温度高于炉墙外壳，炉衬内侧向炉墙外壳的热量传递；铸件凝固冷却时，铸件内部的温度高于外界，铸件内部向其外侧以及砂型中的热量传递；焊接时焊件上热源附近高温区向周围低温区的热量传递等均是导热。

　　从微观角度来看，气体、液体、导电固体和非导电固体的导热机理是有所不同的。气体中的导热是气体分子不规则热运动时相互碰撞的结果。众所周知，气体的温度越高，其分子的平均动能越大。不同能量水平的分子相互碰撞的结果，使热量从高温向低温处传递。导电固体中有相当多的自由电子，它们在晶格之间像气体分子那样运动。自由电子的运动在导电固体的导热中起着主要作用。在非导电固体中，导热是通过晶格结构的振动，即原子、分子在其平衡位置附近的振动来实现的。晶格结构振动的传递在文献中常称为格波（又称声子）。至于液体中的导热机理，还存在着不同的观点：有一种观点认为液体定性上类似于气体，只是情况更复杂，因为液体分子间的距离比较近，分子间的作用力对碰撞过程的影响远比气体大；另一种观点则认为液体的导热机理类似于非导电固体，主要靠格波的作用。

本书的论述仅限于导热现象的宏观规律。

二、热对流

热对流（Heat Convection）是指流体各部分之间发生相对位移，冷热流体相互掺混所引起的热量传递方式。对流仅能发生在流体中，而且必然伴随着导热。工程上常遇到的不是单纯对流方式，而是流体流过固体表面时对流和导热联合起作用的方式。后者称为对流换热，以区别于单纯对流。本书主要讨论对流换热。

对流换热按引起流体流动的不同原因可分为自然对流与强制对流两大类。自然对流是由于流体冷、热各部分密度不同而引起的，暖气片表面附近热空气向上流动就是一个例子。如果流体的流动是由于水泵、风机或其他压差所造成的，则称为强制对流。另外，沸腾及凝结也属于对流换热，熔化及凝固则除导热机理外也常伴有对流换热，并且它们都是带有相变的对流换热现象。

三、热辐射

物体通过电磁波传递能量的方式称为辐射。物体会因各种原因发出辐射能，其中因热的原因发出辐射能的现象称为热辐射（Heat Radiation）。自然界中各个物体都不停地向空间发出热辐射，同时又不断地吸收其他物体发出的热辐射。发出与吸收过程的综合效果造成了物体间以辐射方式进行的热量传递。当物体与周围环境处于热平衡时，辐射换热量等于零。但这是动态平衡，发出与吸收辐射的过程仍在不停地进行。

热辐射与导热及对流相比较有以下特点：

1）热辐射可以在真空中传播。当两个物体被真空隔开时，例如地球与太阳之间，导热与对流都不会发生，而只能进行辐射换热。

2）辐射换热不仅产生能量的转移，而且伴随着能量形式的转化。即发射时热能转换为辐射能，而被吸收时又将辐射能转换为热能。

热量传递的三种基本方式，由于机理不同，遵循的规律也不同，依次分开论述比较相宜。但要注意，在工程问题中，有时也存在着两种或者三种热量传递方式同时出现的场合。例如一块高温钢板在厂房中的冷却散热，既有辐射换热方式，也有对流换热（自然对流换热）方式。两种方式散热的热流量叠加等于总的散热热流量。焊件的冷却过程，则同时存在着导热、对流换热及辐射换热三种热量传递方式。对于这些场合，就不能只顾一种方式而遗漏另一种方式。

四、傅里叶定律

通过对实践经验的提炼，导热现象的规律被称为傅里叶定律。通过平板的导热如图7-1所示。平板的两个表面均维持各自的均匀温度。这是一维导热问题，对于 x 方向上任意一个厚度为 dx 的微薄层，根据傅里叶定律，单位时间内通过该层的热量，与该处的温度变化率及平板的截面面积 A 成正比，即

$$\Phi = -\lambda A \frac{\mathrm{d}T}{\mathrm{d}x} \qquad (7\text{-}1)$$

式中 λ——比例系数，称为热导率；

负号——热量传递的方向与温度升高的方向相反。

单位时间内通过某一给定面积和热量称为热流量，记为 Φ，单位为 W。单位时间内通过单位面积的热量称为热流密度（又称比热流），记为 q，单位为 $\mathrm{W/m^2}$。傅里叶定律按热流密度形式表示则为

$$q = \frac{\Phi}{A} = -\lambda \frac{\mathrm{d}T}{\mathrm{d}x} \qquad (7\text{-}2)$$

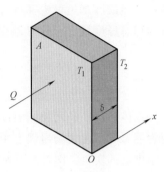

图 7-1　通过平板的一维导热

式（7-1）和式（7-2）是一维稳态导热时傅里叶定律的数学表达式。

五、热对流的牛顿冷却公式

流体流过固体物体表面所发生的热量传递称为对流换热，对流换热的基本计算式是牛顿冷却公式，即

$$q = \alpha(T_\mathrm{w} - T_\mathrm{f}) \qquad (7\text{-}3)$$

式中 α——表面传热系数 $[\mathrm{W/(m^2 \cdot ℃)}]$；

T_w、T_f——固体表面温度及流体温度。

对于面积为 A 的接触面，对流换热的热流量为

$$\Phi = \alpha A(T_\mathrm{w} - T_\mathrm{f}) \qquad (7\text{-}4)$$

约定 Φ 与 q 总取正值，因此当 $T_\mathrm{w} > T_\mathrm{f}$ 时，$\Delta T = T_\mathrm{w} - T_\mathrm{f}$。则

$$q = \alpha \Delta T$$

$$\Phi = \alpha A \Delta T$$

式（7-3）也就是表面传热系数 α 的定义式。

第二节　温度场、等温面和温度梯度

一、温度场

傅里叶定律表明，导热的热量与温度变化率有关，所以研究导热必然涉及物体的温度分布。一般地讲，物体的温度分布是坐标和时间的函数，即

$$T = f(x, y, z, t) \tag{7-5}$$

式中　x、y、z——空间直角坐标；

　　　t——时间坐标。

像重力场、速度场一样，物体中存在着时间和空间上的温度分布，被称为温度场。它是各个瞬间物体中各点温度分布的总称。式（7-5）就是它的表达式。

物体中各点的温度随时间改变的温度场，称为非稳态温度场（或非定常温度场）。工件在加热或冷却过程中都具有非稳态温度场。物体中各点的温度不随时间变动的温度场，称为稳态温度场（或定常温度场），温度场的表达式简化为

$$T = f(x, y, z) \tag{7-6}$$

二、等温面

物体中同一瞬间相同温度各点连成的面称为等温面。在任何一个二维截面上等温面表现为等温线。温度场习惯上用等温面图或等温线图来表示。图 7-2 所示为用等温线表示铸件温度场的实例。图 7-3 则为薄板焊接时移动热源在 x-y 平面内形成的瞬时温度场，此刻热源在原点 O。

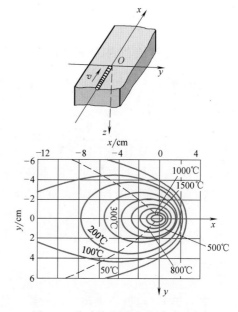

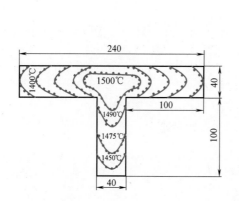

图 7-2　铸件温度场（T 形铸件浇注后 10.7min 时实测）　　图 7-3　移动热源形成的瞬时温度场

三、温度梯度

在傅里叶定律中，传递的热量、温度的变化都是具有方向的物理量。数学上称它们为矢量。对矢量之间的关系式必须采用矢量的形式才能更完整地表达出来。温度变化率是个标量，它必须与单位矢量相乘才成为矢量。由于梯度这个矢量是指向变化最剧烈的方向，而在等温面的法线方向上，单位长度的温度变化率最大，因此把温度场中任意一点沿等温面法线方向的温度增加率称为该点的温度梯度，即

$$\mathbf{grad}\,T = \lim_{\Delta n \to 0} \frac{\Delta T}{\Delta n}\mathbf{n} = \frac{\partial T}{\partial n}\mathbf{n} \qquad (7\text{-}7)$$

式中　$\mathbf{n}$——法向单位矢量；

$\partial T/\partial n$——温度在 $\mathbf{n}$ 方向上的导数。

温度梯度在空间三个坐标轴上的分量等于其相应的偏导数，即有

$$\mathbf{grad}\,T = \frac{\partial T}{\partial x}\mathbf{i} + \frac{\partial T}{\partial y}\mathbf{j} + \frac{\partial T}{\partial z}\mathbf{k} \qquad (7\text{-}8)$$

式中　$\mathbf{i}$、$\mathbf{j}$、$\mathbf{k}$——三个坐标轴上的单位矢量。

用矢量形式表示的傅里叶定律表达式为

$$\mathbf{q} = -\lambda\,\mathbf{grad}\,T = -\lambda\frac{\partial T}{\partial n}\mathbf{n} \qquad (7\text{-}9)$$

图 7-4a 表示了温度梯度与热流密度矢量 $\mathbf{q}$ 的关系，图 7-4b 表示了等温线与热流线间的关系。热流线是表示热流方向的线，恒与等温线垂直相交。

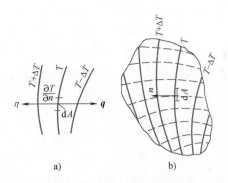

图 7-4　温度梯度、热流矢量、等温线与热流线
a）温度梯度与热流密度矢量 $\mathbf{q}$ 的关系
b）等温线与热流线间的关系

第三节　热导率与热扩散率

一、热导率

热导率的定义可由傅里叶定律表达式推出。由式（7-9）得到

$$\lambda = -\frac{\mathbf{q}}{\dfrac{\partial T}{\partial n}\mathbf{n}} \qquad (7\text{-}10)$$

由此可见，热导率在数值上等于温度梯度为 1 个单位时，物体内具有的热流密度，单位为 $W/(m\cdot\text{℃})$。它反映出，在相同的温度梯度下，物体的热导率越大，导热量也越大。因此，λ 是表征物体导热能力的重要物性参数。

热导率的大小取决于物质的种类和温度。一般来说，金属材料的热导率比较高，常温条件（20℃）下纯铜为 $399W/(m\cdot\text{℃})$；碳钢（$w_C \approx 1.5\%$）为 $36.7W/(m\cdot\text{℃})$。非金属材料及液体的热导率较低，如 20℃时水的热导率为 $0.599W/(m\cdot\text{℃})$。气体的热导率最小，如 20℃时干空气的 λ 值为 $0.259W/(m\cdot\text{℃})$。同种材料的 λ 值与温度有关，对于铁、碳钢和低合金钢，λ 值随温度的增加而下降；对于高合金钢（不锈钢、耐热钢等），随着温度的增加 λ 值增加。工程计算采用的热导率都是用专门试验测定的。一些常用材料热导率的值列在附录 B 中。

二、热扩散率

傅里叶定律可以改写为

$$q = -\frac{\lambda}{c\rho}\frac{\partial(c\rho T)}{\partial x} = -a\frac{\partial(c\rho T)}{\partial x} \tag{7-11}$$

即

$$a = \frac{\lambda}{c\rho} \tag{7-12}$$

式中　ρ——物体的密度（kg/m^3）；

$\quad\quad a$——热扩散率（m^2/s）；

$\quad\quad c$——物体的比热容 [$J/(kg \cdot ℃)$]。

由式（7-12）可知，热扩散率 a 与热导率 λ 成正比，与物体的密度 ρ 和比热容 c 成反比。a 也是重要的物性参数，它表征了物体内热量传输的能力。其物理意义是：若以物体受热升温的情况为例进行分析，在升温过程中，进入物体的热量沿途不断地被吸收而使该处温度升高，此过程持续到物体内部各点温度全部相同为止。由热扩散率的定义 $a = \lambda/(\rho c)$ 可知：当其分子 λ 越大，或其分母 ρc（它是单位体积的物体升高 1℃ 所需的热量）越小，表示导出的热量相对较高或吸收的热量相对较少，于是热量的传输就越快，物体内部温度趋于一致的能力就越大，所以，热扩散率 a 是非稳态导热的重要物性参数。

在热加工工艺过程中，可以应用不同材料热扩散率的不同来控制工件的质量。如金属的热扩散率比型砂大几十倍，铸件在金属型中要比在砂型中冷却得快，从而可获得表面质量不同的铸件。焊接时，由于铝和铜的导热性能好，因此需采用比焊接低碳钢更大的热输入才能保证质量。

习题

1. 在用氧乙炔气割炬切割钢板的过程中，钢板经历的热量传递过程是稳态的还是非稳态的？

2. 当铸件在砂型中冷却凝固时，由于铸件收缩导致铸件表面与砂型间产生气隙，气隙中的空气是停滞的，通过气隙有哪几种基本热量传递方式？

3. 在你所了解的导热现象中，试列举一维、多维温度场的实例。

4. 假设在 2h 内，通过 152mm×152mm×13mm（厚度）试验板传导的热量为 837J，试验板两个平面的温度分别为 19℃ 和 26℃，求试验板的热导率。

5. 一厚度为 0.12m 的玻璃纤维板，热导率为 0.035W/(m·℃)，其两侧面具有 80℃ 的温差，试求通过纤维板的热流密度。

6. 已知一块很大的平板保温材料，热导率为 0.12W/(m·℃)，厚度为 20mm，若通过它的热流密度为 1500W/m²，试求平板两侧面的温差。

7. 空气在一根内径为 50mm、长 3.0m 的管子内流动被加热，已知空气平均温度为 80℃，管内对流换热的表面传热系数 $\alpha = 70W/(m^2 \cdot ℃)$，热流密度 $q = 5000W/m^2$，试求管壁温度及热流量。

第八章

导热

由第七章可知，温度场可分为稳定温度场和不稳定温度场。在稳定温度场内的导热称为稳态导热；在不稳定温度场内的导热称为非稳态导热。工程上许多热设备的正常工作过程可认为是稳态导热问题。

在非稳态导热中，物体内的温度不仅随空间位置发生变化，而且随时间发生变化。在自然界和工程中也存在着大量非稳态导热问题，如室外空气温度的变化，涡轮机起动、停车时转盘和叶片温度的变化，金属在加热炉内加热，金属的淬火，铸型的烘干，铸件的凝固及焊件的冷却等均属于非稳态导热。

在求解导热问题时，首先要建立导热问题的数学模型，即微分方程，然后才能获取其在特定条件下的特解。

第一节　导热微分方程

对于一维稳态导热问题，直接对傅里叶定律的表达式进行积分就可获得其解。其他导热问题的情况则较为复杂，虽然傅里叶定律仍然适用，但是还必须解决不同坐标方向间导热关系的相互联系问题。这时，导热问题的数学描述必须对物体中的微元六面体（图8-1）进行分析才能得到。导热问题的数学描述，即导热微分方程式的建立，除了依靠傅里叶定律之外，还要以能量守恒定律为基础。

一、导热微分方程式

在推导导热微分方程式时，为减少次要因素的引入，把讨论对象先局限于常物性（即物性参数 λ、c、ρ 都是常量）的各向同性材料。把热导率是变量的情况放在后面讨论。

在一般情况下，按照能量守恒定律，微元

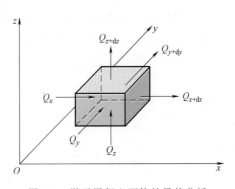

图 8-1　微元平行六面体的导热分析

体的热平衡式可以表示为下列形式：

$$（导入微元体的总热流量）+（微元体中内热源生成的热量）\qquad(8-1a)$$
$$=（微元体内能的增量）+（导出微元体的总热流量）$$

导入及导出微元体的总热流量可以从傅里叶定律推出：任意方向的热流量总可以分解成为 x、y、z 三个坐标轴方向的分量。这些分量的示意如图 8-1 所示。根据傅里叶定律，通过 $x=x$、$y=y$、$z=z$ 三个表面导入微元体的热量可直接写出如下：

$$\left.\begin{aligned}
Q_x &= -\lambda \frac{\partial T}{\partial x}\mathrm{d}y\mathrm{d}z\\[6pt]
Q_y &= -\lambda \frac{\partial T}{\partial y}\mathrm{d}x\mathrm{d}z\\[6pt]
Q_z &= -\lambda \frac{\partial T}{\partial z}\mathrm{d}x\mathrm{d}y
\end{aligned}\right\}\qquad(8-1b)$$

以上三式之和就是导入微元体的总热流量。

同理，通过 $x=x+\mathrm{d}x$、$y=y+\mathrm{d}y$、$z=z+\mathrm{d}z$ 三个表面导出微元体的热流量也可写为

$$\left.\begin{aligned}
Q_{x+\mathrm{d}x} &= -\lambda \frac{\partial}{\partial x}\left(T+\frac{\partial T}{\partial x}\mathrm{d}x\right)\mathrm{d}y\mathrm{d}z\\[6pt]
Q_{y+\mathrm{d}y} &= -\lambda \frac{\partial}{\partial y}\left(T+\frac{\partial T}{\partial y}\mathrm{d}y\right)\mathrm{d}x\mathrm{d}z\\[6pt]
Q_{z+\mathrm{d}z} &= -\lambda \frac{\partial}{\partial z}\left(T+\frac{\partial T}{\partial z}\mathrm{d}z\right)\mathrm{d}x\mathrm{d}y
\end{aligned}\right\}\qquad(8-1c)$$

以上三式之和就是导出微元体的总热流量。

$$微元体内能的增量 = \rho c \frac{\partial T}{\partial t}\mathrm{d}x\mathrm{d}y\mathrm{d}z\qquad(8-1d)$$

设单位体积内热源的热能为 $\dot{Q}$，则

$$微元体内热源的生成热 = \dot{Q}\mathrm{d}x\mathrm{d}y\mathrm{d}z\qquad(8-1e)$$

将式（8-1b、c、d、e）代入式（8-1a），可获得导热微分方程式的一般形式，即

$$\frac{\partial T}{\partial t} = \frac{\lambda}{\rho c}\left(\frac{\partial^2 T}{\partial x^2}+\frac{\partial^2 T}{\partial y^2}+\frac{\partial^2 T}{\partial z^2}\right)+\frac{\dot{Q}}{\rho c}\qquad(8-2)$$

式（8-2）对稳态、非稳态及无内热源的问题都可适用。稳态问题以及无内热源的问题都是上述微分方程式的特例。例如，在稳态、无内热源条件下，导热微分方程式就简化成为

$$\frac{\partial^2 T}{\partial x^2}+\frac{\partial^2 T}{\partial y^2}+\frac{\partial^2 T}{\partial z^2}=0\qquad(8-3)$$

运用数学上的坐标转换，式（8-2）可以转换成圆柱坐标或球坐标表达式。参照图 2-8、图 2-9 所示的坐标系统，转换的结果分别是：

圆柱坐标

$$\frac{\partial T}{\partial t} = a\left(\frac{\partial^2 T}{\partial r^2}+\frac{1}{r}\frac{\partial T}{\partial r}+\frac{1}{r^2}\frac{\partial^2 T}{\partial \theta^2}+\frac{\partial^2 T}{\partial z^2}\right)+\frac{\dot{Q}}{\rho c}$$

球坐标

$$\frac{\partial T}{\partial t} = a\left[\frac{1}{r^2}\frac{\partial^2(r^2 T)}{\partial r^2} + \frac{1}{r^2\sin\theta}\frac{\partial}{\partial\theta}\left(\sin\theta\frac{\partial T}{\partial\theta}\right) + \frac{1}{r^2\sin^2\theta}\frac{\partial^2 T}{\partial\varphi^2}\right] + \frac{\dot{Q}}{\rho c} \tag{8-4}$$

无内热源的稳态导热微分方程式采用圆柱坐标和球坐标时表达形式分别是：

圆柱坐标

$$\frac{\partial^2 T}{\partial r^2} + \frac{1}{r}\frac{\partial T}{\partial r} + \frac{1}{r^2}\frac{\partial^2 T}{\partial\theta^2} + \frac{\partial^2 T}{\partial z^2} = 0 \tag{8-5}$$

球坐标

$$\frac{1}{r^2}\frac{\partial^2(r^2 T)}{\partial r^2} + \frac{1}{r^2\sin\theta}\frac{\partial}{\partial\theta}\left(\sin\theta\frac{\partial T}{\partial\theta}\right) + \frac{1}{r^2\sin^2\theta}\frac{\partial^2 T}{\partial\varphi^2} = 0 \tag{8-6}$$

数学上将式（8-3）、式（8-5）、式（8-6）的表达形式简化为

$$\nabla^2 T = 0 \tag{8-7}$$

式中 ∇^2——拉普拉斯算子。

式（8-7）又称拉普拉斯方程。许多实际问题往往是以上一般的导热微分方程所描述问题的特例。例如，无内热源的一维稳态导热问题，导热微分方程可简化成为

$$\frac{d^2 T}{dx^2} = 0 \tag{8-8}$$

注意：此式与应用于 $\varPhi$ = 常量的一维导热的傅里叶定律表达式（7-2）是一致的。

以上导热微分方程式的讨论都是在热导率 λ 为常量的前提下进行的。在许多实际导热问题中，把热导率取为常量是可以允许的。然而，有一些特殊场合必须把热导率作为温度的函数，不能当作常量来处理。这类问题称为变热导率的导热问题。注意到 λ 不能作为常数的特点，可以导出变热导率的导热方程。例如，在直角坐标系中，非稳态、有内热源的变热导率的导热微分方程式将不同于式（8-1），而是

$$\rho c\frac{\partial T}{\partial t} = \frac{\partial}{\partial x}\left(\lambda\frac{\partial T}{\partial x}\right) + \frac{\partial}{\partial y}\left(\lambda\frac{\partial T}{\partial y}\right) + \frac{\partial}{\partial z}\left(\lambda\frac{\partial T}{\partial z}\right) + \dot{Q} \tag{8-9}$$

这里再次指出：导热微分方程式是描写导热过程共性的数学表达式，对于任何导热过程，不论是稳态的或是非稳态的，一维的或多维的，导热微分方程都是适用的。因此可以说，导热微分方程式是求解一切导热问题的出发点。

二、初始条件及边界条件

求解导热问题，实质上归结为对导热微分方程式的求解。对于上述导热微分方程式，通过数学方法原则上可以获得方程式的通解。然而，就解答实际工程问题而言，不能满足于得出通解，还要求得出既满足导热微分方程式，又满足根据具体问题规定的一些附加条件下的特解。这些使微分方程式得到特解的附加条件，数学上称为定解条件。

对导热问题来说，求解对象的几何形状（几何条件）及材料（物理条件）都是已知的。一般地讲，非稳态导热问题的定解条件有两个方面：

1）给出初始时刻的温度分布，即初始条件。

2）给出物体边界上的温度或换热情况，即边界条件。

只有导热微分方程式连同初始条件和边界条件，才能够完整地描写一个具体的导热问

题。但要注意，对于稳态导热，定解条件仅有边界条件。

导热问题的常见边界条件可归纳为以下三类：

① 规定了边界上的温度值，称为第一类边界条件。此类边界条件最简单的典型特例就是规定边界温度为常数，即 T_W =常数。对于非稳态导热，这类边界条件要求给出以下关系式：

$$t>0 \text{ 时}, \quad T_W = f_1(t)$$

② 规定了边界上的热流密度值，称为第二类边界条件。此类边界条件最简单的典型特例就是规定边界上热流密度为定值，即 q_W =常数。对于非稳态导热，这类边界条件要求给出以下关系式：

$$t>0 \text{ 时}, \quad -\lambda \left(\frac{\partial T}{\partial n} \right)_W = f_2(t)$$

式中　$(\partial T/\partial n)_W$——边界上温度梯度。

③ 规定了边界上物体与周围流体间的表面传热系数 α 及周围流体的温度 T_f，称为第三类边界条件。以物体被冷却的场合为例，第三类边界条件表示为

$$-\lambda \left(\frac{\partial T}{\partial n} \right)_W = \alpha (T_W - T_f)$$

在非稳态导热时，式中 α 及 T_f 均可为时间 t 的函数。

在确定了导热问题的微分方程和边界条件及初始条件后，即可求解。目前，导热问题的求解方法有多种，应用最广泛的有分析解法、数值解法和试验研究法。本书主要介绍常用的几何形态规则物体的导热问题的分析解法。

第二节　一维稳态导热

工程实践中存在着大量的稳态导热问题，有些问题在一定条件下可以简化成一维稳态导热，即温度仅沿一个空间坐标方向变化。对于一维稳态导热过程，如大平板、长圆筒、球壁等几何形态规则物体的导热问题，采用直接积分法即可获得其分析解。本节将分别讨论它们的具体解法。

一、单层平壁的导热

单层平壁如图 8-2 所示。已知平壁的两个表面分别维持均匀而恒定的温度 T_1 和 T_2，壁厚为 δ。假设壁厚远小于高度和宽度，则温度场是一维的，温度只沿着与表面垂直的 x 方向发生变化。无内热源的一维稳态导热微分方程式（8-8）适用，即

$$\frac{\mathrm{d}^2 T}{\mathrm{d}x^2} = 0 \qquad (8\text{-}9a)$$

边界条件为

$$x = 0 \text{ 时}, \quad T = T_1 \qquad (8\text{-}9b)$$

$$x = \delta \text{ 时}, \quad T = T_2 \qquad (8\text{-}9c)$$

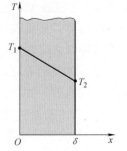

图 8-2　单层平壁示意图

这就是本问题的完整数学描述，是求解温度分布的出发点。其目的在于解出温度分布，并确定热流密度与有关物理量间的具体关系式。

对微分方程式（8-9a）连续积分两次，得其通解为

$$T = c_1 x + c_2 \tag{8-9d}$$

式中　c_1、c_2——积分常数，由边界条件式（8-9b）、式（8-9c）确定。于是解得温度分布为

$$T = \frac{T_2 - T_1}{\delta} x + T_1 \tag{8-9e}$$

由于 δ、T_1、T_2 都是定值，所以温度呈线性分布，换句话说，温度分布线的斜率是常量，即

$$\frac{\mathrm{d}T}{\mathrm{d}x} = \frac{T_2 - T_1}{\delta} \tag{8-9f}$$

已知 $\mathrm{d}T / \mathrm{d}x$，代入傅里叶定律式，得

$$q = -\lambda \frac{\mathrm{d}T}{\mathrm{d}x}$$

即可获得通过平壁的热流密度 $q = f(T_1, T_2, \lambda, \delta)$ 的具体关系式为

$$q = \frac{\lambda(T_1 - T_2)}{\delta} = \frac{\lambda}{\delta} \Delta T \tag{8-10}$$

式（8-10）即是平壁导热的计算公式，它揭示了 q、λ、δ 和 ΔT 四个物理量间的内在联系，只要已知其中任意三个量，就可以求出第四个量。例如，对于一块给定材料和厚度的平壁，已知其热流密度时，平壁两侧表面之间的温差就可从下式求出，即

$$\Delta T = \frac{q\delta}{\lambda} \tag{8-11}$$

当热导率是温度的线性函数时，即 $\lambda = \lambda_0(1 + bt)$，只要取计算区域平均温度下的 $\bar{\lambda}$ 值代入 $\lambda =$ 常数时的计算公式，就可获得正确的结果。

【例 8-1】　一窑炉的耐火硅砖炉墙为厚度 $\delta = 250\mathrm{mm}$ 的硅砖。已知内壁面温度 $t_1 = 1500℃$，外壁面温度 $t_2 = 400℃$，试求每平方米炉墙的热损失。

解：从附录 C 查得，对硅砖，$\bar{\lambda} = 0.93 + 0.0007\bar{t}$，于是

$$\bar{\lambda} = \left[0.93 + 0.0007 \times \left(\frac{1500 + 400}{2} \right) \right] \mathrm{W/(m \cdot ℃)} = 1.60 \mathrm{W/(m \cdot ℃)}$$

代入式（8-10）得每平方米炉墙的热损失为

$$q = \frac{\bar{\lambda}(T_1 - T_2)}{\delta} = \frac{1.60 \times (1773 - 673)}{0.25} \mathrm{W/m^2} = 7040 \mathrm{W/m^2}$$

二、多层平壁的导热

这里首先引出一个在传热分析中颇为重要的热阻的概念，然后讨论多层平壁导热的

计算。

热量传递是自然界中的一种能量转移过程，它与自然界中其他转移过程，如电量的转移、动量的转移、质量的转移有类似之处。各种转移过程的共同规律性可归结为

$$过程中的转移量 = \frac{过程的动力}{过程的阻力}$$

在电学中，这种规律性就是众所周知的欧姆定律，即

$$I = \frac{U}{R}$$

在导热中，与之相对应的表达式可从式（8-10）改写得出为

$$q = \frac{\Delta T}{\delta / \lambda} \tag{8-12}$$

这种表达形式有助于更清楚地理解式中各项的物理意义。式中热流密度 q 为导热过程的转移量，温差 ΔT 为导热过程的动力，而分母 δ / λ 则为导热过程的阻力。热转移过程的阻力称为热阻，记为 R_t，它与电传输过程中的电阻 R 相当。热阻 R_t 是针对单位面积而论的，有时需要讨论整个表面积 A 的热阻，这时总面积的热阻有以下定义式：

$$R_{t,z} = \frac{\Delta T}{\Phi}$$

【例8-2】 已知灰铸铁、空气及湿型砂的热导率分别为 50.3W/（m·℃）、0.0321W/（m·℃）及 1.13W/（m·℃），试比较 1mm 厚灰铸铁、空气及湿型砂的热阻。

解：导热热阻 $R_t = \delta / \lambda$，故有

灰铸铁　　　　$R_t = \dfrac{0.001}{50.3} \text{m}^2 \cdot ℃/\text{W} = 1.98 \times 10^{-5} \text{m}^2 \cdot ℃/\text{W}$

空气　　　　　$R_t = \dfrac{0.001}{0.0321} \text{m}^2 \cdot ℃/\text{W} = 3.12 \times 10^{-2} \text{m}^2 \cdot ℃/\text{W}$

湿型砂　　　　$R_t = \dfrac{0.001}{1.13} \text{m}^2 \cdot ℃/\text{W} = 8.85 \times 10^{-4} \text{m}^2 \cdot ℃/\text{W}$

由此可见，1mm 空气隙的热阻相当于灰铸铁热阻的 1500 余倍，因此在铸铁冷却分析中，气隙的作用是不可忽略的因素。湿型砂的热阻比灰铸铁的热阻要大 45 倍左右，在粗略的分析中，灰铸铁的热阻相对来说是次要的。

热阻概念的建立对复杂热转移过程的分析带来很大便利。例如，可以借用比较熟悉的串、并联电路电阻的计算公式来计算热转移过程的合成热阻（或称总热阻）。串联电阻叠加得到总电阻的原则可以应用到串联导热热阻的计算上，从而可方便地推导出复合壁的导热公式。

在由两种材料组成的复合导热系统中，如热导率分别为 λ_c 和 λ_s 的两种不同材料组成一种简单的复合平板，热量的传递有可能变得复杂起来，这与两种材料界面处的接触情况有很大关系。为了研究的方便，这里提出理想接触和非理想接触的概念。若界面附近的传递满足如下条件，就称为理想接触。

$$T_c\big|_{x^-} = T_s\big|_{x^+}$$

$$-\lambda_c \frac{dT}{dx}\bigg|_{x^-} = -\lambda_s \frac{dT}{dx}\bigg|_{x^+}$$

上式的意义为：两种材料接触界面上某点 x，不仅两边的温度相等，而且流过的热量也应相等。

在理想接触的情况下，可以利用热阻的概念来分析复合平板的导热问题。

现在应用热阻的概念来推导通过多层平壁的导热计算公式。所谓多层壁，就是由不同材料叠加在一起组成的复合壁。例如，采用耐火砖层、隔热砖层和金属护板叠合而成的炉窑墙就是多层壁的实例。一个三层平壁如图 8-3 所示（所采用的方法可推广于任意层多层壁）。假定层与层之间接触良好，即为理想接触状态，因此通过层间分界面就不会发生温度降落。已知各层的厚度分别为 δ_1、δ_2 和 δ_3，各层材料的热导率分别为 λ_1、λ_2 和 λ_3，并且已知多层壁两个外侧表面的温度分别为 T_1 和 T_4（中间温度 T_2 和 T_3 是未知的）。现求通过多层壁的热流密度 q 的计算公式。

应用热阻表达式（8-12）可写出各层的热阻为

$$\left. \begin{aligned} \frac{T_1 - T_2}{q} &= \frac{\delta_1}{\lambda_1} \\ \frac{T_2 - T_3}{q} &= \frac{\delta_2}{\lambda_2} \\ \frac{T_3 - T_4}{q} &= \frac{\delta_3}{\lambda_3} \end{aligned} \right\} \quad (8\text{-}13)$$

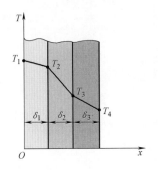

图 8-3　三层平壁

串联热阻叠加原则是有效的，即串联过程的总热阻等于其分热阻的总和。把式（8-13）中三式叠加就得到多层壁的总热阻，即

$$\frac{T_1 - T_4}{q} = \frac{\delta_1}{\lambda_1} + \frac{\delta_2}{\lambda_2} + \frac{\delta_3}{\lambda_3}$$

由此推导得出热流密度的计算公式为

$$q = \frac{T_1 - T_4}{\dfrac{\delta_1}{\lambda_1} + \dfrac{\delta_2}{\lambda_2} + \dfrac{\delta_3}{\lambda_3}} \quad (8\text{-}14)$$

依次类推，n 层多层壁的计算公式是

$$q = \frac{T_1 - T_{n+1}}{\displaystyle\sum_{i=1}^{n} \frac{\delta_i}{\lambda_i}}$$

解得热流密度后，层间分界面上未知温度 T_2 和 T_3 就可利用式（8-13）求出。例如

$$T_2 = T_1 - q \frac{\delta_1}{\lambda_1} \quad (8\text{-}15)$$

$$T_3 = T_2 - q \frac{\delta_2}{\lambda_2} \quad (8\text{-}16)$$

【**例 8-3**】 窑炉炉墙由厚 115mm 的耐火黏土砖和厚 125mm 的 B 级硅藻土砖再加上外敷石棉板叠成。耐火黏土砖的 $\overline{\lambda} = 0.84 + 0.00058\overline{t}$，B 级硅藻土砖的 $\overline{\lambda} = 0.0477 + 0.0002\overline{t}$。已知炉墙内表面温度为 495℃，硅藻土砖与石棉板间的温度为 207℃，试求每平方米炉墙每秒的热损失 q 及耐火黏土砖与硅藻土砖分界面上的温度。

解： 采用图 8-3 的符号，$\delta_1 = 115mm$，$\delta_2 = 125mm$。各层的热导率可按估计的平均温度值算出（第一次估计的平均温度不一定正确，待算得分界面温度后，如发现不对，可修改估计温度，经几次试算，逐步逼近，可得合理估计温度值。这里列出的是几次试算后的结果）：

$$\lambda_1 = 1.16W/(m \cdot ℃)$$

$$\lambda_2 = 0.116W/(m \cdot ℃)$$

代入式（8-14）得每平方米炉墙每秒的热损失为

$$q = \frac{T_1 - T_3}{\frac{\delta_1}{\lambda_1} + \frac{\delta_2}{\lambda_2}} = \frac{768 - 480}{\frac{0.115}{1.16} + \frac{0.125}{0.116}} W/m^2 = 244W/m^2$$

将此 q 值代入式（8-15）得耐火黏土砖与硅藻土砖层分界面温度为

$$T_2 = T_1 - q\frac{\delta_1}{\lambda_1} = \left(768 - 244 \times \frac{0.115}{1.16}\right)K = (768 - 24)K = 744K$$

热阻这个概念不限于导热，对于对流换热、辐射换热以及复合换热等方式也是适用的。

三、圆筒壁和球壁的导热

1. 圆筒壁的导热

圆筒壁在工程上应用很广，如管道、轧机辊子等都是实例。先分析单层圆筒壁的导热。如图 8-4 所示，已知内、外半径分别为 r_1、r_2 的圆筒壁的内、外表面温度分别维持均匀恒定的温度 T_1 和 T_2。假设热导率 λ 等于常数。如果圆筒壁的长度很长，沿轴向的导热就略去不计，而温度仅沿半径方向发生变化，若采用圆柱坐标 (r, θ)，就成为一维导热问题。

导热微分方程式简化为

$$\frac{d}{dr}\left(r\frac{dT}{dr}\right) = 0 \qquad (8-17)$$

边界条件表达式为

$$当 r = r_1 时，T = T_1 \qquad (8-17a)$$

$$当 r = r_2 时，T = T_2 \qquad (8-17b)$$

对式（8-17）积分两次得其通解为

$$T = c_1\ln r + c_2 \qquad (8-17c)$$

积分常数 c_1 和 c_2 由边界条件确定。将边界条件式（8-17a）和式（8-17b）分别代入式（8-17c），联解得

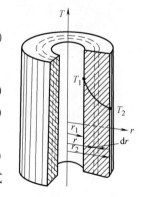

图 8-4 单层圆筒壁

$$c_1 = \frac{T_2 - T_1}{\ln(r_2/r_1)}$$

$$c_2 = T_1 - \frac{T_2 - T_1}{\ln(r_2/r_1)} \ln r_1$$

将解代入式（8-17c）得温度分布为

$$T = T_1 + \frac{T_2 - T_1}{\ln(r_2/r_1)} \ln(r/r_1) \tag{8-18}$$

从式（8-18）不难看出，与平壁中的线性温度分布不同，圆筒壁中的温度分布是对数曲线形式。

解得温度分布后，原则上将 $\mathrm{d}T/\mathrm{d}r$ 代入傅里叶定律即可求得通过圆筒壁的热流量。但要注意在圆筒壁导热中不同 r 处的热流密度 q 在稳态下不是常量，所以有必要采用傅里叶定律的热流量表达式（7-1）：

$$\Phi = -\lambda A \frac{\mathrm{d}T}{\mathrm{d}r} = -\lambda 2\pi r l \frac{\mathrm{d}T}{\mathrm{d}r} \tag{8-19}$$

对式（8-18）求导数可得

$$\frac{\mathrm{d}T}{\mathrm{d}r} = \frac{1}{r} \frac{T_2 - T_1}{\ln(r_2/r_1)}$$

代入式（8-19）即得热流量计算公式，即

$$\Phi = \frac{2\pi\lambda l(T_1 - T_2)}{\ln(r_2/r_1)} \text{或} \ \Phi = \frac{2\pi\lambda l(T_1 - T_2)}{\ln(d_2/d_1)} \tag{8-20}$$

对于圆筒壁，其总面积热阻有下列表达式：

$$R_{\mathrm{t,z}} = \frac{\Delta T}{\Phi} = \frac{\ln(d_2/d_1)}{2\pi\lambda l} \tag{8-21}$$

与分析多层平壁一样，运用串联热阻叠加原则，可得图 8-5 所示的通过多层圆筒壁的热流量为

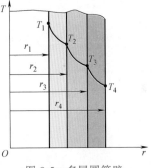

图 8-5 多层圆筒壁

$$\Phi = \frac{2\pi l(T_1 - T_4)}{\ln(d_2/d_1)/\lambda_1 + \ln(d_3/d_2)/\lambda_2 + \ln(d_4/d_3)/\lambda_3} \tag{8-22}$$

【例 8-4】 为了减少热损失和保证安全工作条件，在外径为 133mm 的蒸汽管道外覆盖隔热层。蒸汽管道外表面温度为 400℃，按工厂安全操作规定，隔热材料外侧温度不得超过 50℃。如果采用水泥硅石制品作为隔热材料，并把每米长管道的热损失 Φ/l 控制在 465W/m 以内，试求隔热层厚度。

解：为确定热导率值，先算出隔热材料的平均温度，即

$$\bar{t} = \frac{400 + 50}{2}℃ = 225℃$$

从附录 C 中查出的水泥硅石制品 λ 的表达式，得

$$\overline{\lambda} = 0.103 + 0.000198\overline{t}$$
$$= (0.103 + 0.000198 \times 225) W/(m \cdot \text{℃})$$
$$= 0.148 W/(m \cdot \text{℃})$$

因 $d_1 = 133mm$ 是已知的，要确定隔热层厚度 δ，需先求得 d_2。为求 d_2，将式（8-20）改写成

$$\ln\frac{d_2}{d_1} = \frac{2\pi\lambda}{\dfrac{\Phi}{l}}(T_1 - T_2)$$

$$\ln d_2 = \frac{2\pi\lambda}{\dfrac{\Phi}{l}}(T_1 - T_2) + \ln d_1$$

于是

$$\ln d_2 = \frac{2\pi \times 0.148}{465} \times (673 - 323) + \ln 0.133 = -1.317$$

$$d_2 = 0.268$$

隔热层厚度为

$$\delta = \frac{d_2 - d_1}{2} = \frac{0.268 - 0.133}{2} m$$
$$= 0.0675m = 67.5mm$$

2. 球壁的导热

球壁的导热如图 8-6 所示。已知球壁的内、外半径分别为 r_1、r_2，内、外表面分别维持恒定的均匀温度 T_1 和 T_2。设热导率 $\lambda =$ 常量。现在要求出通过球壁导热的热流量 Φ 的计算公式。

在上述情况下，温度只沿径向变化，在球坐标中为一维导热问题。微分方程式（8-6）简化为

$$\frac{d^2 T}{dr^2} + \frac{2}{r}\frac{dT}{dr} = 0 \qquad (8-23)$$

边界条件为

当 $r = r_1$ 时，$T = T_1$

当 $r = r_2$ 时，$T = T_2$

对式（8-23）积分两次得

$$T = c_2 - \frac{c_1}{r}$$

积分常数 c_1 和 c_2 由边界条件确定

$$c_1 = -\frac{T_1 - T_2}{\dfrac{1}{r_1} - \dfrac{1}{r_2}}$$

$$c_2 = T_1 - \frac{T_1 - T_2}{\dfrac{1}{r_1} - \dfrac{1}{r_2}}\frac{1}{r_1}$$

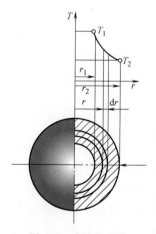

图 8-6　球壁的导热

代入上式得到球壁的温度分布表达式为

$$T = T_1 - \frac{T_1 - T_2}{\frac{1}{r_1} - \frac{1}{r_2}}\left(\frac{1}{r_1} - \frac{1}{r}\right) \tag{8-24}$$

式（8-24）表明，在 λ 为常量时，球壁内的温度按双曲线规律变化。由于热流密度随 r 变化，而总热流量 Φ 不变，因此求取导热量也有必要应用热流量表示的傅里叶定律式（7-1），即

$$\Phi = -\lambda A \frac{\mathrm{d}T}{\mathrm{d}r} = -\lambda(4\pi r^2)\frac{\mathrm{d}T}{\mathrm{d}r} \tag{8-25}$$

对式（8-24）求导数，并代入式（8-25），得到通过球壁导热量的计算公式为

$$\Phi = \frac{4\pi\lambda(T_1 - T_2)}{\frac{1}{r_1} - \frac{1}{r_2}} = \frac{2\pi\lambda\Delta T}{\frac{1}{d_1} - \frac{1}{d_2}} = \pi\lambda\frac{d_1 d_2}{\delta}\Delta T \tag{8-26}$$

式中　δ——球壁厚度。

【例 8-5】　测定颗粒状材料常用的球壁导热仪如图 8-7 所示。它被用来测定砂子的热导率。两同心球壳由薄纯铜板制成，其导热热阻可忽略不计。内外层球壳之间填满砂子，内层球壳中装有电热丝，通电后所产生的热量通过内层球壁、被测材料层及外球壁向外散出，在工况稳定后读取数据。在试验中测得 T_1、T_2 分别为 85.5℃ 及 45.7℃，通过电热丝的电流 I 为 251mA，电压 U 为 52V。已知内、外球壳直径 d_1、d_2 分别为 80mm 和 160mm，试求砂子的热导率。

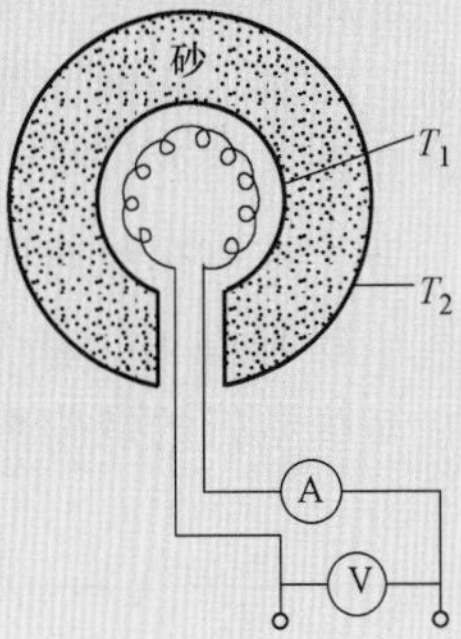

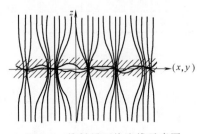

图 8-7　球壁导热仪

解：　　　　$\Phi = IU = 0.251 \times 52\mathrm{W} = 13.1\mathrm{W}$

由式（8-26）　　$\lambda = \dfrac{\Phi\delta}{\pi d_1 d_2 \Delta T}$

$$= \frac{13.1 \times 0.04}{\pi \times 0.08 \times 0.16 \times (85.5 - 45.7)}\mathrm{W/(m \cdot ℃)}$$

$$= 0.327\mathrm{W/(m \cdot ℃)}$$

四、接触热阻

当两个看起来很平的固体表面相互接触时，实际上仅仅发生在一些离散的面积上，如图 8-8 所示。若这些离散接触面积之外的间隙空间为真空时，穿过互不接触的这些界面间隙的辐射换热是非常小的。全部热流线将收缩而从这些离散的接触面积通过。这种热流线的收缩表现出接触界面存在着热阻。如果界面的间隙中充满流体，由于间隙薄而界面温差不大，对流难以开展，所以对流换热也可以忽略不计。不过穿过流体层的导热方式还起

图 8-8　接触界面热流线示意图

一定作用，因此接触界面的热阻将比真空时小。通常把接触界面产生的热阻称为**接触热阻**。

由以上讨论可知，接触热阻 R_t 由下列几个热阻并联组成：由于导热接触面积减小引起热流线收缩而产生的热阻 R_s，流体的导热热阻 R_f 和穿过界面间隙的辐射热阻 R_τ。于是有

$$\frac{1}{R_t} = \frac{1}{R_s} + \frac{1}{R_f} + \frac{1}{R_\tau} \tag{8-27}$$

考察两根端面相接触的固体棒，如图 8-9a 所示。当非接触的两个端面的温度不同时，必有热量从高温端向低温端传递。设除端面外两棒其余周界都是绝热的，则热量仅沿棒的轴向传递。在接触界面区，由于接触面积的减小，局部热流是三维的。然而，离开界面一小段之外，热流仍是一维的，并可以完全按照一维导热公式确定其温度分布。若棒材的热导率为常量时，棒中温度分布为直线。将棒的温度分布线外延至接触面，会出现图 8-9b 所示的温度差 ΔT_c。按热阻定义式，界面接触热阻可表示为

$$R_t = \frac{\Delta T_c}{q} \tag{8-28}$$

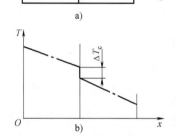

式中 q——热流密度（W/m^2）。

接触热阻主要依靠试验测定。表 8-1 给出一些实测数据，反映了接触面粗糙度、界面间隙是否为真空及有无填片等不同条件的影响，可供参考。

为了减小接触热阻，可在接触界面上加一片薄铜皮或其他延展性好、热导率高的材料，或涂一薄层硅油。这些简单易行的措施都能收到显著的效果。

图 8-9 接触热阻示意图
a）两棒接触 b）温度分布

表 8-1 几种不同条件下的接触热阻

接触件材料及 界面加工状况	界面间隙中的 介质及有无填片	表面粗糙度 /μm	温度 /℃	压力 /10^{-5}Pa	接触热阻/ [（$m^2 \cdot ℃$）/W]
铝/铝,界面磨光	空气,无填片	2.54	150	12~25	0.88×10^{-4}
铝/铝,界面磨光	空气,无填片	0.25	150	12~25	0.18×10^{-4}
铝/铝,界面磨光	空气,有 0.025mm 厚的黄铜填片	2.54	150	12~200	1.23×10^{-4}
铜/铜,界面磨光	空气,无填片	1.27	20	12~200	0.07×10^{-4}
铜/铜,界面铣平	空气,无填片	3.81	20	10~50	0.18×10^{-4}
铜/铜,界面磨光	空气,无填片	0.25	30	7~70	0.88×10^{-4}

五、肋片导热分析

肋片是依附于基础表面上的扩展表面。肋片有很多不同的形状，几种典型的肋片结构如图 8-10 所示。肋片可由管子整体轧制或缠绕、嵌套金属薄片制成，制造的方法有焊接、浸镀或胀管等。在换热器、内燃机或电子元件中常用肋片来增强传热效果。

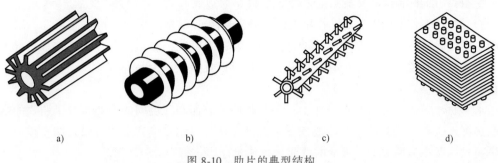

图 8-10　肋片的典型结构

a）直肋　b）环肋　c）针肋　d）大套片

肋片能强化传热有两个原因：一是扩展表面增加了传热面积；二是扩展表面的存在破坏了对流边界层，增加了流体的扰动，使传热效果增强。

肋片导热和平壁及圆筒壁的导热有很大的区别，其基本特征是在肋片伸展的方向上有表面的对流换热及辐射换热，因而热流量沿传递方向不断变化。另外，肋片表面所传递的热量都来自（或进入）肋片根部，即肋片与基础表面的相交面。分析肋片导热的目的是要得到肋片的温度分布和通过肋片的热流量。

1. 通过等截面直肋的导热

图 8-11 所示为从图 8-10a 中取出的一矩形肋片，肋的高度为 H，厚度为 δ，宽度为 l，与高度方向垂直的横截面积为 A_c，横截面的周长为 P。设肋片根部的温度 t_0 已知，周围流体温度为 t_∞，肋片与环境之间有对流和辐射换热，表面复合传热系数为 α。为了简化分析，进行如下合理假定：

1）肋片在宽度 l 方向很长，可不考虑温度沿该方向的变化，当考虑单位宽度肋片时，$l=1$。

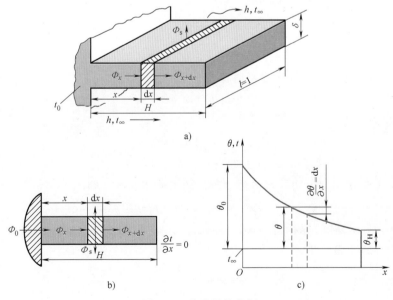

图 8-11　肋片导热分析

2）材料的热导率 λ 及表面复合传热系数 α 为常数。

3）肋片的导热热阻 δ/λ 与肋片表面的对流热阻 $1/\alpha$ 相比很小，可以忽略；一般肋片都用金属材料制造，热导率很大，肋片很薄，基本上都能满足这一条件；在这种情况下肋片的温度只沿高度方向发生变化，肋片的导热可以近似地认为是一维的，温度仅沿 x 方向变化。

求解肋片导热问题有两种方法：一种是将肋片表面和环境间的换热等效于肋片的内热源或热沉，按有内热源的导热问题来求解；另一种是应用傅里叶定律对微元体直接列出能量平衡式。考虑如图 8-11b 所示的微元，由能量守恒，有

$$\Phi_x = \Phi_{x+dx} + \Phi_s \tag{8-29}$$

式中　　Φ_x——导入微元的热量；

Φ_{x+dx}——导出微元的热量；

Φ_s——微元和环境间的换热。

由傅里叶定律和牛顿冷却公式，式（8-29）中各项分别为

$$\Phi_x = -\lambda A_c \frac{dt}{dx}$$

$$\Phi_{x+dx} = \Phi_x + \frac{d\Phi_x}{dx}dx = -\lambda A_c \frac{dt}{dx} - \lambda A_c \frac{d^2 t}{dx^2}dx$$

式中　　A_c——截面面积，微元和环境间的换热为

$$\Phi_s = \alpha P dx (t - t_\infty)$$

式中　　P——肋片横截面周长。将上面各项代入式（8-29），得

$$\lambda A_c \frac{d^2 t}{dx^2} = \alpha P (t - t_\infty) \tag{8-30}$$

令 $m = \sqrt{\dfrac{\alpha P}{\lambda A_c}}$，$\theta = t - t_\infty$，则式（8-30）变为

$$\frac{d^2 \theta}{dx^2} = m^2 \theta \tag{8-31}$$

这是一个二阶线性齐次常微分方程，通解为

$$\theta = c_1 e^{mx} + c_2 e^{-mx}$$

$x=0$ 处的边界条件为

$$当\ x=0\ 时,\ \theta = \theta_0 = t_0 - t_\infty$$

另一边界条件取决于肋片端部 $x=H$ 处的条件，有如下三种可能：

1）肋片高度 H 很大，肋片端部温度趋近周围流体温度，即

$$当\ x=\infty\ 时,\ \theta = \theta_0 = t_0 - t_\infty$$

2）肋片为有限高度，端部和周围流体换热。

3）肋片端部绝热，即

$$当\ x=H\ 时,\ \frac{d\theta}{dx} = \frac{dt}{dx} = 0$$

第一种情况下的特解很简单，积分常数为

$$c_1 = 0, \quad c_2 = \theta_0$$

肋片的温度分布为

$$\theta = \theta_0 e^{-mx} \tag{8-32}$$

第二种情况下的特解相对复杂，最后的结果为

$$\theta = \theta_0 \frac{\cosh\left[m(H-x)\right] + h/(m\lambda)\sinh\left[m(H-x)\right]}{\cosh(mH) + h/(m\lambda)\sinh(mH)} \tag{8-33}$$

其中双曲函数的定义为

$$\cosh(x) = \frac{e^x + e^{-x}}{2}, \quad \sinh(x) = \frac{e^x - e^{-x}}{2}, \quad \tanh(x) = \frac{\sinh(x)}{\cosh(x)}$$

相比之下，第三种情况假定肋片端部绝热最实用，得出的结果相对简单。由于肋片端部面积较小，这一假定所带来的误差不大。先由边界条件确定积分常数，即

当 $x=0$ 时，$\theta_0 = c_1 + c_2$

当 $x=H$ 时，$\theta = c_1 e^{mH} - c_2 e^{-mH}$

解得

$$c_1 = \frac{\theta_0}{1 + e^{2mH}}, \quad c_2 = \frac{\theta_0 e^{2mH}}{1 + e^{2mH}}$$

故温度分布为

$$\theta = \theta_0 \frac{e^{mx} + e^{2mH} e^{-mx}}{1 + e^{2mH}} = \theta \frac{\cosh\left[m(x-H)\right]}{\cosh(mH)} \tag{8-34}$$

此温度分布曲线如图 8-11c 所示。当 $x=H$ 时，有

$$\theta_H = \theta_0 \frac{\cosh(0)}{\cosh(mH)} = \frac{\theta_0}{\cosh(mH)}$$

现在来计算肋片表面的传热量。从肋片的结构可知，由肋片表面散入外界的全部热量都必须通过 $x=0$ 处的肋片根部截面，有

$$\Phi_{x=0} = -\lambda A_c \left(\frac{d\theta}{dx}\right)_{x=0} = \frac{\alpha P}{m} \theta_0 \tanh(mH) \tag{8-35}$$

为了表征肋片散热的有效程度，经常要用到肋效率的概念。肋效率 η_f 定义为

$$\eta_f = \frac{肋表面实际散热量}{假设整个肋表面处于肋根温度下的散热量}$$

对于等截面直肋，其肋效率为

$$\eta_f = \frac{\dfrac{\alpha P}{m} \theta_0 \tanh(mH)}{\alpha P H \theta_0} = \frac{\tanh(mH)}{mH}$$

故肋效率与 (mH) 有关，即与肋片的几何参数、材料的热导率及表面传热系数有关。

由于肋片宽度 l 比厚度 δ 大得多，可取单位长度 $(l=1)$，这时

$$P = 2 + 2\delta \approx 2$$

$$mH = \sqrt{\frac{\alpha P}{\lambda A_c}} H = \sqrt{\frac{2\alpha}{\lambda \delta}} H = \sqrt{\frac{2\alpha}{\lambda \delta H}} H^{3/2} = \sqrt{\frac{2\alpha}{\lambda A_L}} H^{3/2}$$

式中 A_L——肋片纵剖截面面积，$A_L = \delta H$。

这样肋效率 η_f 既可表示为 mH 的函数，也可表示为 $[2\alpha/(\lambda A_L)]^{1/2} H^{3/2}$ 的函数。矩形及三角形直肋的效率曲线如图8-12所示。由图8-12可知，mH 越大，肋效率越低。

对于矩形肋，由 mH 的表达式可知影响矩形肋效率的主要因素有如下几种：

1) 肋片材料的热导率 λ。热导率越大，肋片效率越高。

2) 肋片高度 H。肋片越高，肋片效率越低，故肋片不宜太高。

3) 肋片厚度 δ。肋片越厚，肋片效率越高。

4) 表面传热系数 α。α 越大，即对流换热越强，肋片效率越低，因此总是在表面传热系数较低的一侧加装肋片。

在上面的分析中假设肋端面的散热量为零。对于工程中采用的大多数薄而高的肋片来说，用上述公式进行计算已足够准确。如果必须考虑肋端面的散热，也可以采用近似修正方法，将肋端面面积折算到侧面上，这时可用假想肋高 $H' = H + \delta/2$ 代替实际肋高 H。

2. 通过环肋及三角形截面直肋的导热

对环肋和三角形肋片，理论分析表明，肋片效率 η_f 也是 mH 的函数，通常将 η_f 与 mH 或 $[2\alpha/(\lambda A_L)]^{1/2} H^{3/2}$ 的关系绘制成图表。

三角形直肋和环肋的效率曲线如图8-12所示。三角形直肋无须进行长度修正。

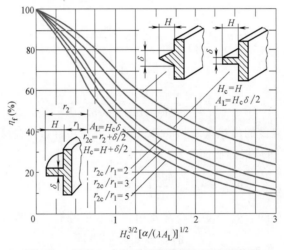

图 8-12　矩形、三角形及环形肋片的效率曲线

第三节　二维稳态导热

在许多实际问题中，一维导热的简化分析方法不能满足工程计算的需要，必须引入多维稳态导热。稳态导热的温度分布将是两个或三个空间坐标的函数，称为二维或三维稳态导热。相应的导热方程是包含两个或三个自变量的偏微分方程。

多维稳态导热有多种分析求解方法，其中分离变量法是广泛采用的经典而有效的方法，本节主要讨论二维稳态导热分离变量法的分析求解。

半无限大平板内的温度分布如图 8-13 所示。半无限大平板是指该平板位于 x-y 平面内，x 方向为有限尺寸 L，y 方向一直延伸至 $y=\infty$ 的平板。

因平板很薄，认为 $\dfrac{\partial T}{\partial z}=0$，可忽略不计，显然这是典型的二维导热问题。

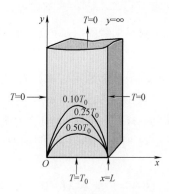

图 8-13　半无限大平板内
的温度分布

对于半无限大平板来说，温度场是二维的。在稳态下它必须满足方程：

$$\frac{\partial^2 T}{\partial x^2}+\frac{\partial^2 T}{\partial y^2}=0 \tag{8-36}$$

其边界条件为

$$当\ x=0\ 时，\quad T=0 \tag{8-37a}$$

$$当\ x=L\ 时，\quad T=0 \tag{8-37b}$$

$$当\ y=\infty\ 时，\quad T=0 \tag{8-37c}$$

$$当\ y=0\ 时，\quad T=T_0（均匀） \tag{8-37d}$$

应用分离变量法求解时，首先需要求出下列形式的乘积解：

$$T(x,y)=X(x)Y(y)$$

式中　X——仅是 x 的函数；

　　　Y——仅是 y 的函数。

把上式代入式（8-36），则

$$Y\frac{\mathrm{d}^2 X}{\mathrm{d}x^2}+X\frac{\mathrm{d}^2 Y}{\mathrm{d}y^2}=0 \tag{8-37e}$$

将上式变量分离得

$$-\left(\frac{1}{X}\right)\left(\frac{\mathrm{d}^2 X}{\mathrm{d}x^2}\right)=\left(\frac{1}{Y}\right)\left(\frac{\mathrm{d}^2 Y}{\mathrm{d}y^2}\right) \tag{8-37f}$$

由于 Y 仅是 y 的函数，故上式右端与 x 无关。因此，其左端也与 x 无关，而必等于一常数。同样，其左端与 y 无关，这就需要等式右端也与 y 无关。因此，两端等于一任意常数（设为 λ^2），这个常数 λ^2 称为分离常数。于是

$$\frac{\mathrm{d}^2 X}{\mathrm{d}x^2}+\lambda^2 X=0 \tag{8-37g}$$

$$\frac{\mathrm{d}^2 Y}{\mathrm{d}y^2}-\lambda^2 Y=0 \tag{8-37h}$$

上两式为常系数齐次线性方程。令 $X=\mathrm{e}^{ax}$ 和 $Y=\mathrm{e}^{by}$，分别代入式（8-37g）和式（8-37h），可求得这类方程的解。对于式（8-37g），$a=\pm\mathrm{i}\lambda$，其通解为

$$X=C_1'\mathrm{e}^{\mathrm{i}\lambda x}+C_2'\mathrm{e}^{-\mathrm{i}\lambda x}$$

利用恒等式，$\mathrm{e}^{\pm\mathrm{i}\lambda x}=\cos\lambda x\pm\mathrm{i}\sin\lambda x$，则通解可写成更为通用的形式，为

$$X = C_1 \cos(\lambda x) + C_2 \sin(\lambda x) \tag{8-38}$$

对于式（8-37h），$b = \pm\lambda$，其通解为

$$Y = C_3 e^{\lambda y} + C_4 e^{-\lambda y} \tag{8-39}$$

按最初的假定，此拉普拉斯方程式的通解为式（8-38）和式（8-39）的乘积。

现在来考虑式（8-37a~d）中 x 及 y 的边界条件。对于式（8-38），为满足边界条件式（8-37a），当 $x = 0$ 时，X 必须为 0，因此 $C_1 = 0$。同样，当满足边界条件式（8-37b），当 $x = L$ 时，X 必须为 0。因此

$$\sin(\lambda L) = 0 \tag{8-40a}$$

式（8-40a）要求 $\lambda L = 0$、π、2π、3π 等，写成一般形式为 $\lambda_n = n\pi/L$，式中，$n = 0$、1、2、3 等。

根据已讨论的 x 的两个边界条件，可得

$$X = C_2 \sin \frac{n\pi x}{L} \tag{8-40b}$$

对于任何 λ_n 值，显然式（8-40b）均能满足式（8-37g）；$\sin(\lambda L) = 0$ 值之和也应满足式（8-37g）。因此，可写成

$$X = \sum_{n=0}^{\infty} C_n \sin \frac{n\pi x}{L}$$

在利用式（8-37c）的 y 的边界条件时，则要求式（8-39）中的 $C_3 = 0$。于是

$$Y = C_4 e^{-\lambda y} = C_4 e^{-(n\pi/L)y}$$

故乘积解为

$$T = XY = \sum_{n=0}^{\infty} A_n e^{-(n\pi/L)y} \sin \frac{n\pi x}{L} \tag{8-41}$$

式中 A_n——所涉及的全部常数。

根据最后一个 y 的边界条件式（8-37d），可将式（8-41）写成

$$T_0 = \sum_{n=0}^{\infty} A_n \sin \frac{n\pi x}{L} \tag{8-42}$$

为了确定所有的 A_n 值，可在上式两边同乘以 $\sin(m\pi x/L)$（m 为 n 的一个特定积分值），然后在 $x = 0$ 和 $x = L$ 之间积分：

$$T_0 \int_{x/L=0}^{L} \sin\left[m\pi\left(\frac{x}{L}\right) \right] d\left(\frac{x}{L}\right)$$

$$= \int_{x/L=0}^{L} \sum_{n=0}^{\infty} A_n \sin\left[n\pi\left(\frac{x}{L}\right) \right] \sin\left[m\pi\left(\frac{x}{L}\right) \right] d\left(\frac{x}{L}\right)$$

由定积分表可知，上式右边的所有积分，除 $n = m$ 外，对所有 n 值均为 0；当 $n = m$ 时，其值为 $A_n/2$。左边的积分值为 $2/(n\pi)$，$n = 1$、3、5…

故

$$A_n = \frac{4T_0}{n\pi}, \quad n \text{ 为奇数}$$

最终解为

$$\frac{T}{T_0} = \sum_{n=0}^{\infty} \frac{4}{n\pi} e^{-(n\pi/L)y} \sin\frac{n\pi x}{L} \tag{8-43}$$

与式（8-43）相应的等温线绘于图 8-13 中。对于同样的半无限大平板，如果边界条件不同，则平板内的温度分布也不相同。

上述的分离变量法，还可推广应用到三维导热的情况。其方法也是假设 $T = X(x) Y(y) Z(z)$，并将它代入适当的微分方程式中。当这三个变量进行分离后，可得到三个二次常微分方程式，在给定的边界条件下对其积分，即可得到其分析解。实际上，往往由于几何形状和边界条件的复杂性，采用分离变量法求解很困难。

第四节　非稳态导热的基本概念与集总参数法

一、非稳态导热的基本概念

非稳态导热的微分方程式及其定解条件在第一节中已详细讨论过，它们是求解所有非稳态导热问题的基础。在这里，首先分析非稳态导热过程的特征及明确要解决的问题。

以一块半无限大平板的导热为例，其初始温度均匀并等于室温 T_0，其表面被突然加热。参看图 8-14，起初表面温度 T_W 开始上升，而中心温度仍为初始的温度 T_0。然后随着时间的推移，温度变化波及范围不断扩大，导致内部温度也开始上升。经历一段时间后，整个平板温度趋近并最终达到热的平衡状态。以上分析表明：

1）物体内温度的变化，存在着部分物体不参与变化和整个物体参与变化两个阶段。

2）不同位置达到指定温度的时间不同，这是非稳态导热问题求解的重要任务。

3）在热量传递的过程中，由于物体本身的温度变化要积蓄（或放出）热量，传热开始时这份热量较大，随着物体温度的变化，这份热量逐渐减小，在热平衡状态下降为零。即积蓄（或放出）的热量是随时间而变化的，这也是非稳态导热问题求解的任务。

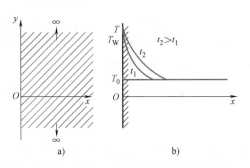

图 8-14　表面温度跃升后的温度变化示意图
a）半无限大物体的示意图
b）半无限大物体内的温度场

在进行非稳态导热时，若物体所处的边界条件是对流边界条件，则分析时存在两个热阻：一个是边界对流热阻，另一个是物体内部的导热热阻。设有一块厚度为 2δ 的大平壁，热导率为 λ，初始温度为 T_0，突然将它置于温度为 T_∞ 的流体中冷却，表面传热系数为 α。考虑面积热阻时，物体内部导热热阻为 δ/λ，边界对流热阻为 $1/\alpha$。这两个热阻的相对值会有三种不同的情况：① $1/\alpha \ll \delta/\lambda$；② $1/\alpha \gg \delta/\lambda$；③ $1/\alpha \approx \delta/\lambda$。对应的非稳态温度场在平板中会有以下三种情况（图 8-15）。

（1）$1/\alpha \ll \delta/\lambda$　这时对流热阻很小，平壁表面温度一开始就和流体温度基本相同，传热热阻主要表现为平壁内部的导热热阻，故内部存在温度梯度。随着时间的推移，平壁的总体温度逐渐降低，如图 8-15a 所示。

（2）$1/\alpha \gg \delta/\lambda$　这时传热热阻主要是边界对流热阻，因而平壁表面和流体存在明显的温差。这一温差随着时间的推移和平壁总体温度的降低而逐渐减小，由于这时导热热阻很小，可以忽略不计，故同一时刻平壁内部的温度可近似认为是相同的，如图 8-15b 所示。

（3）$1/\alpha \approx \delta/\lambda$　由于导热热阻和对流热阻是同一量级，都不能忽略不计，因而，一方面，平壁表面和流体存在温差，另一方面，平壁内部也存在温度梯度，如图 8-15c 所示。

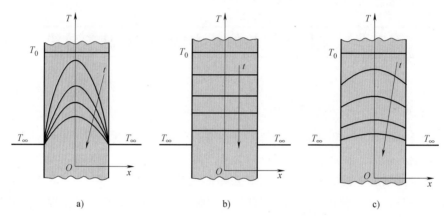

图 8-15　不同情况下的非稳态温度场

a）$1/\alpha \ll \delta/\lambda$　b）$1/\alpha \gg \delta/\lambda$　c）$1/\alpha \approx \delta/\lambda$

由上面的分析可知，平壁的非稳态温度分布完全取决于导热热阻和对流热阻的比值，可用一特征数来表示这一比值。所谓特征数，它是表征某一类物理现象或物理过程特征的量纲为一的数，又称相似准则数。

毕渥（Biot）数用 Bi 表示，定义为导热热阻与对流热阻的比值，即

$$Bi = \frac{\delta/\lambda}{1/\alpha} = \frac{\alpha\delta}{\lambda} \tag{8-44}$$

式中　δ——特征长度，这里的特征长度定义为平板厚度的一半。

由毕渥数的定义可知，在上面第二种情况下，即当 Bi 很小时，同一时刻平壁内部的温度分布近似均匀（或可将平壁看作薄材），这时求解非稳态导热问题变得相当简单，温度分布只与时间有关，与空间位置无关。这就是集总参数法的基本思想。

二、集总参数法（薄材分析法）

根据上面的讨论，当 Bi 很小时，物体内部的导热热阻远小于其表面的对流换热热阻，因而物体内部各点的温度在任一时刻都趋于均匀，物体的温度只是时间的函数，与坐标无关，对于这种情况下的非稳态导热问题，只需求出温度随时间的变化规律，以及在温度变化过程中物体放出或吸收的热量。这种忽略物体内部导热热阻的简化分析方法称为集总参数法，即把质量与热容汇总到一点。根据式（8-44），在以下三种情况下 Bi 的值将很小：①物体的热导率相当大；②所讨论物体的几何尺寸很小；③表面传热系数很小。这几种情

况都可以使用集总参数法求解非稳态导热问题。

1. 温度函数

设有一任意形状的物体，如图 8-16 所示，体积为 V，表面面积为 A，密度 ρ、比热容 c 及热导率 λ 为常数，无内热源，初始温度为 T_0。过程开始时突然将该物体放入温度恒定为 T_∞ 的流体之中，物体表面和流体之间对流换热的表面传热系数 α 为常数，需要确定该物体在冷却过程中温度随时间

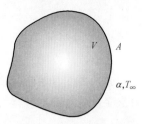

图 8-16　集总参数法示意图

的变化规律以及放出的热量。通常情况下这是一个多维的非稳态导热问题。现假定此问题可以用集总参数法进行分析。

由能量守恒，单位时间物体热力学能的变化量应该等于物体表面与流体之间的对流换热量，即

$$V\rho c \frac{\mathrm{d}T}{\mathrm{d}t} = -\alpha A (T - T_\infty)$$

引入过余温度 $\theta = T - T_\infty$，上式变为

$$\rho c V \frac{\mathrm{d}\theta}{\mathrm{d}t} = -\alpha A \theta \tag{8-45}$$

由初始温度为 T_0 可得出初始条件为

$$\theta(0) = T_0 - T_\infty = \theta_0$$

对式（8-45）分离变量，有

$$\frac{\mathrm{d}\theta}{\theta} = -\frac{\alpha A}{\rho c V}\mathrm{d}t$$

对上式两边积分得

$$\int_{\theta_0}^{\theta} \frac{\mathrm{d}\theta}{\theta} = -\int_0^t \frac{\alpha A}{\rho c V}\mathrm{d}t$$

得出其解为

$$\ln\frac{\theta}{\theta_0} = -\frac{\alpha A}{\rho c V}t$$

或

$$\frac{\theta}{\theta_0} = \exp\left(-\frac{\alpha A}{\rho c V}t\right) \tag{8-46}$$

式（8-46）中指数部分可进行如下变换：

$$-\frac{\alpha A}{\rho c V}t = -\frac{\alpha V \lambda A^2}{\lambda A \rho c V^2}t = -\frac{\alpha(V/A)}{\lambda}\frac{at}{(V/A)^2} = -BiFo$$

V/A 具有长度量纲，可作为特征长度，记为 l；$\alpha l/\lambda$ 为毕渥数 Bi；

at/l^2 是另一量纲为一的量，称为傅里叶数，记为 Fo。

很容易计算出，对于厚度为 2δ 的无限大平壁，$l = \delta$；对于半径为 R 的圆柱，$l = R/2$；对于半径为 R 的圆球，$l = R/3$。这样，整个指数是量纲为一的，它是两个特征数的乘积。由集总参数法得出的物体温度随时间的变化关系为

$$\frac{\theta}{\theta_0} = \frac{T-T_\infty}{T_0-T_\infty} = \exp(-BiFo) \qquad (8-47)$$

式（8-47）表明，物体的过余温度 θ 按负指数规律变化，在过程的开始阶段，θ 变化很快，这是由于开始阶段物体和流体之间的温差大，传热速度快。随着温差的减小，θ 变化的速度也就越来越缓慢，如图 8-17a 所示。

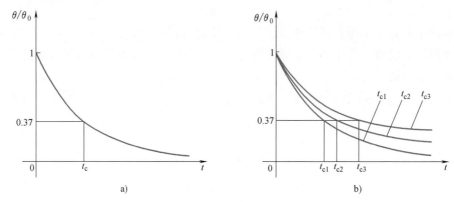

图 8-17　过余温度随时间的变化

2. 时间常数

进一步对式（8-46）指数部分进行分析可以发现，指数中 $\frac{\alpha A}{\rho c V}$ 与时间倒数 $\frac{1}{t}$ 的量纲相同，当 $t = \frac{\rho c V}{\alpha A}$ 时，由式（8-46）可得

$$\frac{\theta}{\theta_0} = \frac{T-T_\infty}{T_0-T_\infty} = e^{-1} = 36.8\%$$

故定义

$$t_c = \frac{\rho c V}{\alpha A}$$

为时间常数，记为 t_c。这样，当 $t = t_c$ 时，物体的过余温度为初始过余温度的 36.8%。时间常数越小，过余温度变化到特定值所需要的时间就越短，表明物体的温度变化就越快，物体也就迅速地接近周围流体的温度，如图 8-17b 所示。这说明，时间常数反映物体对周围环境温度变化响应的快慢，时间常数小的响应快，时间常数大的响应慢。

由时间常数的定义可知，影响时间常数大小的主要因素是物体的热容 $\rho c V$ 和物体表面的对流换热条件 αA。物体的热容越小，表面的对流换热越强，物体的时间常数越小。时间常数反映了两种影响的综合效果。利用热电偶测量流体温度，总是希望热电偶的时间常数越小越好，因为时间常数越小，热电偶越能迅速地反映被测流体的温度变化，所以，热电偶端部的接点总是做得很小，用其测量流体温度时，总是设法强化热电偶端部的对流换热。

如果几种不同形状的物体都用同一种材料制作，并且和周围流体之间的表面传热系数相同，都满足使用集总参数法的条件，则由式（8-47）可以看出，单位体积表面积越大的物体，时间常数越小，在初始温度相同的情况下放在温度相同的流体中被冷却（或加热）的速度越快。例如，在体积一定和其他条件相同时，所有形状中圆球的表面积最小，因而圆球的时间常数最大，冷却（或加热）速度最慢。而做成其他形状，如柱体或长方体，则可使时间常数变小，冷却（或加热）速度加快。

物体温度随时间的变化规律确定之后，就可以计算物体和周围环境之间交换的热量。在 t 时刻，表面热流量为

$$\Phi = \alpha A (T - T_\infty)$$

由式（8-47）可得

$$\Phi = \alpha A (T_0 - T_\infty) \exp(-BiFo)$$

从 $t=0$ 到 t 时刻所传递的总热量为

$$Q = \int_0^t \Phi \mathrm{d}t = (T_0 - T_\infty) \int_0^t \alpha A \exp\left(-\frac{\alpha A}{\rho c V} t\right) \mathrm{d}t$$

$$= (T_0 - T_\infty) \rho c V \left[1 - \exp\left(-\frac{\alpha A}{\rho c V} t\right)\right]$$

$$= \rho c V \theta_0 \left(1 - \frac{\theta}{\theta_0}\right) = \rho c V \theta_0 (1 - \mathrm{e}^{-BiFo})$$

令 $Q_0 = \rho c V \theta_0$，表示物体温度从 T_0 变化到周围流体温度 T_∞ 所放出或吸收的总热量，则从 $t=0$ 到 t 时刻物体所传递的总热量为

$$Q = Q_0 (1 - \mathrm{e}^{-BiFo}) \tag{8-48}$$

上面的分析不管对物体冷却还是加热都适用。式（8-48）中 Q 的正值表示 $T_0 - T_\infty > 0$，物体是被冷却的，负值表示物体是被加热的。

在本节前面已经指出，$Bi = (\delta/\lambda)/(1/\alpha)$ 是物体内部的导热热阻和表面对流热阻之比，即内外热阻之比，Bi 越小，表明内部导热热阻越小，或外部热阻越大，从而内部温度就越均匀，用集总参数法计算所得的误差就越小。在用热电偶测温时，一般使 Bi 为 0.001 量级或更小，这时集总参数法是非常准确的。

分析指出，对于形如平板、柱体和球这一类的物体，若

$$Bi = \frac{\alpha(V/A)}{\lambda} < 0.1M \tag{8-49}$$

则物体中各点过余温度的偏差小于 5%，可以近似使用集总参数法。

式中　M——与形状有关的因子，对于无限大平板，$M=1$；对于无限长圆柱，$M=1/2$；对于球体，$M=1/3$。

前面已得出：对于厚度为 2δ 的无限大平壁，$l=V/A=\delta$；对于半径为 R 的圆柱，$l=R/2$；对于半径为 R 的球体，$l=R/3$。故对于厚度为 2δ 的大平壁，半径为 R 的长圆柱和半径为 R 的球体，若特征长度分别取 δ 和 R，则式（8-49）可统一为 $Bi<0.1$。

现在不妨再来讨论一下傅里叶数的物理意义，则定义

$$Fo = \frac{t}{l^2/a}$$

式中　t——到计算时刻为止所用的时间。

分母中，由于 a 是热扩散系数，因此分母可视为热扰动扩散到 l^2 面积上所需的时间。这样，Fo 越大，热扰动就越深入地传播到物体内部，物体的温度就越接近周围介质的温度。

【例8-6】 将一个初始温度为800℃、直径为100mm的钢球投入50℃的液体中冷却，表面传热系数 $\alpha = 50\text{W}/(\text{m}^2 \cdot \text{℃})$。已知钢球的密度 $\rho = 7800\text{kg}/\text{m}^3$，比热容 $c_p = 470\text{J}/(\text{kg} \cdot \text{℃})$，热导率为35W/(m·℃)。试求钢球中心温度达到100℃所需要的时间。

解： 首先判断能否用集总参数法求解，毕渥数为

$$Bi = \frac{\alpha(R/3)}{\lambda} = \frac{50 \times (0.05/3)}{35} = 0.0238 < \frac{0.1}{3}$$

故可以用集总参数法求解。根据式（8-47），有

$$\frac{\theta}{\theta_0} = \frac{T - T_\infty}{T_0 - T_\infty} = e^{-BiFo}$$

将已知条件代入上式，得

$$\frac{100 - 50}{800 - 50} = e^{-0.0238Fo}$$

可解得 $Fo = 113.78$，即

$$\frac{at}{(R/3)^2} = 113.78$$

由此可得

$$t = \frac{113.78(R/3)^2}{\dfrac{\lambda}{\rho c_p}} = \frac{113.78 \times (0.05/3)^2}{\dfrac{35}{7800 \times 470}}\text{s} = 3311\text{s} \approx 55\text{min}$$

即钢球中心温度达到100℃需要55min。

第五节 一维非稳态导热

上节的集总参数法求解简单，但要求 Bi 必须满足条件：$Bi < 0.1M$。当此条件不满足时，必须考虑物体的几何形状及大小，采用其他方法求解。

一、第一类边界条件——表面温度为常数

一维导热典型的简单几何形状，除了平壁、圆筒壁和球壁以外，还有半无限大物体。所谓半无限大物体，是指物体一端为一平面，而另一端延伸至无限远的物体。数学上，取平面界面为 y 坐标轴，界面法线方向取为 x 坐标轴，则半无限大物体占有 $x \geq 0$、y 从 $-\infty$ 至 ∞ 的区域（图8-14a）。半无限大物体是实际问题的理想化典型，有其重要意义。对于有限厚度的平壁单面受热时，只要平壁的另一侧未受到升温波及，就可应用半无限大物体

的理论公式。比如，铸造中砂型的受热升温，只要在工程上有意义的时间内砂型外侧未被升温波及，就可以用半无限大物体进行分析。这里将以半无限大物体作为讨论对象。

1. 温度场的求解

常物性一维非稳态导热适用的微分方程为

$$\frac{\partial T}{\partial t} = a \frac{\partial^2 T}{\partial x^2} \tag{8-50}$$

非稳态导热过程开始以前，物体处于一定的环境温度 T_0，故初始条件可表示成

$$当 t = 0 时，\quad T = T_0 = 定值 \tag{8-50a}$$

对最简单的第一类边界条件进行分析，即过程开始时，壁表面温度瞬时升高并维持在恒定的温度 T_W：

$$当 t > 0 时，x = 0 处，\quad T = T_W = 定值 \tag{8-50b}$$

微分方程式在上述初始及边界条件下的理论解为

$$\frac{T_W - T}{T_W - T_0} = \text{erf}\left(\frac{x}{2\sqrt{at}}\right) = \text{erf}(N) \tag{8-51}$$

或

$$T = T_W + (T_0 - T_W)\,\text{erf}(N) \tag{8-52}$$

上两式中，$N = x/(2\sqrt{at})$，$\text{erf}(N)$ 为高斯误差函数，它的数值可按 N 值从附录 A 中查出。上两式既可用来计算某时刻 t、特定点 x 处的温度，也可反过来计算上述 x 处达到某一温度 T 所需的时间。

按式（8-52）所描绘出的不同时刻半无限大物体内的温度场如图 8-14b 所示。随着时间的延长，表面温度变化所波及的深度不断增加。高斯误差函数的性质如图 8-18 所示。由图 8-18 可以看出，当 $N = 2.0$ 时，$(T_W - T)/(T_W - T_0) \approx 1$，即 $T = T_0$。换句话说，可以认为，由 $N = 2$ 确定的 x 点处温度尚未发生变化。从 $N = x/(2\sqrt{at}) = 2.0$ 的关系可得

$$t = \frac{x^2}{16a} = 0.0625\,\frac{x^2}{a} \tag{8-53}$$

即 x 被选定时，x 点未受表面温度变化波及的时间 t 可由式（8-53）确定。这段时间 t 称为 x 点的惰性时间。式（8-53）表明：惰性时间与表面温度 T_W 无关，它与深度 x 的平方成正比，而与热扩散率 a 成反比。热扩散率越小，惰性时间越大。

2. 表面的瞬时热流密度

从图 8-14 可以看出，物体表面上的温度梯度随时间 t 而变化，所以从傅里叶定律能解得表面的瞬时热流密度 q_W。先对式（8-52）求导得

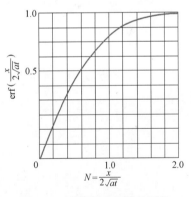

图 8-18 高斯误差函数的图示

$$\frac{\partial T}{\partial x} = (T_0 - T_W)\frac{\partial}{\partial x}\left[\text{erf}\left(\frac{x}{2\sqrt{at}}\right)\right]$$

$$= \frac{T_0 - T_W}{\sqrt{\pi at}}\exp\left(-\frac{x^2}{4at}\right)$$

代入傅里叶定律表达式，得

$$q_W = -\lambda \frac{\partial T}{\partial x}\Big|_{x=0} = \lambda(T_W - T_0)\frac{1}{\sqrt{\pi a t}} \tag{8-54}$$

不难看出，q_W 随着时间 t 的增加而递减。

如果在 $0\sim t$ 一段时间内 T_W 保持不变，则式（8-54）中除 t 以外都是常量。将 q_W 在 $0\sim t$ 范围内积分即得到整段时间内消耗于加热每平方米半无限大物体的热量 Q_W（又称累计热量，单位为 J/m^2）为

$$Q_W = \int_0^t q_W \mathrm{d}t = \lambda(T_W - T_0)\frac{1}{\sqrt{\pi a}}\int_0^t \frac{\mathrm{d}t}{\sqrt{t}} \tag{8-55}$$

$$= 2\lambda(T_W - T_0)\sqrt{\frac{t}{\pi a}}$$

可以看出，Q_W 与时间 t 的平方根成正比，即随时间增加而递增，但增加的势头逐渐减小，这与温度梯度的变化相对应。

在式（8-55）中，材质不同的影响体现在 $\lambda/\sqrt{a}$ 上，物性的这种组合可表示成

$$\frac{\lambda}{\sqrt{a}} = \sqrt{\lambda c \rho} = b \tag{8-56}$$

式中　b——蓄热系数，完全取决于材料的热物性。它综合地反映了材料的蓄热能力，也是一个热物性参数。表 8-2 列出了铸铁和铸型的热物性参数。

表 8-2　铸铁和铸型的热物性参数

热物性参数 材料	热导率 $\lambda/$ $[W/(m \cdot \text{℃})]$	比热容 $c/$ $[J/(kg \cdot \text{℃})]$	密度 $\rho/$ (kg/m^3)	热扩散率 $a/$ (m^2/s)	蓄热系数 $b/$ $[J/(m^2 \cdot \text{℃} \cdot s^{1/2})]$
铸铁	46.5	753.6	7000	8.82×10^{-6}	15600
砂型	0.314	963.0	1350	2.41×10^{-7}	2030
金属型	61.64	544.3	7100	1.58×10^{-5}	15500

瞬时热流密度 q_W 和 t 时间内每平方米物体的蓄热量 Q_W 用蓄热系数 b 表示时有下列形式：

$$q_W = \frac{b}{\sqrt{\pi t}}(T_W - T_0) \tag{8-57a}$$

$$Q_W = \frac{2b}{\sqrt{\pi}}(T_W - T_0)\sqrt{t} \tag{8-57b}$$

蓄热系数 b 是个综合衡量材料蓄热和导热能力的物理量。因为常数 $1/\sqrt{\pi} = 0.56$，故从式（8-57a）可知，$0.56b$ 就等于单位温升、单位时间的瞬时热流密度值；而从式（8-57b）可知，$1.12b$ 就等于单位温升、单位时间物体的蓄热量。蓄热系数的物理意义从日常生活经验中也很容易理解。例如冬天用手握铁棍和木棍，尽管它们温度都相同，但总是感觉铁棍比较凉，这是因为铁的蓄热系统比木材大 30 倍左右，铁从手取走的热量远大

于木材。

由于砂型的热导率较小，型壁较厚，所以平面砂型壁可按半无限大平壁处理。本节得到的公式应用于铸造工艺，可以计算砂型中特定点在 t 时刻达到的温度，以及铸件传入砂型的瞬时热流密度和 $0 \sim t$ 时间内传入砂型的累计热量。瞬时热流密度 q_W 和累计热量 Q_W 都与蓄热系数成正比，所以选用不同造型材料，即改变蓄热系数，就成为控制凝固过程和铸件质量的重要手段。

> **【例 8-7】** 一大型平壁状铸铁件在砂型中凝固冷却。设砂型内侧表面温度维持 1200℃ 不变，砂型初始温度为 20℃，热扩散率 $a = 2.41 \times 10^{-7} \, \mathrm{m^2/s}$，试求浇注后 1.5h 砂型中离内侧表面 50mm 处的温度
>
> **解：**
> $$N = \frac{x}{2\sqrt{at}} = \frac{50 \times 10^{-3}}{2 \times \sqrt{2.41 \times 10^{-7} \times 1.5 \times 3600}} = 0.694$$
>
> 从附录 A 中查得 erf（0.694）= 0.6736（表中的中间值可采用插值法求出）。
> 代入式（8-52），得
> $$T = T_W + (T_0 - T_W)\,\mathrm{erf}(N) = [1473 + (293 - 1473) \times 0.6736]\,\mathrm{K} = 678\mathrm{K}$$

二、第三类边界条件——已知周围介质温度和表面传热系数

对于厚度有限而宽广无限的平整，数字上称为无限大平板。首先以温度均匀、厚度为 2δ 的无限大平板作为讨论对象，如图 8-19 所示，平板与介质的表面传热系数 α 为常数，平板两侧具有相同的边界条件，即可以中心截面为对称面。

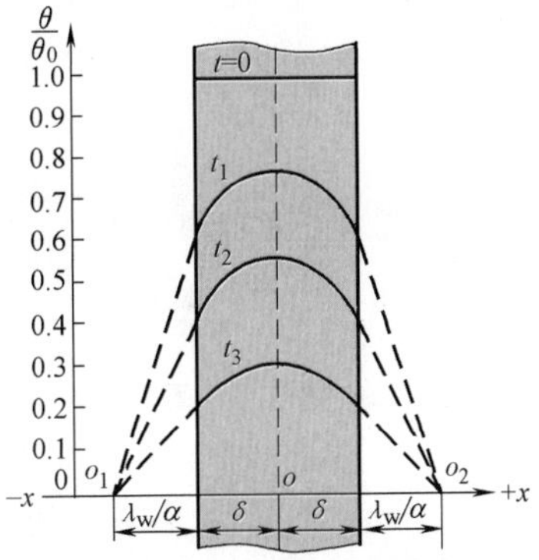

由于对称的原因，只需讨论半个壁厚的温度场。图 8-19 中示出平板的初始温度为 T_0，在第三类边界条件下冷却。为了使边界条件齐次化及表达上的简练，习惯上采用以周围介质温度 T_f 为起点基准的过余温度 $\theta(=T-T_f)$，而不直接用 T。采用了过余温度，半个平板厚度适用的微分方程式及定解条件可表示为

图 8-19 无限大平板在冷却过程中的温度分布

$$\frac{\partial \theta}{\partial t} = a\frac{\partial^2 \theta}{\partial x^2} \qquad (8\text{-}58\mathrm{a})$$

初始条件　　　　当 $t = 0$ 时，$\theta = \theta_0$　　　（8-58b）

边界条件　　　　当 $t > 0$ 时，$x = \delta$ 处，$-\dfrac{\partial \theta}{\partial x} = \dfrac{\alpha}{\lambda}\theta$

$$x = 0 \text{ 处，} \frac{\partial \theta}{\partial x} = 0 \qquad (8\text{-}58\mathrm{c})$$

这个问题的分析解，以及在第三类边界条件下其他简单几何形状物体问题的分析解，可采用分离变量法求解，并且已经被整理成便于应用的线算图。这类线算图称为诺谟图。图中的坐标及参变量都是量纲一的综合量。量纲一的综合量被称为相似准则，简称准则。在物理现象中，物理量不是单个地起作用，而是以准则这种组合量发挥作用。下面的分析

将以第三类边界条件下的一维非稳态导热问题为例，阐明微分方程及其定解条件下的解必然可以表达成几个准则之间的关系式。

如选取平板的半厚 δ 为长度的基准量，变量 x 与 δ 之比为量纲一的长度 X，即 $X = x/\delta$。推广到方程式中其他变量 θ 和 t，选取 θ_0 和 t_0 为基准量，可得量纲一的温度和量纲一的时间为

$$\Theta = \frac{\theta}{\theta_0}, \quad T = \frac{t}{t_0}$$

采用这些量纲一的变量，微分方程式（8-58a）~式（8-58c）可转换成为

$$\frac{\partial \Theta}{\partial T} = \frac{at_0}{\delta^2} \frac{\partial^2 \Theta}{\partial X^2} \tag{8-58d}$$

$$\text{当 } T = 0 \text{ 时，} \Theta = 1 \tag{8-58e}$$

$$\text{当 } T > 0 \text{ 时，} X = 1 \text{ 处，} -\left(\frac{\partial \Theta}{\partial X}\right)_{X=1} = \frac{\alpha \delta}{\lambda} \Theta \big|_{X=1} \tag{8-58f}$$

方程组中的式（8-58d）~式（8-58f）实现了原来的方程式（8-58a）~式（8-58c）的无量纲化。量纲为一的转换改变了表达形式，但没有改变其所描述的物理现象的本质。式中量纲为一的物理量组合 at/δ^2 称为傅里叶数，记为 Fo；$\alpha\delta/\lambda$ 称为毕渥数，记为 Bi。

式（8-58）的解，原则上具有下列形式

$$\Theta = f_1(Fo, X, T) \tag{8-58g}$$

在选定的点，X 为定值，即 $X = C$，方程式（8-58g）简化为

$$\Theta_{X=C} = f_2(Fo, T) \tag{8-58h}$$

从方程式（8-58f）可得

$$\Theta_{X=1} = f_3(Bi, T) \tag{8-58i}$$

从式（8-58i）可推知 $T = f_4(Bi, \Theta_{X=1})$，代入式（8-58h）可得

$$\Theta_{X=1} = f_5(Fo, Bi) \tag{8-58j}$$

式（8-58j）就是壁表面过余温度 θ 的解。同理可得壁中心过余温度 θ_m 的解原则上具有下列形式：

$$\frac{\theta_m}{\theta_0} = \Theta_{X=0} = f_6(Fo, Bi) \tag{8-59}$$

式（8-59）及式（8-58j）就是板内特定点温度场的解的准则关系式。图 8-20 所示为中心过余温度的理论解按式（8-59）表示的诺谟图。已知 Fo 和 Bi，从图 8-20 上可以得到 θ_m/θ_0 值。

应当指出：将方程组的解归结为准则关系式是认识上的一个飞跃。它更深刻地反映了

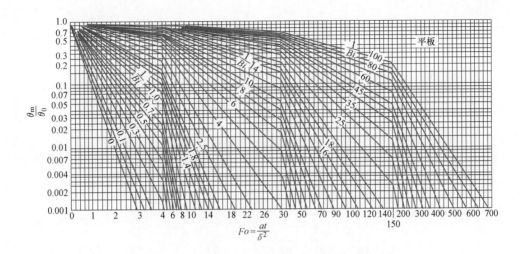

图 8-20　厚度为 2δ 的无限大平板中心温度的诺谟图

物理现象的本质，它使变量大幅度减少。如对特定点的过余温度 θ，在方程式（8-58a）~式（8-58c）中有四个变量 t、a、λ 和 α，而在准则关系中，变量就成为 Fo 和 Bi 两个。这样就大大有利于表达求解的结果，也有利于对影响因素的分析。各个准则反映了与现象有关的物理量间的内在联系，物理量不是单个地，而是组成量纲为一的物理量组合在一起起作用的。

毕渥数 Bi 可表示成 $(\delta/\lambda)/(1/a)$，分子是厚度为 δ 的平壁内的导热热阻，分母则是壁面外的对流换热热阻，所以 Bi 具有对比热阻的物理意义。傅里叶数 Fo 可表示成 $t/(\delta^2 \cdot a^{-1})$，分子是时间，分母也具有时间的量纲，它反映了热扰动透过平壁的时间，所以 Fo 具有对比时间的物理意义。Fo 值越大，热扰动就能越快地传播到物体的内部。

已知中心过余温度 θ_m，任意点 x 的过余温度 θ 可从下列准则关系式中推算出来：

$$\frac{\theta}{\theta_m} = \frac{\theta}{\theta_0}\frac{\theta_0}{\theta_m} = f_7(Bi, X) \tag{8-60}$$

图 8-21 就是用式（8-60）形式绘出的诺谟图。图上纵坐标为 θ/θ_m，横坐标为 $1/Bi$，X 为参变量。

在 $0 \sim t$ 时间内传给物体的累计热量可以根据固体内能的变化来计算。令温度等于环境温度 T_f 的物体内能为内能的起算点，则无限大平壁每平方米截面的初始内能 Q_0 为

$$Q_0 = V\rho c(T_0 - T_f) = 2\delta \times 1 \times 1 \times \rho c(T_0 - T_f) = 2\delta\rho c\theta_0 \tag{8-61}$$

式中　V——每平方米截面平板的体积。平板的内能正比于过余温度，已知 $0 \sim t$ 时间内平壁的积分平均过余温度 $\bar{\theta}$，即可推算出累计热量 Q，即

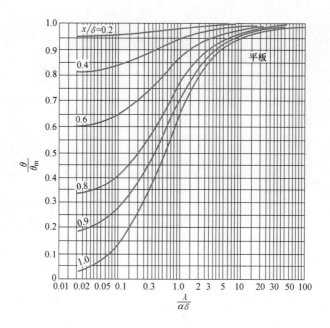

图 8-21 厚度为 2δ 的无限大平板的 θ/θ_m 曲线

$$Q = 2\delta\rho c\,\overline{\theta} = 2\delta\rho c\theta_0\,\frac{\overline{\theta}}{\theta_0} = Q_0\,\frac{\overline{\theta}}{\theta_0} \qquad (8\text{-}62)$$

由于物体内各点温度是 Fo 和 Bi 两准则的函数，$\overline{\theta}/\theta_0$ 也是 Fo 和 Bi 的函数。于是可得

$$\frac{Q}{Q_0} = f_8(Fo,\ Bi) \qquad (8\text{-}63)$$

图 8-22 为量纲为一的累计热量 Q/Q_0 与 t 的诺谟图。为了读图的方便，横坐标取 Bi^2Fo 的组合。图 8-23 ~ 图 8-25 分别为无限长圆柱的诺谟图。球体的诺谟图可参考其他文献。

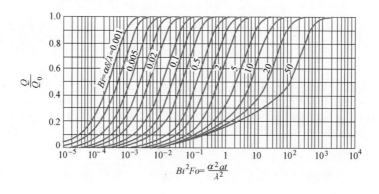

图 8-22 无限大平板（厚 2δ）中累计热量 $\dfrac{Q}{Q_0}$ 与时间 t 的诺谟图

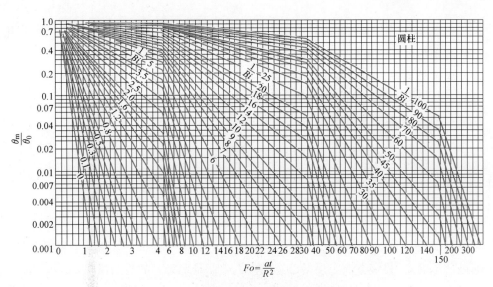

图 8-23　无限长圆柱中心温度的诺谟图

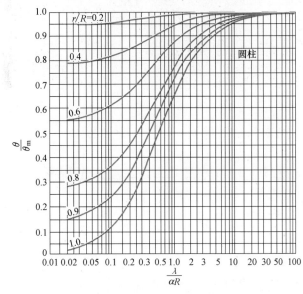

图 8-24　无限长圆柱的 $\dfrac{\theta}{\theta_m}$ 曲线

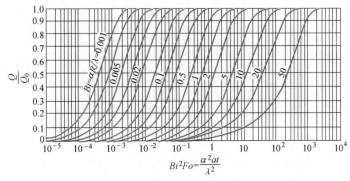

图 8-25　长圆柱（半径 R）中累计热量 $\dfrac{Q}{Q_0}$ 与时间 t 的诺谟图

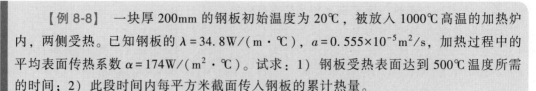

【例8-8】　一块厚200mm的钢板初始温度为20℃，被放入1000℃高温的加热炉内，两侧受热。已知钢板的 $\lambda = 34.8\text{W}/(\text{m}\cdot℃)$， $a = 0.555\times10^{-5}\text{m}^2/\text{s}$，加热过程中的平均表面传热系数 $\alpha = 174\text{W}/(\text{m}^2\cdot℃)$。试求：1）钢板受热表面达到500℃温度所需的时间；2）此段时间内每平方米截面传入钢板的累计热量。

解：1）在此问题中，钢板半厚 $\delta = 100\text{mm}$，于是在表面上

$$\frac{x}{\delta} = 1$$

先算出 Bi

$$Bi = \frac{\alpha\delta}{\lambda} = \frac{174\times0.1}{34.8} = 0.5$$

从图8-21查得，在平板表面上（即 $x/\delta = 1.0$ 时） $\theta/\theta_\text{m} = \theta_\text{W}/\theta_\text{m} = 0.80$（此处 θ_W 为表面上的过余温度）。另一方面，根据已知条件，表面量纲为一的过余温度 θ_W/θ_0 为

$$\frac{\theta_\text{W}}{\theta_0} = \frac{T_\text{W}-T_\text{f}}{T_0-T_\text{f}} = \frac{773-1273}{293-1273} = 0.51$$

平板中心的量纲为一的过余温度 θ_m/θ_0 即可确定如下

$$\frac{\theta_\text{m}}{\theta_0} = \frac{\theta_\text{W}}{\theta_0}\frac{\theta_\text{m}}{\theta_\text{W}} = \frac{0.51}{0.80} = 0.637$$

已知 θ_m/θ_0 及 Bi 值，从图8-20查得 $Fo = 1.2$。由此推算出

$$t = 1.2\frac{\delta^2}{a} = 1.2\times\frac{0.1^2}{0.555\times10^{-5}}\text{s} = 2160\text{s} = 0.6\text{h}$$

2）为应用图8-22先算出

$$Bi^2Fo = \frac{\alpha^2at}{\lambda^2} = \frac{174^2\times0.555\times10^{-5}\times2160}{34.8^2} = 0.30$$

从图8-22查得 $Q/Q_0 = 0.78$，再根据已知条件得 $\rho c = \frac{\lambda}{a} = 6.27\times10^6$，于是每平方米截面的累计热量为

$$Q = 0.78Q_0 = 0.78\times2\times0.1\times6.27\times10^6\times(20-1000)\text{J}$$

$$= -9.58\times10^8\text{J}$$

负号表示热量从炉子传入钢板。

第六节　二维及三维非稳态导热

在实际中往往会遇到不少二维和三维的非稳态导热问题，比如有限长度的圆柱体、平行六面体等。这些物体可以看成由平板与圆柱垂直相交构成，或由几块平板垂直相交构

成。图 8-26 所示为平板与圆柱垂直相交构成的有限长度的圆柱。图 8-27 所示为两个平板垂直相交构成的无限长矩形截面的棱形体。图 8-28 所示为三个平板垂直相交构成的平行六面体。对于第三类边界条件和 T_w ＝常数的第一类边界条件下的导热，已经在数学上证明：多维问题的解等于各个坐标上一维解的乘积。也就是说，当以过余温度准则的形式表达时，多维问题的解等于各坐标一维解的乘积。以中心过余温度准则为例：

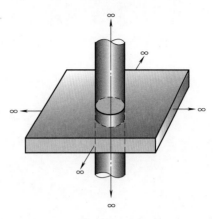

二维
$$\frac{\theta_m}{\theta_0} = \left(\frac{\theta_m}{\theta_0}\right)_x \left(\frac{\theta_m}{\theta_0}\right)_y \qquad (8\text{-}64)$$

图 8-26　无限长圆柱与无限大平板
正交形成的有限长圆柱

三维
$$\frac{\theta_m}{\theta_0} = \left(\frac{\theta_m}{\theta_0}\right)_x \left(\frac{\theta_m}{\theta_0}\right)_y \left(\frac{\theta_m}{\theta_0}\right)_z \qquad (8\text{-}65)$$

式中　下角 x、y、z——不同坐标。这样使得无限大平壁和无限长圆柱体的解推广应用于二维和三维物体，具有很大的实用意义。

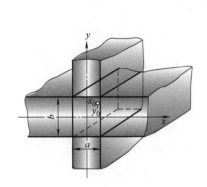

图 8-27　两块无限大平板
正交形成的无限长棱形体

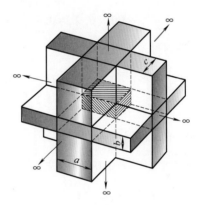

图 8-28　三块无限大平板正交
形成的平行六面体

【例 8-9】　三边尺寸为 $2\delta_1 = 0.5m$，$2\delta_2 = 0.7m$，$2\delta_3 = 1m$ 的钢锭（形状参见图 8-28），初温 $t_0 = 20℃$，推入炉温为 1200℃ 的加热炉内加热，求 4h 后钢锭的最低温度与最高温度。已知钢锭的 $\lambda = 40.5W/(m \cdot ℃)$，热扩散率 $a = 0.722 \times 10^{-5} m^2/s$，边界上的表面传热系数 $\alpha = 348W/(m^2 \cdot ℃)$。

解：问题的解可由三块相应的无限大平板的解得出。最低温度位于钢锭的中心，即三块无限大平板中心截面的交点上，而最高温度则位于钢锭的顶角上，即三块平板表面的公共交点上。

取钢锭中心为原点，板 1、2、3 的法线方向为坐标轴 x、y、z，则有

$$(Bi)_x = \frac{\alpha\delta_1}{\lambda} = \frac{348 \times 0.25}{40.5} = 2.14$$

$$(Fo)_x = \frac{at}{\delta_1^2} = \frac{0.722 \times 10^{-5} \times 4 \times 3600}{0.25^2} = 1.66$$

$$(Bi)_y = \frac{\alpha \delta_2}{\lambda} = \frac{348 \times 0.35}{40.5} = 3.00$$

$$(Fo)_y = \frac{at}{\delta_2^2} = \frac{0.722 \times 10^{-5} \times 4 \times 3600}{0.35^2} = 0.85$$

$$(Bi)_z = \frac{\alpha \delta_3}{\lambda} = \frac{348 \times 0.5}{40.5} = 4.29$$

$$(Fo)_z = \frac{at}{\delta_3^2} = \frac{0.722 \times 10^{-5} \times 4 \times 3600}{0.5^2} = 0.416$$

令 θ_W 表示表面过余温度，根据以上准则值查图 8-20、图 8-21 得

$$(\theta_m/\theta_0)_x = 0.17, \quad (\theta_m/\theta_0)_y = 0.38, \quad (\theta_m/\theta_0)_z = 0.63$$

$$(\theta_W/\theta_m)_x = 0.45, \quad (\theta_W/\theta_m)_y = 0.36, \quad (\theta_W/\theta_m)_z = 0.275$$

钢锭中心的过余温度准则为

$$\theta_m/\theta_0 = (\theta_m/\theta_0)_x (\theta_m/\theta_0)_y (\theta_m/\theta_0)_z$$

$$= 0.17 \times 0.38 \times 0.63 = 0.0406$$

于是钢锭的最低温度为

$$T_m = 0.0406\theta_0 + T_f = [0.0406 \times (293 - 1473) + 1473] \text{K} = 1425.1\text{K}$$

为求钢锭的最高温度，先求三块平板表面的过余温度准则，即

$$(\theta_W/\theta_0)_x = (\theta_m/\theta_0)_x (\theta_W/\theta_m)_x = 0.17 \times 0.45 = 0.0765$$

$$(\theta_W/\theta_0)_y = (\theta_m/\theta_0)_y (\theta_W/\theta_m)_y = 0.38 \times 0.36 = 0.137$$

$$(\theta_W/\theta_0)_z = (\theta_m/\theta_0)_z (\theta_W/\theta_m)_z = 0.63 \times 0.275 = 0.173$$

钢锭顶角的过余温度准则为

$$\theta/\theta_0 = (\theta_W/\theta_0)_x (\theta_W/\theta_0)_y (\theta_W/\theta_0)_z$$

$$= 0.0765 \times 0.137 \times 0.173 = 0.00181$$

于是钢锭的最高温度为

$$T = 0.00181\theta_0 + T_f$$

$$= [0.00181 \times (293 - 1473) + 1473] \text{K}$$

$$= 1470.9\text{K}$$

习题

1. 对正在凝固中的铸件来说，其凝固成固体部分的两侧分别为砂型（假设无气隙）及固液分界面，试列出两侧的边界条件。

2. 电弧焊时，试列出焊件周边及熔池边缘的边界条件。

3. 用一个平底锅烧开水，锅底已有厚度为 3mm 的水垢，其热导率 λ 为 1W/（m·℃）。已知与水相接触的水垢层表面温度为 111℃。通过锅底的热流密度 q 为 42400W/m^2，试求金属锅底的最高温度。

4. 有一厚度为 20mm 的平面墙，其热导率 λ 为 1.3W/（m·℃）。为使墙的每平方米热损失不超过 1500W，在外侧表面覆盖了一层 λ 为 0.1W/（m·℃）的隔热材料，已知复合壁两侧表面温度分布为 750℃和 55℃，试确定隔热层的厚度。

5. 用 345mm 厚的普通黏土砖作为内层和 115mm 厚的轻质黏土砖（$\rho = 600kg/m^3$）作为外层砌成平面炉墙，其内表面温度为 1250℃，外表面温度为 150℃，试求界面的温度和热流密度 q。

6. 冲天炉热风管道的内、外直径分别为 160mm 和 170mm，管外覆盖厚度为 80mm 的石棉隔热层，管壁和石棉的热导率分别为 $\lambda_1 = 58.2$W/（m·℃），$\lambda_2 = 0.116$W/（m·℃）。已知管道内表面温度为 240℃，石棉层表面温度为 40℃，求每米长管道的热损失。

7. 一个加热炉的耐火墙采用镁砖砌成，其厚度 $\delta = 370mm$。已知镁砖内外侧表面温度分别为 1650℃和 300℃，求通过每平方米炉墙的热损失。

8. 外径为 100mm 的蒸汽管道，覆盖隔热层采用密度为 20kg/m^3 的超细玻璃棉毡。已知蒸汽管外壁温度为 400℃，要求隔热层外表面温度不超过 50℃，而每米长管道散热量小于 163W，试确定所需隔热层的厚度。

9. 采用图 8-7 所示的球壁导热仪来确定一种紧密压实型砂的热导率。被测材料的内、外直径分别为 $d_1 = 75mm$，$d_2 = 150mm$。达到稳态后读得 $t_1 = 52.8℃$，$t_2 = 47.3℃$，加热器电流 $I = 0.123A$，电压 $U = 15V$，试计算型砂的热导率。

10. 在图 8-3 所示的三层平壁的稳态导热中，已测得 t_1、t_2、t_3 及 t_4 分别为 600℃、500℃、200℃及 100℃，试求各层热阻的比例。

11. 一个大型铸件在耐火水泥坑中砂型铸造。铸件与坑壁间为砂型，其壁厚为 0.5m。已知铸件表面与砂型接触面的温度 $t_W = 800℃$，砂型的热扩散率 $a = 0.69×10^{-6} m^2/s$，砂型初始温度 $t_0 = 20℃$，试求砂型受热 120h 后的外侧壁面温度。

12. 液态纯铝和纯铜分别在熔点（铝熔点为 600℃，铜熔点为 1083℃）浇注入同样造型材料构成的两个砂型中，砂型的密实度也相同。两个砂型的蓄热系数哪个大？为什么？

13. 试求高 0.3m、宽 0.6m 且很长的矩形截面钢柱体放入加热炉内 1h 后的中心温度。已知：钢柱体初始温度为 20℃，炉温为 1020℃，表面传热系数 $\alpha = 232.6$W/（m^2·℃），$\lambda = 34.9$W/（m·℃），$c = 0.198$kJ/（kg·℃），$\rho = 7800kg/m^3$。

14. 一直径为 500mm、高为 800mm 的钢锭，初始温度为 30℃，被推入 1200℃的加热炉内。设备表面同时受热。各面上表面传热系数均为 $\alpha = 180$W/（m^2·℃）。已知钢锭的 $\lambda = 40$W/（m·℃），$a = 8×10^{-6} m^2/s$，试确定 3h 后在中央高度截面上半径为 0.13m 处的温度。

15. 碳的质量分数 $w_C \approx 0.5\%$ 的曲轴，加热到 600℃ 后置于 20℃ 的空气中回火。曲轴的质量为 7.84kg，表面积为 870cm²，比热容为 418.7J/(kg·℃)，密度为 7840kg/m³，热导率为 42.0W/(m·℃)，冷却过程的平均表面传热系数取为 29.1W/(m²·℃)，问曲轴中心冷却到 30℃ 所经历的时间。

16. 在一个温度保持 260℃ 的壁上伸出一个小铝圆柱，圆柱直径 $d = 25\mathrm{mm}$，高 150mm。圆柱体与周围环境有热量交换，环境温度为 16℃，总传热系数 $\alpha = 15\mathrm{W/(m^2 \cdot ℃)}$，铝柱的热导率 $\lambda = 207.64\mathrm{W/(m \cdot ℃)}$。试计算通过小铝柱的散热量。

17. 采用迭代法计算图 8-29 中节点 1、2、3、4 在稳态下的温度 ($\Delta x = \Delta y$)。

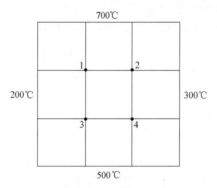

图 8-29　习题 17 图

18. 一根体温计的水银泡长 10mm、直径为 4mm，护士将它放入病人口中之前，水银泡维持在 18℃；放入病人口中时，水银泡表面的表面传热系数为 85W/(m²·℃)。如果要求温度误差不超过 0.2℃，试求体温计放入口中后，至少需要多长时间，才能将它从体温为 39.4℃ 的病人口中取出。已知水银泡的物性参数为 $\rho = 13520\mathrm{kg/m^3}$，$c = 139.4\mathrm{J/(kg \cdot ℃)}$，$\lambda = 8.14\mathrm{W/(m \cdot ℃)}$。

19. 将一块厚 20mm 的钢板加热到 500℃ 后置于 20℃ 的空气中冷却。设冷却过程中钢板两侧面的平均表面传热系数为 35W/(m²·℃)，钢板的热导率为 45W/(m·℃)，热扩散率为 $1.37 \times 10^{-5}\mathrm{m^2/s}$，试确定使钢板冷却到与空气相差 10℃ 时所需的时间。

第九章

对流换热

牛顿冷却公式（7-3）只是表面传热系数 α 的定义式，它没有揭示出表面传热系数与影响它的物理量之间的内在联系。本章的任务就是要求出表面传热系数 α 的表达式。

通常求解对流换热问题的途径是：

（1）分析解法　对一些简单的层流流动换热问题，可以通过数学分析法来求解。

（2）数值解法　随着计算机应用的普及及数值计算方法的发展，对流换热过程的数值解法将成为一种主要的求解方法。

（3）试验研究法　对于湍流换热、有相变的换热，或者几何结构复杂的换热问题，采用试验研究法几乎是唯一的求解方法。它是应用相似原理，将为数众多的影响因素归结成为数不多的几个量纲为一的准则，再通过试验确定 α 的准则关系式。本章将阐述利用相似原理导出对流换热的准则方程式的过程，然后介绍材料加工中常见的几种场合下对流换热的试验准则式。

第一节　对流换热的机理及影响因素

一、对流换热的机理

当黏性流体在固体表面上流动时，存在边界层，如图 4-1 所示。贴壁处这一极薄的流体层相对于壁面是不流动的，壁面与流体间的热量传递必须穿过这个流体层，而穿过不流动流体的热量传递方式只能是导热。因此，对流换热的热量就等于穿过边界层的导热量。将傅里叶定律应用于边界层可得

$$\Phi = -\lambda A \left.\frac{\partial T}{\partial y}\right|_{y=0} \tag{9-1}$$

式中　$\partial T/\partial y|_{y=0}$——贴壁处流体的法向温度变化率；

A——换热面积。

将牛顿冷却公式（7-3）与式（9-1）联立求解，即得到以下换热微分方程

$$\alpha = -\frac{\lambda}{\Delta T}\left.\frac{\partial T}{\partial y}\right|_{y=0} \tag{9-2}$$

由式（9-2）可见，表面传热系数 α 与流体的温度场有联系，是对流换热微分方程组的一个组成部分。式（9-2）也表明，表面传热系数 α 的求解有赖于流体温度场的求解。

二、影响对流换热的主要因素

对流换热是流动着的流体与固体表面间的热量交换。因此，影响流体流动及流体导热的因素都是影响对流换热的因素。具体地说，它们是：流动的动力；被流体冲刷的换热面的几何形状和布置；流体的流动状态及流体的物理性质，即黏度 η、比热容 c、密度 ρ 及热导率 λ 等。

首先，在第七章中已经提到，由于流动的起因不同，对流换热可分为强制对流换热和自然对流换热两大类。浮升力是自然对流的动力，它必须包括在自然对流的动量微分方程中。在强制对流的动量微分方程中，则可忽略浮升力项。

其次是区别被流体冲刷的换热面的几何形状和布置。例如，在图9-1a中示出的管内强制对流的流动与流体外掠圆管的强制对流的流动是截然不同的。前一种是管内流动，属于所谓内部流动的范围；后一种是外掠物体的流动，属于所谓外部流动的范围。这两种不同流动条件下的换热规律必然是不相同的。在自然对流情况下，不仅几何形状，而且几何布置对流动也有决定性影响。例如，图9-1b所示的水平壁，热面朝上散热的流动与热面朝下的流动就截然不同，它们的换热规律也是不一样的。

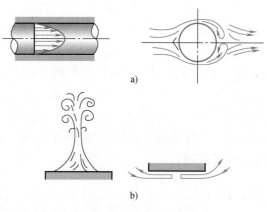

图 9-1　几何因素的影响

a）管内强制对流与流体外掠圆管的强制对流

b）水平壁热面朝上散热的流动与热面朝下的流动

流体力学的研究表明，流体流动的强弱不同时，还表现出层流和湍流两种不同的流动形态。显然，层流与湍流的换热规律不同，湍流时的换热要比层流时强烈。这是不同的流动形态对流换热的又一个层次的影响因素。

此外，流体的物性也是影响对流换热的因素，包括不同温度及不同种类流体的物性的影响。

第二节　对流换热微分方程组

对流换热微分方程组一般包括：换热微分方程式（9-2），能量微分方程，x、y、z 三个方向的动量微分方程及连续性微分方程，共计四个方程。

一、能量微分方程

将第八章第一节导出导热微分方程的过程引申到流体流动的问题。仍以图 8-1 的微元体为分析对象，并仍假定流体是常物性的。对于非稳定的无内热源的问题，引申到有流动的场合，代替第八章第一节中式（8-1a）的热平衡式应该是：

$$（由导热进入微元体的净热量 Q_1）+（由对流进入微元体的净热量 Q_2）$$
$$=（微元体中流体的焓增 \Delta H）\tag{9-3a}$$

由导热进入微元体的净热量已经在第八章中推导过。在 dt 时间内这一热量为

$$Q_1 = \lambda\left(\frac{\partial^2 T}{\partial x^2}+\frac{\partial^2 T}{\partial y^2}+\frac{\partial^2 T}{\partial z^2}\right)dxdydzdt \tag{9-3b}$$

由对流进入微元体的热量可参看图 9-2 进行分析。设流体在 x、y、z 方向的速度分量分别为 v_x、v_y、v_z。先观察 x 方向上对流的热量流入及流出的情况。在 dt 时间内，由 x 处的截面进入微元体的热量为

$$Q_x' = \rho c T v_x dydzdt \tag{9-3c}$$

同时间内由 $x+dx$ 截面流出微元体的热量为

$$Q_{x+dx}' = \rho c\left(T+\frac{\partial T}{\partial x}dx\right)\left(v_x+\frac{\partial v_x}{\partial x}dx\right)dydzdt \tag{9-3d}$$

式（9-3c）减式（9-3d）可得 dt 时间内的 x 方向进入微元体的热量。略去高次项，其结果为

$$Q_x'-Q_{x+dx}' = -\rho c\left(v_x\frac{\partial T}{\partial x}+T\frac{\partial v_x}{\partial x}\right)dxdydzdt \tag{9-3e}$$

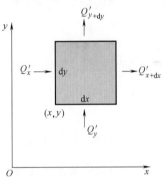

图 9-2　微元体对流换热的热量平衡状态

同理，在 y 和 z 方向上也可得出相应的关系式为

$$Q_y'-Q_{y+dy}' = -\rho c\left(v_y\frac{\partial T}{\partial y}+T\frac{\partial v_y}{\partial y}\right)dxdydzdt \tag{9-3f}$$

$$Q_z'-Q_{z+dz}' = -\rho c\left(v_z\frac{\partial T}{\partial z}+T\frac{\partial v_z}{\partial z}\right)dxdydzdt \tag{9-3g}$$

在 dt 时间内，由对流进入微元体的总热量 Q_2 即为式（9-3e、f、g）三式之和，即

$$Q_2 = -\rho c\left[\left(v_x\frac{\partial T}{\partial x}+v_y\frac{\partial T}{\partial y}+v_z\frac{\partial T}{\partial z}\right)+T\left(\frac{\partial v_x}{\partial x}+\frac{\partial v_y}{\partial y}+\frac{\partial v_z}{\partial z}\right)\right]dxdydzdt$$

流体在稳态、常物性条件下，中括号中第二项为零，于是有

$$Q_2 = -\rho c \left(v_x \frac{\partial T}{\partial x} + v_y \frac{\partial T}{\partial y} + v_z \frac{\partial T}{\partial z} \right) \mathrm{d}x \mathrm{d}y \mathrm{d}z \mathrm{d}t \tag{9-3h}$$

在 $\mathrm{d}t$ 时间内，微元体中流体的温度改变了 $(\partial T/\partial t)\mathrm{d}t$，其焓增为

$$\Delta H = \rho c \frac{\partial T}{\partial t} \mathrm{d}x \mathrm{d}y \mathrm{d}z \mathrm{d}t \tag{9-3i}$$

将式（9-3b、h、i）代入式（9-3a）并化简，即得到能量微分方程为

$$\frac{\partial T}{\partial t} + v_x \frac{\partial T}{\partial x} + v_y \frac{\partial T}{\partial y} + v_z \frac{\partial T}{\partial z} = \frac{\lambda}{\rho c} \left(\frac{\partial^2 T}{\partial x^2} + \frac{\partial^2 T}{\partial y^2} + \frac{\partial^2 T}{\partial z^2} \right) \tag{9-4}$$

当流体不流动时，$v_x = v_y = v_z = 0$，式（9-4）退化成为无内热源的导热微分方程。能量微分方程中包括对流项 $v_x(\partial T/\partial x)$、$v_y(\partial T/\partial y)$ 和 $v_z(\partial T/\partial z)$，有助于理解对流体换热是对流与导热两种基本热量传递方式的联合作用。流动着的流体，除导热之外，还能依靠流体的宏观位移来传递热量。

由于 $T = f(x, y, z, t)$，数学上式（9-4）的左边就是 T 对 t 的全导数 $\mathrm{D}T/\mathrm{D}t$。因此，式（9-4）可表示为数学上更简练的形式为

$$\frac{\mathrm{D}T}{\mathrm{D}t} = a \ \nabla^2 T$$

对稳态问题，能量微分方程简化为

$$v_x \frac{\partial T}{\partial x} + v_y \frac{\partial T}{\partial y} + v_z \frac{\partial T}{\partial z} = a \ \nabla^2 T$$

二、动量微分方程

推导动量微分方程（纳维尔-斯托克斯方程）的依据是牛顿第二定律，即作用于微元体上所有外力之和等于惯性力（即质量乘以加速度），在第二章中已进行了详细推导。对于不可压缩黏性流体在稳态、常物性场合下，动量微分方程为式（2-34）。

三、连续性微分方程

推导连续性微分方程的依据是质量守恒定律。即在单位时间内，净流入微元体的质量等于微元体内的质量增量。对于不可压缩（ρ = 常数）黏性流体，在稳态、常物性场合下连续性微分方程为式（2-17）。

在给定的边界条件下，联立六个方程可以求解流场的速度场、压力场及温度场，最终获取流体与固体壁面之间的表面传热系数，从而解决给定的对流换热问题。但是，对于大多数对流换热问题，由于流动状态的复杂性，采用直接求解微分方程的方法几乎是不可能的。

第三节 对流换热的特征数方程式

相似理论是目前求得各种情况下表面传热系数 α 的常用方法。首先对物理过程的微

分方程进行相似转换，然后以试验为基础，确定出物理过程的特征数方程式，得出物理方程的解析式，即微分方程在一定边界条件下的解。

一、对流换热的特征数

对流体换热的相似问题来说，包含了几何相似、运动相似、热相似和边界条件相似等。现以能量微分方程为例，阐述将微分方程进行相似转换，获得特征数的过程。

流体的热量传输微分方程式（或称能量微分方程）为

$$\frac{\partial T}{\partial t}+v_x\frac{\partial T}{\partial x}+v_y\frac{\partial T}{\partial y}+v_z\frac{\partial T}{\partial z}=a\left(\frac{\partial^2 T}{\partial x^2}+\frac{\partial^2 T}{\partial y^2}+\frac{\partial^2 T}{\partial z^2}\right) \tag{9-5a}$$

设有两个对流换热的相似现象，分别用"'"和"''"表示，则可对上述方程进行相似转换如下：

$$\frac{\partial T'}{\partial t'}+v_x'\frac{\partial T'}{\partial x'}+v_y'\frac{\partial T'}{\partial y'}+v_z'\frac{\partial T'}{\partial z'}$$

$$=a'\left(\frac{\partial^2 T'}{\partial x'^2}+\frac{\partial^2 T'}{\partial y'^2}+\frac{\partial^2 T'}{\partial z'^2}\right) \tag{9-5b}$$

$$\frac{\partial T''}{\partial t''}+v_x''\frac{\partial T''}{\partial x''}+v_y''\frac{\partial T''}{\partial y''}+v_z''\frac{\partial T''}{\partial z''}$$

$$=a''\left(\frac{\partial^2 T''}{\partial x''^2}+\frac{\partial^2 T''}{\partial y''^2}+\frac{\partial^2 T''}{\partial z''^2}\right) \tag{9-5c}$$

写出两现象的速度、空间、温度、时间、热扩散率等的相似常数关系式为

$$\left.\begin{array}{l}\dfrac{v_x''}{v_x'}=\dfrac{v_y''}{v_y'}=\dfrac{v_z''}{v_z'}=C_v \\[3mm] \dfrac{x''}{x'}=\dfrac{y''}{y'}=\dfrac{z''}{z'}=C_L \\[3mm] \dfrac{T''}{T'}=C_T,\ \dfrac{t''}{t'}=C_t,\ \dfrac{a''}{a'}=C_a\end{array}\right\} \tag{9-5d}$$

将式（9-5d）代入式（9-5c）得

$$\frac{C_T}{C_t}\frac{\partial T'}{\partial t'}+\frac{C_v C_T}{C_L}\left(v_x'\frac{\partial T'}{\partial x'}+v_y'\frac{\partial T'}{\partial y'}+v_z'\frac{\partial T'}{\partial z'}\right)$$

$$=\frac{C_a C_T}{C_L^2}a'\left(\frac{\partial^2 T'}{\partial x'^2}+\frac{\partial^2 T'}{\partial y'^2}+\frac{\partial^2 T'}{\partial z'^2}\right) \tag{9-5e}$$

比较式（9-5e）和式（9-5b），可得出如下关系：

$$\frac{C_T}{C_t}=\frac{C_v C_T}{C_L}=\frac{C_a C_T}{C_L^2}=1$$

$$(\text{I})\quad(\text{II})\quad(\text{III})$$

由（I）与（III）组合，得

$$\frac{C_a C_t}{C_L^2}=1$$

由（Ⅱ）与（Ⅲ）组合，得

$$\frac{C_v C_L}{C_a} = 1$$

将式（9-5d）再代入上两式，得

$$\frac{a't'}{L'^2} = \frac{a''t''}{L''^2} \quad \text{或} \quad \frac{at}{L^2} = Fo \tag{9-6}$$

$$\frac{v'L'}{a'} = \frac{v''L''}{a''} \quad \text{或} \quad \frac{vL}{a} = Pe \tag{9-7}$$

式（9-6）右端 Fo 称为傅里叶数；式（9-7）右端 Pe 称为贝克来数。

考虑对流换热的边界条件，对流换热微分方程为

$$-\lambda \left.\frac{\partial T}{\partial n}\right|_{n=0} = \alpha(T_{\mathrm{f}} - T_{\mathrm{s}})$$

对上述的边界方程进行相似转换

$$-\lambda' \frac{\partial T'}{\partial n'} = \alpha'(T_{\mathrm{f}}' - T_{\mathrm{s}}') \tag{9-7a}$$

$$-\lambda'' \frac{\partial T''}{\partial n''} = \alpha''(T_{\mathrm{f}}'' - T_{\mathrm{s}}'') $$

与上述推导过程一样，可得出

$$-\frac{C_\lambda C_T}{C_L} \lambda'' \frac{\partial T'}{\partial n'} = C_\alpha C_T \alpha'(T_{\mathrm{f}}' - T_{\mathrm{s}}') \tag{9-7b}$$

比较式（9-7a）与式（9-7b），得

$$\frac{C_\lambda C_T}{C_L} = C_\alpha C_T$$

即

$$\frac{C_\alpha C_L}{C_\lambda} = 1$$

故

$$\frac{\alpha'L'}{\lambda'} = \frac{\alpha''L''}{\lambda''} \text{或} \frac{\alpha L}{\lambda} = Nu \tag{9-8}$$

式（9-8）右端 Nu 称为努塞尔数。

二、对流换热的特征数方程

根据上述推导，可得描述对流换热现象的一般性特征数方程式为

$$f(Nu, Fo, Pe, Re, Fr, Eu) = 0 \tag{9-9}$$

其中几个特征数的物理意义已在第六章中叙述，其余几个的物理意义为：

（1）Nu Nu 由边界换热微分方程而来，它反映了对流换热在边界上的特征。Nu 也可变换为

$$Nu = \frac{\alpha L}{\lambda} = \frac{L/\lambda}{1/\alpha} = \frac{\text{导热热阻}}{\text{对流热阻}}$$

Nu 大，说明导热热阻 L/λ 大，而对流热阻 $1/\alpha$ 小，即对流作用强烈。由于 Nu 中包含表面传热系数 α，它是被决定特征数，在对流换热中最为重要。

（2）Fo　Fo 为傅里叶数，来自导热微分方程，与时间因素有关。因 $a = \lambda / \rho c_p$，将 Fo 进行如下变换得

$$Fo = \frac{\Delta T\lambda / L^2}{\Delta T \rho c_p / t} = \frac{\text{单位体积物体的导热速率}}{\text{单位体积物体的蓄热速率}}$$

所以 Fo 是表示温度场随时间变化的不稳定导热的特征数。其分子是导入的热量，分母是热焓的变化。Fo 越大，温度场越容易趋于稳定。它可理解为相对稳定度，是不稳定导热中的一个重要特征数，在稳定导热时可略去。

（3）Pr　普朗特数是流体物性的量纲为一的组合，又称物性特征数。它也可以变换为

$$Pr = \frac{\nu}{a} = \frac{c_p \rho \nu}{\lambda}$$

Pr 表示流体动量传输能力与热量传输能力之比。从边界层概念出发，可以认为是动力边界层与热边界层的相对厚度指标。

（4）Pe　Pe 来自导热微分方程式，它是表明温度场在空间分布的特征数。也可将其变换为

$$Pe = \frac{vL}{a} = \frac{vL}{\nu} \cdot \frac{\nu}{a} = RePr = \frac{vc_p \rho}{\lambda / L} = \frac{\text{流体带入的热量}}{\text{流体的导热量}}$$

Pe 越大，说明进入系统的热量越大，导出的热量越少，则温度场处于非稳定状态。因为 $Pe = RePr$，Pe 大表示 Re 大，流体的湍流程度大；或者 Pr 大，意味着 a 小，导温能力弱。

在对流换热中，被决定特征数是 Nu，与对流换热有关的其他特征数是 Re、Gr、Pr。故特征数方程为

$$Nu = f(Re, Gr, Pr) \tag{9-10}$$

湍流强制对流换热时，表示自然对流浮升力影响的 Gr 可以忽略，特征数方程简化为

$$Nu = f(Re, Pr) \tag{9-11}$$

自然对流时又可忽略 Re，而有

$$Nu = f(Gr, Pr) \tag{9-12}$$

在具体应用时，多表示为幂函数形式

$$Nu = CRe^n Pr^m \tag{9-13a}$$

$$Nu = C(GrPr)^n \tag{9-13b}$$

式中的 C、n、m 通过试验求得。指数的求得是分步完成的。以式（9-13a）为例，先固定 Re，通过试验找到不同 Pr 与 Nu 间的相对应关系，将其标绘在双对数坐标纸上得到一条 Nu 与 Pr 的关系线，求出 m 值。然后以 Nu/Pr^m 对 Re 再做试验，将试验点标绘在双对数坐标纸上，整理求出 C 及 n。图 9-3 是第二步试验后的试验点及关系曲线，图中横坐标为

Re，纵坐标为 $Nu/Pr^{0.4}$（即 $m=0.4$）。由该图求出 $C=0.023$，$n=0.8$，所以特征数方程为

$$Nu=0.023Re^{0.8}Pr^{0.4}$$

最后说明一下特征数的定性温度和特征尺度两个概念。确定特征数中物性的温度称为定性温度。在有换热的过程中流体的温度总是不均匀的，不同的定性温度将影响到特征数关系式的具体形式。定性温度常采用流体的平均温度 $\overline{T}_f$、流体主流与壁面的平均温度 $T_m=(T_f+T_w)/2$ 等多种。需要注意的是，对于特征数或特征数关系式，只有明确了它所规定的定性温度才是掌握了它，因为它是在选定的那个定性温度下得到的结果。

特征数中包含的几何尺度称为特征尺度。在对流换热中一般选用起决定性作用的几何尺度为特征尺度，比如外掠平板换热时取流

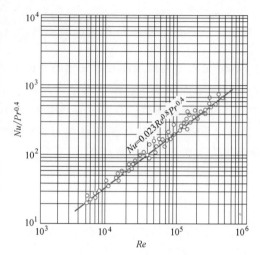

图 9-3　Re 与 $Nu/Pr^{0.4}$ 的关系曲线示例

动方向的长度为特征尺度，管内流动换热时取管内径为特征尺度等。以上这些选择都是很自然的；不过，有时也会遇到难以选定某个尺度而人为地规定一种尺度为特征尺度的情况。

第四节　强制对流换热的计算

本节讨论强制对流换热中最常见的三种典型情况：外掠平板、横掠圆柱和管内流动。说明它们在流动和换热规律上的主要特点和处理方法，也介绍了绕流球体的特征数方程。其他场合下强制对流换热的计算式可参阅有关文献。

一、外掠平板

流体顺着平板掠过时，其流动特征如图 4-1 所示。从起始接触点至流程长度为 x_C 的范围内，边界层为层流。当流程长度进一步增加，边界层经历一段过渡后转变为湍流。层流至湍流的转变由临界雷诺数 $Re_{cr}=v_\infty x_C/\nu$ 确定。Re_{cr} 随来流的扰动、壁面粗糙度的不同而异。在一般有换热的问题中取 $Re_{cr}=5\times10^5$。与边界层流态相对应，层流区和湍流区有各自的换热规律。

在层流区，表面传热系数有随 x 递减的性质，而在向湍流过渡中，表面传热系数跃升，达到湍流时表面传热系数进入湍流规律区。由试验总结出平板在定常壁温边界条件下平均表面传热系数的特征数关系式如下：

层流区（$Re<5\times10^5$）：

$$Nu=0.664Re^{0.5}Pr^{1/3} \tag{9-14}$$

最终达到湍流区（$5 \times 10^5 \leqslant Re < 10^7$）时全长合计的平均表面传热系数 α 可按以下特征数关系式先计算出 Nu，再算出 α：

$$Nu = (0.037Re^{0.8} - 871)Pr^{1/3} \qquad (9\text{-}15)$$

式中，定性温度取边界平均温度 T_m。

$$T_m = (T_w + T_\infty)/2$$

式中　T_w——板面温度；

　　　　T_∞——来流温度。

特征尺度取板全长 L。Re 中的速度取来流速度 v_∞。

图 9-4 给出了在不同 Pr 下平板上层流界面层内的量纲为一的温度分布图。由图可以看出，不同的 Pr 值，其温度分布不同。对于气体，Pr 为 0.7～1.0，几乎不随温度变化。其温度边界层厚度 δ_T 与速度边界层厚度 δ 相近，即 $\delta_T \approx \delta$；对于一般液体，Pr 为 2～50，其 $\delta_T < \delta$；而对于液态金属，由于导热能力强，Pr 很小，为 0.01～0.03，其 $\delta_T \gg \delta$。

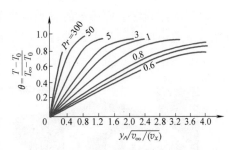

图 9-4　在不同 Pr 下平板上层流界面层内的量纲为一的温度分布图

【例 9-1】　24℃的空气以 60m/s 的速度外掠一块平板，平板保持 216℃的板面温度，板长 0.4m，试求平均表面传热系数（不计辐射换热）。

解：为计算 Re_{cr} 先算出定性温度：

$$t_m = (t_w + t_\infty)/2 = (216 + 24)℃/2 = 120℃$$

查附录 F 得　　　　$\nu = 25.45 \times 10^{-6} \text{m}^2/\text{s}；\quad \lambda = 3.34 \times 10^{-2} \text{W}/(\text{m} \cdot ℃)；$

$$Pr = 0.686$$

由此算出　　　$Re = \dfrac{v_\infty L}{\nu} = \dfrac{60 \times 0.4}{25.45 \times 10^{-6}} = 9.43 \times 10^5 > 5 \times 10^5$

平板后部已达湍流区，全长平均表面传热系数按式（9-15）计算后再进一步推出，即

$Nu = (0.037Re^{0.8} - 871)Pr^{1/3}$

$\quad = [0.37 \times (9.43 \times 10^5)^{0.8} - 871] \times 0.686^{1/3} = 1196$

$\overline{\alpha} = Nu \dfrac{\lambda}{L} = 1196 \times \dfrac{3.34 \times 10^{-2}}{0.4} \text{W}/(\text{m}^2 \cdot ℃)$

$\quad = 99.9 \text{W}/(\text{m}^2 \cdot ℃)$

二、横掠圆柱（圆管）

流体横掠圆柱时的流动特点如图 9-5 所示。边界层的形态出现在前半圈的大部分范

围，然后发生绕流脱体，在后半圈出现回流和旋涡。与流动相对应，其温度分布如图 9-6 所示。由图可见，随着 Re 的增大，前半圈的等温线分布变得紧密，热边界层厚度变小，逐渐变得与流动边界层厚度相当。后半圈则呈现出复杂的情况。与其相应，沿圆周局部换热强度的变化如图 9-7a 所示，不过局部表面传热系数的变化虽较复杂，但平均表面传热系数却有明显的渐变规律性。在 Re 变化很大的范围内空气横掠圆柱平均换热的试验结果如图 9-7b 所示。推荐用以下通用特征数关系式进行平均表面传热系数的计算：

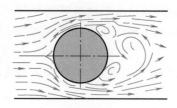

图 9-5 流体横掠圆柱
时的流动特点

$$Nu = cRe^n \qquad (9\text{-}16)$$

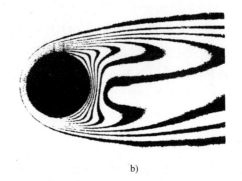

a)   b)

图 9-6 空气横掠加热圆柱时流体的流速对等温线的影响

a) $Re = 23$ b) $Re = 120$

（参考 Mills AF. Heat Transfer. IRWIN Inc, 1992）

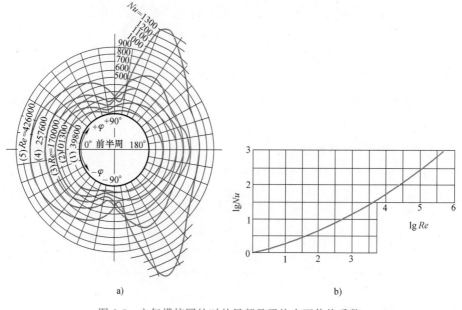

a)   b)

图 9-7 空气横掠圆柱时的局部及平均表面传热系数

a) 不同 Re 下沿圆柱局部换热强度变化极坐标图   b) 空气横掠圆柱平均换热的试验结果

式中，在不同 Re 区段内 c 和 n 具有不同的数值，见表9-1。此外，定性温度采用边界层平均温度 $T_m = (T_w + T_f)/2$，特征尺度取圆柱外径 d，Re 中的流速按来流流速计算。

表9-1　c 和 n 值

Re	c	n	Re	c	n
4~40	0.809	0.385	4000~40000	0.171	0.618
40~4000	0.606	0.466	40000~250000	0.0239	0.805

式（9-16）也适用于烟气及其他双原子气体。文献指出，若将式（9-16）中的常数 c 改为 $c'Pr^{1/3}$，则与液体的试验结果相符，故可采用 $Nu = c'Re^n Pr^{1/3}$ 的形式推广应用于液体及非双原子气体。

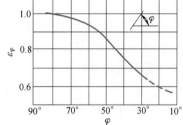

流体流动方向与圆柱轴线的夹角称为冲击角 φ。以上讨论的是冲击角为 90℃ 的正面冲击情况。斜向冲击时，换热有所削弱。在实际计算中，可引用一个小于1的经验冲击角修正系数 ε_φ 来考虑这种影响。

$$\varepsilon_\varphi = \alpha_\varphi / \alpha_{90°} \tag{9-17}$$

式中　α_φ 与 $\alpha_{90°}$——φ 角和 90° 角时的表面传热系数。

图9-8　圆柱面的冲击角修正系数

ε_φ 的数值可以从图9-8查取。

【例9-2】　空气正面横掠外径 $d = 20mm$ 的圆管。空气流速为 1m/s。已知空气温度 $t_f = 20℃$，管壁温度 $t_w = 80℃$，试求平均表面传热系数。

解：定性温度 $t_m = (t_f + t_w)/2 = (20+8)/2℃ = 50℃$

从附录F查得　　　　　　　$\lambda_m = 2.83 \times 10^{-2} W/(m \cdot ℃)$

$$\nu_m = 17.95 \times 10^{-6} m^2/s$$

由此算出 Re

$$Re = \frac{vd}{\nu_m} = \frac{1 \times 0.02}{17.95 \times 10^{-6}} = 1110$$

由表9-1查得 c、n 值，按式（9-16）算得

$$Nu = 0.606 Re^{0.466} = 0.606 \times 1110^{0.466} = 15.9$$

平均表面传热系数为

$$\overline{\alpha} = Nu \frac{\lambda_m}{d} = 15.9 \times \frac{2.83 \times 10^{-2}}{0.02} W/(m^2 \cdot ℃)$$

$$= 22.5 W/(m^2 \cdot ℃)$$

三、绕流球体

流体绕流球体时，边界层的发展及分离与绕流圆管相类似。流体与球体表面间的平均

表面传热系数可按下列特征数方程计算：

对于空气
$$Nu_m = 0.37 Re_m^{0.6} \tag{9-18}$$

对于液体
$$Nu_m = 2.0 + 0.6 Re_m^{\frac{1}{2}} Pr_m^{\frac{1}{3}} \tag{9-19}$$

式（9-18）的适用范围：$17 < Re_m < 70000$。定性温度为 T_m，特征尺度为球体直径 d。式（9-19）的适用范围：$1 < Re_m < 70000$；$0.6 < Pr_m < 400$。定性温度为 T_m，特征尺度为球体直径 d。式（9-19）表明，$Re_m \to 0$ 时，Nu_m 趋近于 2。这一结果相当于在无限滞止介质中，温度均匀的球体稳态导热时求得的 Nu_m 值。

四、管内流动

流体管内流动时的强制对流换热是工程上常见的典型换热方式。首先必须指出，管内流动换热分有层流和湍流的不同规律。暂时不讨论流动在截面上尚未定型的区段，而考虑截面上流动已定型的充分发展段。以临界雷诺数 $Re = 2320$ 为界，$Re < 2320$ 为层流；$Re > 1 \times 10^4$ 则为旺盛湍流；介质这两个雷诺数之间为层流向湍流转变的过渡区段。流态的不同反映在截面的速度分布上（图3-5）。层流时流体沿轴向分层有秩序地流动，而湍流时则除贴壁薄层具有层流性质外，截面核心部分由于分子团剧烈混合的湍流性质，使核心部分的流速几乎一致。与此相对应，湍流时的换热也比层流时大为增强，因此在换热应用中，总希望使管内流动尽可能工作在旺盛湍流区。由于实用上的重要性，这里以旺盛湍流区的换热为讨论的重点。

在 $Re > 10000$ 的旺盛湍流区，使用最广的试验特征数关系式为

$$Nu_f = 0.023 Re_f^{0.8} Pr_f^{0.4} \tag{9-20}$$

式中，定性温度取流体平均温度 T_f，习惯上 T_f 取管道进出口两截面平均温度的算术平均值；特征尺度取管内径。

应该指出：式（9-20）在实用上得到广泛应用，但它在计算中温压（即管壁与流体间的温度差）及流体动力黏度 η_f 上都有限制。它适用于温压不太大及 η_f 不大于水的动力黏度两倍以内的范围。所谓温压不太大，具体来说，即指对气体而言温压不超过 50℃，对水不超过 30℃，对油类不超过 10℃。超过限制就会产生较大误差。

下面的分析有助于理解上式产生较大误差的原因。在有换热的条件下，截面上的速度分布与等温流动的分布有所不同。图9-9示出了换热时速度分布的畸变。图中曲线 1 为等温流动的速度分布。有换热时，以液体为例进行分析。液体被冷却时，因液体的黏度随温度的降低而升高，近壁处的黏度较管心处为高，所以近壁处速度分布低于等温曲线，变成曲线 2。同理，液体被加热时，速度分布变成曲线 3，近壁处流速增大会增强换热，反之会削弱换热。这说明了不均匀物性场对换热的影响。而式（9-20）中正好忽略此种影响，因此在计算时温压及黏度必然会有所限制。超出以上限制时，必须考虑不均匀物性的影响，推荐在下列试验式中任选一个进行计算：

$$Nu_f = 0.027 Re_f^{0.8} Pr_f^{1/3} \left(\frac{\eta_f}{\eta_w} \right)^{0.14} \tag{9-21}$$

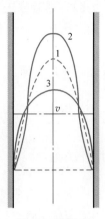

$$Nu_f = 0.021 Re_f^{0.8} Pr_f^{0.43} \left(\frac{Pr_f}{Pr_w} \right)^{0.25} \tag{9-22}$$

两式中，除 η_w 或 Pr_w 取壁温 T_w 为定性温度外，其余物性仍采用流体平均温度为定性温度；管内径 d 为特征尺度。

几点讨论：

（1）非圆形截面槽道　已经查明，采用当量直径 d_e 为特征尺度，非圆形截面槽道内强制对流的特征数关系式可以套用圆管的特征数关系式（9-20）、式（9-21）或式（9-22）。当量直径按下式计算：

$$d_e = \frac{4f}{P_w} \tag{9-23}$$

图 9-9　换热时
管内速度
分布的畸变

式中　f——槽道的截面面积（m^2）；

P_w——润湿周长，即槽道壁与流体接触面的长度（m）。

例如，对于两个同心套管构成的环形槽道，内管外径为 d_1，而外管内径为 d_2 时，则

$$d_e = \frac{\pi(d_2^2 - d_1^2)}{\pi(d_2 + d_1)} = d_2 - d_1 \tag{9-24}$$

（2）入口段修正　流体进入管口总要经历一个流动尚未定型的阶段，如图 9-10 所示。同时，温度分布及换热也要经历一个未定型区段。图 9-10 中的实线和虚线分别描述了局部表面传热系数 α_x 和平均表面传热系数 α 沿管长的变化情况，α_∞ 为充分发展段的表面传热系数。一般来说，入口效应修正系数必须根据具体情况确定，并不存在通用的修正系数。对于通常工业设备中常见的尖角入口，推荐以下入口段修正系数，即

$$\varepsilon_1 = 1 + \left(\frac{d}{x} \right)^{0.7} \tag{9-25}$$

一般认为，管的长径比 $x/d > 60$ 时，入口段修正可忽略不计。

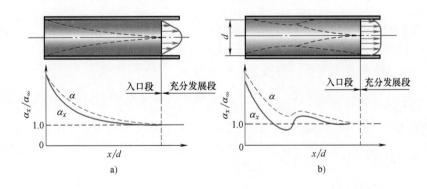

图 9-10　入口段局部传热系数的变化

a）层流　b）湍流

（3）弯管修正系数　流体流过弯曲管道或螺旋管时，会引起二次环流而强化换热。图 9-11 定性表示了截面上的二次环流。处理上可以用一个大于 1 的弯管修正系数 ε_R 来反映这种强化作用，即

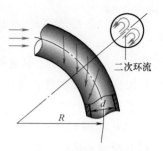

对于气体

$$\varepsilon_R = 1 + 1.77 \frac{d}{R} \qquad (9\text{-}26)$$

对于液体

$$\varepsilon_R = 1 + 10.3 \left(\frac{d}{R}\right)^3 \qquad (9\text{-}27)$$

图 9-11　螺旋管中的二次环流

式中　R——弯曲管道的曲率半径（m）；

　　　d——管内径（m）。

最后，对管内层流换热做简要说明。管内层流时，附加的自然对流有时难以避免，使试验式更复杂。

当自然对流受到抑制时，即 $Gr/Re^2 < 0.1$ 的条件下，管内层流换热的计算，在 $Re_f Pr_f \frac{d}{L} \geqslant 10$ 的范围内，推荐下列特征数，即

$$Nu_f = 1.86 \left(Re_f Pr_f \frac{d}{L}\right)^{1/3} \left(\frac{\eta_f}{\eta_w}\right)^{0.14} \qquad (9\text{-}28)$$

式中，除 η_w 取 T_w 为定性温度外，其余物性均取流体平均温度 T_f 为定性温度；取管内径或当量内径为特征尺度。

通常，管壁处给出两种常用的边界条件：恒定壁面热流通量和恒定壁面温度。利用对流换流的能量方程可以证明，对于完全发展的层流，在恒定壁面热流通量的条件下圆管内热交换的 Nu 为

$$Nu = \alpha D / \lambda = 4.36 \qquad (9\text{-}29)$$

在恒定壁面温度的条件下，圆管内热交换的 Nu 也是常量：$Nu = 3.66$。

具有自然对流影响的层流计算式及过渡区的计算式均可参阅传热手册。

【例 9-3】　在一个换热器中用水来冷却管壁。管内径 $d = 17\text{mm}$，长度 $l = 1.5\text{m}$。已知冷却水流速 $v = 2\text{m/s}$，冷却水的平均温度（进出口截面上平均温度的算术平均值）$t_f = 30℃$，壁温 $t_w = 35℃$，试计算表面传热系数 α。

解：为选用合适的计算式，先计算 Re。按定性温度 $t_f = 30℃$，从附录 D 查得

$$\nu_f = 0.805 \times 10^{-6}\text{m}^2/\text{s}, \quad \lambda_f = 61.8 \times 10^{-2}\text{W}/(\text{m} \cdot ℃)$$

$$Pr_f = 5.42$$

$$Re_f = \frac{vd}{\nu_f} = \frac{2 \times 0.017}{0.805 \times 10^{-6}} = 42200$$

属湍流，且温压不大，式（9-20）适用，则

$$Nu_f = 0.023Re_f^{0.8}Pr_f^{0.4} = 0.023 \times 42200^{0.8} \times 5.42^{0.4}$$

$$= 226$$

因为 $L/d = 1.5/0.017 = 88.3 > 60$，所以可不计入口效应修正。由此算出表面传热系数 α，即

$$\alpha = Nu_f \frac{\lambda_f}{d} = 226 \times \frac{61.8 \times 10^{-2}}{0.017} W/(m^2 \cdot ℃)$$

$$= 8215 W/(m^2 \cdot ℃)$$

第五节　自然对流换热的计算

自然对流换热是在工程上常见的一种对流换热形式。它不仅存在于各种热设备、炉子、铸型、热管道散热的场合，而且存在于大量的热加工工艺过程中工件散热的场合。高温热工件冷却到最低工作温度的时间取决于自然对流散热及辐射散热。连续铸造工艺中铸件的冷却、焊件的冷却及铸件和焊接熔池的凝固过程也都伴有自然对流换热。

一、自然对流换热的特点

静止流体与固体表面接触，如果其间有温度差，则靠近固体表面的流体将因受热（冷却）与主体静止流体之间产生温度差，从而造成密度差，在浮力作用下产生流体上下的相对运动，这种流动称为自然流动或自然对流。在自然对流下的热量传输过程即为自然对流换热。

在自然对流换热中，特征数 Gr 起决定性作用，它代表浮力与黏性力之比，并且包括温度差 ΔT。在自然对流中靠近固体表面流体的流动层就是自然对流边界层，由于其贴近固体表面处流速为零，而边界层以外静止流体的流速也为零，因而在边界层内存在一流速极大值，图 9-12 所示为自然对流边界层的速度场及温度场。

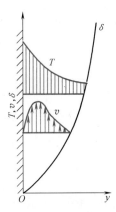

图 9-12　自然对流边界层的速度场及温度场

Gr 的物理意义在于

$$Gr = \frac{g\alpha_V \Delta T L^3}{\nu^2} = \frac{(L\rho g\alpha_V \Delta T)(\rho\nu^2)}{(\eta\nu/L)^2} = \frac{浮力 \times 惯性力}{阻力}$$

Gr 值越大，引起对流的浮力相对于阻力越大，自然对流也越强烈。

由于自然对流时流速较低，所以边界层较厚且沿高度方向逐渐加厚。开始时为层流，发展到一定程度后变为湍流，由层流到湍流的转变临界点由 Gr 来确定。根据观测结果，临界 Gr 为 $10^8 \sim 10^9$。在自然对流换热过程中，随着边界层位置的变化，局部表面传热系数也在变化。

二、自然对流换热的计算

自然对流换热的特征数方程式一般如式（9-13b），即

$$Nu = C(GrPr)^n$$

式中的 C 及 n 值与流动性质及表面朝向有关，见表9-2。

表 9-2 自然对流换热中的 C 及 n 值

表面状况	流动示意图	特征尺寸	流态及 C、n 值			
			$GrPr$ 范围	流态	C	n
垂直平板或垂直圆柱		板或柱高度 H	$10^4 \sim 10^9$	层流	0.59	1/4
			$10^9 \sim 10^{13}$	湍流	0.10	1/3
水平圆柱		外径 d	$10^4 \sim 10^9$	层流	0.53	1/4
			$10^9 \sim 10^{12}$	湍流	0.13	1/3
水平板热面向上或水平板冷面向下		矩形板取两边长平均值 L；圆板取 $0.9d$	$2 \times 10^4 \sim 8 \times 10^6$	层流	0.54	1/4
			$8 \times 10^6 \sim 10^{11}$	湍流	0.15	1/3
水平板热面向下或水平板冷面向上		矩形板取两边长平均值 L；圆板取 $0.9d$	$10^5 \sim 10^{11}$	层流	0.58	1/5

上述特征数方程及有关的图表，只适用于表面温度 T_w 为常数的情况。对于其他形体的自然对流换热可进行如下处理后再应用上述公式及图表。

1）非对称平板。

取特征尺寸
$$L = A/S$$

式中　A——平板面积；

　　　S——平板周长。

2）块状物体水平面、侧面同时发生自然对流换热时

$$C = 0.60; \quad n = \frac{1}{4}$$

3）长方体。

取特征尺寸为
$$\frac{1}{L} = \frac{1}{L_h} + \frac{1}{L_v}$$

式中　L_h——水平面表面尺寸；

　　　L_v——垂直面表面尺寸。

4）在 101.3kPa（标准大气压）下，中等温度水平，即 $t_m = 50℃$ 的空气与表面的自然对流可由表 9-3 中的简化公式求表面传热系数。当压力发生变化时，应乘以压力修正系数如下（其中 p 为实际压力，Pa）：

$$层流\left(\frac{p}{1.013\times10^5}\right)^{1/2}; \quad 湍流\left(\frac{p}{1.013\times10^5}\right)^{2/3}$$

表 9-3　简化的对流表面传热系数公式

表面及其朝向	层流 $10^4 < GrPr < 10^9$	湍流 $GrPr > 10^9$
垂直平板或垂直圆柱	$\alpha = 1.49\left(\frac{\Delta T}{H}\right)^{1/4}$	$\alpha = 1.13(\Delta T)^{1/3}$
水平圆柱	$\alpha = 1.33\left(\frac{\Delta T}{d}\right)^{1/4}$	$\alpha = 1.47(\Delta T)^{1/3}$
水平板热面朝上或冷面朝下	$\alpha = 1.36\left(\frac{\Delta T}{L}\right)^{1/4}$	$\alpha = 1.70(\Delta T)^{1/3}$
水平板热面朝下或冷面朝上	$\alpha = 0.59\left(\frac{\Delta T}{L}\right)^{1/5}$	

【例 9-4】　长 10m、外径为 0.3m 的包扎蒸汽管，外表面温度为 55℃，求在 25℃ 的空气中水平与垂直两种方式安装时单位管长的散热量。

解： 定性温度　　　　　　$t_m = \dfrac{t_w + t_f}{2} = \dfrac{55+25}{2}℃ = 40℃$

定性温度下空气的物性参数：

$$\lambda = 2.76\times10^{-2}\,W/(m\cdot℃), \ \nu = 16.96\times10^{-6}\,m^2/s, \ Pr = 0.699$$

1）水平安装时，特征尺寸为管子外径，即 $d = 0.3m$；体胀系数 $\alpha_V = \dfrac{1}{T}$，则

$$GrPr = \frac{9.81\times(55-25)\times0.3^3}{(273+40)\times(16.96\times10^{-6})^2}\times0.699$$

$$= 6.169\times10^7 < 10^9 \qquad 层流$$

查表 9-2 得　　　　　　$C = 0.53; \quad n = \dfrac{1}{4}$

算得　　　　$Nu = 0.53\times(6.169\times10^7)^{1/4} = 46.97$

$$\alpha = Nu\frac{\lambda}{d} = 46.97\times\frac{2.76\times10^{-2}}{0.3}\,W/(m^2\cdot℃) = 4.32\,W/(m^2\cdot℃)$$

$$\frac{\Phi}{L} = \alpha(t_w - t_f)\pi d$$

$$= 4.32\times(55-25)\times3.14\times0.3\,W/m = 122.1\,W/m$$

2）垂直安装时，特征尺度为管子长度，即 $L=10\mathrm{m}$，则

$$GrPr = \frac{9.81\times(55-25)\times10^3}{(273+40)\times(16.96\times10^{-6})^2}\times0.699$$

$$= 2.285\times10^{12} > 10^9 \qquad 湍流$$

查表9-2得 $\qquad\qquad C=0.13；\quad n=1/3$

算得 $\qquad Nu = 0.13\times(2.285\times10^{12})^{1/3} = 1712$

$$\alpha = Nu\frac{\lambda}{L} = 1712\times\frac{2.76\times10^{-2}}{10}\mathrm{W/(m^2\cdot\mathbb{C})} = 4.73\mathrm{W/(m^2\cdot\mathbb{C})}$$

$$\frac{\Phi}{L} = \alpha(t_w-t_f)\pi d$$

$$= 4.73\times(55-25)\times3.14\times0.3\mathrm{W/m} = 133.7\mathrm{W/m}$$

3）以简化公式计算。

① 水平安装时为层流，查表9-3得计算式为

$$\alpha = 1.33\left(\frac{\Delta T}{d}\right)^{\frac{1}{4}} = 1.33\times\left(\frac{55-25}{0.3}\right)^{1/4}\mathrm{W/(m^2\cdot\mathbb{C})} = 4.21\mathrm{W/(m^2\cdot\mathbb{C})}$$

② 垂直安装时为湍流，查表9-3得

$$\alpha = 1.13(\Delta T)^{1/3} = 1.13\times(55-25)^{1/3}\mathrm{W/(m^2\cdot\mathbb{C})} = 3.51\mathrm{W/(m^2\cdot\mathbb{C})}$$

计算误差均未超过±5%。

习题

1. 某窑炉侧墙高 3m，总长 12m，炉墙外壁温 $t_w = 170\mathbb{C}$。已知周围空气温度 $t_f = 30\mathbb{C}$，试求此侧墙的自然对流散热量（热流量）。

2. 一根 $L/d = 10$ 的金属柱体，从加热炉中取出置于静止的空气中冷却。试问：从加速冷却的目的出发，柱体应水平放置还是竖直放置（设两种情况下辐射散热均相同）？试估算开始冷却的瞬间在两种放置情况下的自然对流表面传热系数的比值（两种情况下的流动均为层流）。

3. 一热工件的热面朝上向空气散热。工件长 500mm，宽 200mm，工件表面温度 220℃，室温 20℃。试求工件热面自然对流的表面传热系数。

4. 在上题中若工件的热面朝下向空气散热，试求工件热面自然对流的表面传热系数。

5. 有一热风炉 $D = 7\mathrm{m}$（外径），$H = 42\mathrm{m}$（高度），当其外表面温度为 200℃ 时，若与周围环境温度之差为 40℃，求自然对流的散热量。

6. 空气以 10m/s 的流速外掠表面温度为 128℃ 的平板。流速方向上平板长度为 300mm，宽度为 100mm。已知空气温度为 52℃，试求对流换热量（热流量）。

7. 在外掠平板换热问题中，试计算 25℃ 的空气及水达到临界雷诺数各自所需的板长，取流速 $v = 1\mathrm{m/s}$，平板表面温度为 100℃。

8. 在稳态工作条件下，20℃ 的空气以 10m/s 流速横掠外径为 50mm、管长为 3m 的圆管后，温度增至 40℃。已知横管内均布电热器消耗的功率为 1560W，试求横管外侧壁温。

9. 发电机的冷却介质从空气改为氢气后可以提高冷却效果。试对氢气与空气的冷却效果进行比较。比较的条件是：都是管内湍流对流换热，通道几何尺寸、流速相同，定性温度均为 50℃，均处于常压下，不考虑温压修正。50℃ 的氢气物性：$\rho = 0.0755 \text{kg/m}^3$，$\lambda = 19.42 \times 10^{-2} \text{W/(m} \cdot \text{℃)}$，$\eta = 9.41 \times 10^{-6} \text{Pa} \cdot \text{s}$，$c_p = 14.36 \text{kJ/(kg} \cdot \text{℃)}$。

10. 压力为 $1.013 \times 10^5 \text{Pa}$ 的空气在内径为 76mm 的直管内强制流动，入口温度为 65℃，入口体积流量为 $0.022 \text{m}^3/\text{s}$，管壁的平均温度为 180℃，将空气加热到 115℃ 所需管长为多少？

11. 管内强制对流湍流时的表面传热系数对流速 v 和管内径有何种依变关系？流速提高一倍，α 提高多少？管内径减为一半，α 提高多少？

12. 管内强制对流湍流时的换热，若 Re 相同，在 $t_f = 30℃$ 条件下水的表面传热系数比空气高多少倍？

第十章

辐射换热

由于热辐射的能量传递过程不同于导热与对流，因而分析与处理能量传递的方法也不同。在本章中，首先从黑体的辐射入手，介绍黑体辐射的基本定律及其辐射换热的规律，其次进一步讨论灰体、实际物体的辐射和吸收特征以及辐射换热的计算方法。

第一节 热辐射的基本概念

一、热辐射的本质和特点

在第七章已经指出，因热的原因而产生的电磁波辐射称为热辐射。不同的电磁波位于一定的波长区段内，如图 10-1 所示。在工业温度范围内，即 2000K 以下有实际意义的热辐射波长位于 $0.38 \sim 100 \mu m$（$1 \mu m = 10^{-6} m$）之间，且大部分能量位于 $0.76 \sim 20 \mu m$ 间的红外线区段，在 $0.38 \sim 0.76 \mu m$ 的可见光区段，热辐射能量的份额不大。

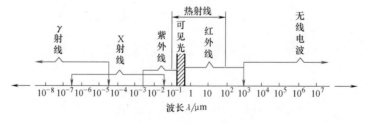

图 10-1　电磁波谱

红外线又有近红外与远红外之分，大体上以 $4 \mu m$ 为界限，波长 $4 \mu m$ 以下的红外线称为近红外，而 $4 \mu m$ 以上的红外线称为远红外。20 世纪 70 年代初期发展起来的远红外加热技术，就是利用远红外辐射元件发射出的以远红外线为主的电磁波对物料进行加热的。它具有效率高、能源消耗低的显著优点。

投射到物体表面上的热辐射，与可见光一样也有吸收、反射和穿透现象。如图 10-2 所示，在外界投射到物体表面上的热辐射 Q 中，一部分（Q_α）被物体吸收，另一部分（Q_ρ）被反射，其余部分（Q_τ）穿透过物体。按能量守恒定律有：

$$Q = Q_\alpha + Q_\rho + Q_\tau$$

或

$$\frac{Q_\alpha}{Q} + \frac{Q_\rho}{Q} + \frac{Q_\tau}{Q} = 1 \qquad (10\text{-}1)$$

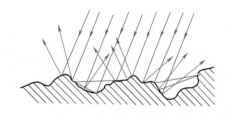

图 10-2 物体对热辐射的吸收、反射和穿透

上式左方的各能量百分比分别称为物体的吸收率、反射率和穿透率，记为 α、ρ 和 τ。于是式（10-1）可表示成

$$\alpha + \rho + \tau = 1 \qquad (10\text{-}2)$$

实际上，进入固体或液体表面的辐射能，在一极薄层内即完全被吸收。对于金属导体，薄层只有 $1\mu m$ 的数量级；对于大多数非导电体材料，厚度也小于 1mm。实用工程材料的厚度大都大于这些数值，因此可以认为固体和液体不允许热辐射穿透，即 $\tau = 0$。于是，对于固体，式（10-2）简化为

$$\alpha + \rho = 1 \qquad (10\text{-}3)$$

就固体和液体而言，吸收能力大的物体反射能力就小；反之，吸收能力小的物体反射能力就大。

热辐射投射到物体表面后的反射现象，也和可见光一样，有镜面反射和漫反射的区分。它取决于表面的粗糙程度。这里所指的粗糙程度是相对于热辐射的波长而言的。当表面的不平整尺寸小于投射辐射的波长时，形成如图 10-3 所示的镜面反射，此时入射角等于反射角。高度磨光的金属板是镜面反射的实例。当表面的不平整尺寸大于投射的波长时，形成漫反射。漫反射的射线是十分不规则的，如图 10-4 所示。一般工程材料的表面都形成漫反射。

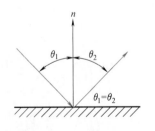

图 10-3 镜面反射

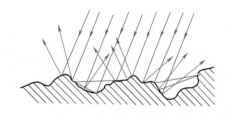

图 10-4 漫反射

气体对投射来的热辐射几乎没有反射能力，可认为反射率 $\rho = 0$，式（10-2）简化成

$$\alpha + \tau = 1 \qquad (10\text{-}4)$$

气体的辐射和吸收在整个气体容积中进行，与其表面状况是无关的。

不同物体的吸收率、反射率和穿透率因具体条件不同而千差万别，通常把吸收率 $\alpha = 1$ 的物体称为绝对黑体，简称黑体；把反射率 $\rho = 1$ 的物体称为镜体（当反射为漫反射时称绝对白体）；把穿透率 $\tau = 1$ 的物体称为透明体。

二、黑体的辐射

1. 黑体的模型

黑体在热辐射的理论分析中有其特殊的重要性。当处理实际物体辐射时，只要找出其与黑体辐射的偏离，确定必要的修正系数就行了。

黑体的吸收率 $\alpha = 1$，这意味着黑体能够全部吸收各种波长的辐射能。尽管在自然界并不存在黑体，但用人工的方法可以制造出十分接近于黑体的模型。黑体模型的原理如下：取用工程材料（它的吸收率必然小于黑体）制造一个空腔，使空腔壁面保持均匀的温度，并在空腔上开一个小孔，如图10-5所示。空腔内要经历多次的吸收和反射，而每经历一次吸收，辐射能就按照内壁吸收率的大小被减弱一次，最终能离开小孔的能量是微乎其微的，可以认为投入辐射完全在

图 10-5　黑体模型

空腔内部被吸收。所以，就辐射特性而言，小孔具有黑体表面一样的性质。值得指出，小孔面积占空腔内壁总面积的比值越小，小孔就越接近黑体。若小孔占内壁面积小于 0.6%，当内壁吸收率为 60% 时，计算表明，小孔的吸收率可大于 99.6%。应用这种原理建立的黑体模型，在黑体辐射的试验研究及为实际物体提供辐射的比较标准等方面都是十分有用的。

2. 黑体的辐射

物体向外界发射的辐射能量用辐射力表示。辐射力是物体在单位时间单位表面积向表面上半球空间所有方向发射的全部波长的总辐射能量，记为 E，单位是 W/m^2。辐射力表征物体发射辐射能本领的大小。

在热辐射的整个波谱内，不同波长发射出的辐射能是不同的。黑体的辐射能如图10-6所示。图上每条曲线下的总面积表示相应温度下黑体的辐射力。对特定波长 λ 来说，从波长 λ 到 $\lambda + d\lambda$ 区间发射出的能量为 $E_\lambda d\lambda$，参看图中阴影的面积（图中以 $T = 1000K$ 为例）。

此图的纵坐标 $E_{b\lambda}$ 称为单色辐射力，它与辐射力之间存在着如下的关系：

$$E = \int_0^\infty E_\lambda \, d\lambda \qquad (10\text{-}5)$$

注意：单色辐射力与辐射力的单位相差一个长度单位，单色辐射力的单位是 W/m^3。为明确起见，以后凡属于

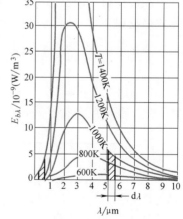

图 10-6　黑体的辐射能

黑体的一切量，都将标明下标 b。例如，黑体的辐射力和单色辐射力将分别表示为 E_b 和 $E_{b\lambda}$。

第二节　热辐射的基本定律

一、普朗克定律

普朗克定律揭示了黑体辐射能量按波长的分布规律，即黑体单色辐射力 $E_{b\lambda}=f(\lambda,T)$ 的具体函数形式。根据量子理论推导得到的普朗克定律有如下数学表达式：

$$E_{b\lambda}=\frac{C_1\lambda^{-5}}{e^{C_2/(\lambda T)}-1} \tag{10-6}$$

式中　　λ——波长（m）；

$\qquad$ T——黑体的热力学温度（K）；

$\qquad$ e——自然对数的底；

$\quad$ C_1——常数，其值为 3.74177×10^8 W·μm^4/m^2；

$\quad$ C_2——常数，其值为 1.43877×10^{-2} m·K。

图 10-6 为普朗克定律式的图示。按照普朗克定律，在热辐射有实际意义的区段内，单色辐射力先随着波长的增加而增大，经过峰值后则随波长的增加而减小。

细心观察图 10-6 上的曲线可以发现，曲线的峰值随着温度的升高移向较短的波长。对应于单色辐射力峰值的波长 λ_m 与热力学温度 T 之间存在着如下的关系：

$$\lambda_m T=2.8976\times10^{-3}\text{m·K}\approx2.9\times10^{-3}\text{m·K} \tag{10-7}$$

式（10-7）表达的波长 λ_m 与热力学温度成反比的规律，称为**维恩位移定律**。

在工业一般高温范围（约 2000K）内，$\lambda_m=1.45\mu$m，黑体辐射峰值的波长位于红外线区段；在太阳表面温度（约 5800K）下，$\lambda_m=0.50\mu$m，黑体辐射峰值的波长，则位于可见光区段。

普朗克定律也为加热金属时呈现的不同颜色，即所谓色温提供解释的依据。当金属温度低于 500℃ 时，由于实际上没有可见光辐射，不能观察到金属颜色的变化。随着温度进一步地升高，金属将出现所谓白炽，这是由于随着温度的升高，热辐射中可见光部分不断增加所致。利用色温判断被加热物体的温度，不需要在灼热的物体上安装测温元件，有特殊的优越性。

二、斯蒂芬-玻耳兹曼定律

在热辐射的分析计算中，确定黑体的辐射力是至关重要的。将普朗克定律式（10-6）代入式（10-5），积分的结果就得到著名的斯蒂芬-玻耳兹曼定律：

$$E_b=\sigma_b T^4 \tag{10-8}$$

这个理论关系也为试验所证实。它提示了黑体辐射力正比于其热力学温度的四次方的规律，故又称四次方定律。

式中　σ_b——黑体辐射常数，其值为 $5.67\times10^{-8}\,\mathrm{W/(m^2\cdot K^4)}$。为了高温时计算上的方便，通常把式（10-8）改写成如下形式：

$$E_b = C_b\left(\frac{T}{100}\right)^4 \tag{10-9}$$

式中　C_b——黑体辐射系数，其值为 $5.67\,\mathrm{W/(m^2\cdot K^4)}$。

三、兰贝特定律（余弦定律）

兰贝特定律揭示黑体辐射按空间方向的分布规律。

一个漫射表面向周围半球空间各个不同方向辐射的能量是不同的。以辐射表面 dA 为中心的半球面上，在表面法线方向的辐射能量为最大，而随着离开法线方向 θ 角的增加，辐射能量将逐渐减弱，因该表面在不同方向上的可见辐射面积不同。

兰贝特定律确定了漫射表面定向辐射力之间的关系，即任意方向上的定向辐射力 E_θ 等于法线方向上的定向辐射力 E_n 乘以该表面与法线夹角的余弦值（图10-7）。

$$E_\theta = E_n\cos\theta$$

另一表达形式：由定向辐射强度定义

$$I_\theta = \frac{E_\theta}{\cos\theta} = \frac{E_n\cos\theta}{\cos\theta} = E_n = I_n \tag{10-10}$$

或

$$I_{\theta1} = I_{\theta2} = \cdots = I_n \tag{10-11}$$

即漫射表面的辐射强度与方向无关，具有各向同性的特性。

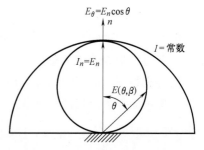

图10-7　兰贝特（余弦）定律

下面推导漫射表面的定向辐射强度 I 与辐射力 E 间的关系，如是黑体：

$$E_b = \int_{\omega=2\pi}\frac{\mathrm{d}Q_\theta}{\mathrm{d}A} = \int_{\omega=2\pi}I_\theta\cos\theta\mathrm{d}\omega = I_b\iint_{\omega=2\pi}\cos\theta\sin\theta\mathrm{d}\theta\mathrm{d}\varphi$$

$$= I_b\int_0^{2\pi}\mathrm{d}\varphi\int_0^{\frac{\pi}{2}}\sin\theta\cos\theta\mathrm{d}\theta = \pi I_b$$

即

$$\left.\begin{array}{c}E_b = \pi I_b \\ E = \pi I \\ E_\lambda = \pi I_\lambda\end{array}\right\} \tag{10-12}$$

适用于物体是漫射表面或服从兰贝特定律的物体。

从式（10-12）可以看出，黑体辐射力是辐射强度的 π 倍，表明黑体辐射强度仅随热力学温度而变；当辐射物体遵守兰贝特定律时，辐射力是任何方向上定向辐射强度的 π 倍。兰贝特定律只适用于具有漫射表面的物体（黑体与灰体，其 E，ε 与方向无关），对实际物体表面各个方向的辐射强度并不是常数。

四、基尔霍夫定律

在辐射换热计算中，不仅要计算物体本身发射出去的辐射，还要计算物体对投来辐射的吸收。基尔霍夫定律提示了实际物体的辐射力与吸收率之间的理论关系。设想一个很小的实际物体 1 被包在一个黑体大空腔中，如图 10-8 所示，空腔和物体处于热平衡状态。对于实际物体 1 的能量平衡关系：在投来的黑体辐射 E_b 中，被它吸收的部分是 $\alpha_1 E_b$，其余部分反射回空腔内壁被完全吸收，而不再返回。在热平衡状态下可得 $\alpha_1 E_b = E_1$。物体 1 是任意的，推广到其他实际的物体时可得

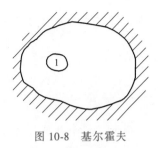

图 10-8　基尔霍夫
定律示意图

$$\frac{E_1}{\alpha_1} = \frac{E_2}{\alpha_2} = \frac{E_3}{\alpha_3} = \cdots = \frac{E}{\alpha} = E_b \qquad (10\text{-}13)$$

式（10-13）就是基尔霍夫定律的数学表达式。它可以表述为：任何物体的辐射力与它对来自同温度黑体辐射的吸收率的比值，与物性无关而仅取决于温度，恒等于同温度下黑体的辐射力。

从基尔霍夫定律可以得出如下的重要推论：

1）在相同温度下，一切物体的辐射力以黑体的辐射力为最大。

2）物体的辐射力越大，其吸收率也越大。换句话说，善于辐射的物体必善于吸收。

第三节　固体和液体及灰体的辐射

一、固体和液体的辐射

前述为黑体辐射的各种规律，它为讨论实际物体（固体和液体）的辐射，以及下面将要叙述的灰体的辐射准备了条件，提供了比较的标准。实际物体的辐射一般与黑体不同。实际物体的单色辐射力 E_λ 随波长和温度不同而发生不规则的变化，只能通过该物体在一定温度下的辐射光谱试验来测定。图 10-9 为同一温度下（$T =$ 常数）三种不同类型物体的 $E_\lambda = f(\lambda, T)$ 关系图。该图说明了：①实际物体的单色辐射力按波长分布是不规则的。②同一温度下实际物体的辐射力总是小于黑体的辐射力。把实际物体的单色辐射力与同温度下黑体单色辐射力之比称为该物体的单色发射率或单色黑度，以 ε_λ 表示，则

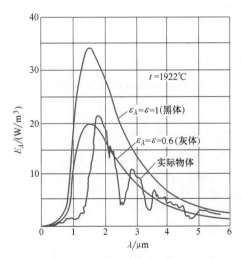

图 10-9　黑体、灰体和实际
物体单色辐射力比较

$$\varepsilon_\lambda = E_\lambda / E_{b\lambda}$$

或 $$E_\lambda = \varepsilon_\lambda E_{b\lambda} \tag{10-14}$$

同理，将物体的辐射力与同温度下黑体辐射力之比称为该物体的发射率或黑度，用 ε 表示，则

$$\varepsilon = E / E_b$$

或 $$E = \varepsilon E_b \tag{10-15}$$

根据发射率（或黑度）的定义和四次方定律，用于实际物体时，为工程计算方便，可采用下列形式：

$$E = \varepsilon E_b = \varepsilon \sigma_b T^4 = \varepsilon C_b \left(\frac{T}{100}\right)^4 \tag{10-16}$$

但是，实际物体的辐射力并不严格与热力学温度的四次方正正比，所以采用式（10-16）而引起的误差要通过修正物体的发射率 ε 来补偿。

大量试验测定表明，除了高度磨光的金属表面外，实际物体半球平均发射率与表面法向发射率近似相等。各种固体材料沿表面法线方向上的发射率 ε 取决于物体种类、表面温度和表面状况。不同物质的发射率差异是很明显的。金属材料的发射率随温度升高而增大，例如，严重氧化后的表面在50℃和500℃的温度下，其发射率分别为0.2和0.3。同一金属材料，高度磨光表面的发射率是粗糙表面和受到氧化作用的表面的发射率值的几分之一。例如，在常温下无光泽的黄铜发射率为0.22，而磨光后却只有0.05。一些常用材料的表面发射率见附录Ⅰ。

二、灰体的辐射

实际物体的单色吸收率 α_λ 对不同波长的辐射具有选择性，即 α_λ 与波长 λ 有关。如果假定物体的单色吸收率与波长 λ 无关，即 α_λ =常数，这种假定的物体称为灰体。

针对灰体的基尔霍夫定律确认

$$\frac{E}{\alpha} = E_b$$

此式与式（10-16）对比可发现：灰体的吸收率 α 在数值上等于灰体在同温度下的发射率，即

$$\alpha = \varepsilon \tag{10-17}$$

这个由基尔霍夫定律引申出来的推论，对计算灰体间的辐射换热有极其重要的意义。根据这一推论，在计算灰体间的辐射换热时，吸收率和发射率可以互相对换。

第四节 黑体间的辐射换热及角系数

黑体表面间的辐射换热除了应用斯蒂芬-玻耳兹曼定律外，复杂之处主要在于角系数。由于角系数纯属几何因子，讨论中导出的角系数及其性质对黑体辐射及非黑体辐射都是适用的。

一、黑体间的辐射换热

任意放置的两个黑体表面会向位于其上方的半球空间进行辐射。一般来说，任何一个表面与其他表面的辐射换热，不能仅仅考虑两个表面间的作用，还要同时考虑全部有关表面的作用。

考察图 10-10 所示两个任意放置的黑体表面间的辐射换热。假如两个表面面积分别为A_1 和 A_2，分别维持恒温 T_1 和 T_2，表面之间的介质对热辐射是透明的。每个表面发射出的能量都只有一部分可以到达另一个表面，其余部分则落到空间里。把表面 1 发射出的辐射能落到表面 2 上的百分数称为表面 1 对表面 2 的角系数，记为 X_{12}。同理，也可以定义表面 2 对表面 1 的角系数 X_{21}。落在黑体表面上的能量被全部吸收，所以两个表面间的换热量为

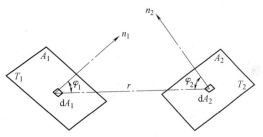

图 10-10 任意放置的两个黑体
表面间的几何关系

$$\Phi_{12} = E_{b1}A_1X_{12} - E_{b2}A_2X_{21}$$

若角系数用换热量表示时，则角系数 $X_{12} = \dfrac{\Phi_{12}}{\Phi_1}$。同理，$X_{21} = \dfrac{\Phi_{21}}{\Phi_1}$。当 $T_1 = T_2$ 时，$\Phi_{12} = 0$，于是 $E_{b1} = E_{b2}$。由此可以得出

$$A_1X_{12} = A_2X_{21} \tag{10-18}$$

式（10-18）表示两个表面在辐射换热时角系数的相对性。上式的关系不受温度条件的约束，因角系数纯属几何因子，仅取决于几何特性（形状、尺寸及物体的相对位置），所以式（10-18）在换热条件下也同样成立。于是两个黑体间辐射换热的计算公式为

$$\Phi_{12} = A_1X_{12}(E_{b1} - E_{b2}) = A_2X_{21}(E_{b1} - E_{b2}) \tag{10-19}$$

式中黑体辐射力由斯蒂芬-玻耳兹曼定律确定，角系数 X_{12} 和 X_{21} 的定义及确定方法将在下面讨论。

二、角系数

确定角系数有多种方法，如积分法、几何法（如图解法）及代数法等。本节将讨论角系数的定义，并简要地介绍比较直观的代数法。

参看图 10-10，考察微元面积 dA_1 对 dA_2 的角系数。r 为两物体中心的连线，可以证明

角系数 $X_{d1,d2}$

$$X_{d1,d2} = \frac{\cos\varphi_1 \cos\varphi_2}{\pi r^2} dA_2$$

dA_2 是面积 A_2 上的微元面积，对整个 A_2 面积的积分可得 dA_1 对 A_2 表面的角系数 $X_{d1,2}$

$$X_{d1,2} = \int_{A_2} \frac{\cos\varphi_1 \cos\varphi_2}{\pi r^2} dA_2$$

同理可得微元面积 dA_2 对 A_1 表面的角系数 $X_{d2,1}$

$$X_{d2,1} = \int_{A_1} \frac{\cos\varphi_1 \cos\varphi_2}{\pi r^2} dA_1$$

整个表面 A_1 和 A_2 之间的角系数 X_{12} 和 X_{21} 显然可由下列积分定义：

$$X_{12} = \frac{1}{A_1} \int_{A_1} X_{d1,2} dA_1 \tag{10-20}$$

$$X_{21} = \frac{1}{A_2} \int_{A_2} X_{d2,1} dA_2 \tag{10-21}$$

给定表面 A_1 和 A_2 之间的几何特性，角系数 X_{12} 和 X_{21} 即可从上述定义式求得。

前面已经提到角系数的相对性这个重要性质。角系数还有完整性的性质。图 10-11 所示为由几个表面组成的封闭腔，根据能量守恒原理，从任何一个表面发射出的辐射能必须全部落到其他表面上：$\Phi_1 = \Phi_{11} + \Phi_{12} + \Phi_{13} + \cdots + \Phi_{1n}$。因此，任何一个表面对其他各表面的角系数之间存在着下列关系（以表面 1 为例）：

$$X_{11} + X_{12} + X_{13} + \cdots + X_{1n} = \sum_{i=1}^{n} X_{1i} = 1 \tag{10-22}$$

式中表面 1 若为凸表面时，$X_{11} = 0$，式（10-22）表达的关系称为角系数的完整性。注意：角系数与换热量的比是等价的，即 $X_{1n} = \frac{\Phi_{1n}}{\Phi_1}$。

这里结合图 10-12 所示的几何系统来阐述确定角系数的代数法。假定图示由三个非凹表面组成的系统在垂直于纸面方向上是很长的，因此可认为是个封闭系统（也就是说系统两端开口处逸出的辐射可以略去不计）。设三个表面的面积分别为 A_1、A_2 和 A_3。

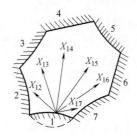

图 10-11 角系数的
完整性

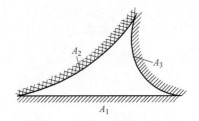

图 10-12 三个非凹表面组成的
封闭辐射系统

根据角系数的完整性和相对性可以写出：

$$X_{12} + X_{13} = 1$$
$$X_{21} + X_{23} = 1$$
$$X_{31} + X_{32} = 1$$
$$A_1 X_{12} = A_2 X_{21}$$
$$A_1 X_{13} = A_3 X_{31}$$
$$A_3 X_{23} = A_3 X_{32}$$

这是一个 6 元一次联立方程组，据此可以解出 6 个未知的角系数。例如，角系数 X_{12} 为

$$X_{12} = \frac{A_1 + A_2 - A_3}{2A_1} \tag{10-23}$$

其他 5 个角系数也可以仿照 X_{12} 的模式求出。因为在垂直于纸面方向上三个表面的长度是相同的。所以式（10-23）中的面积完全可用图上表面线段的长度替代。设线段长度分别为 L_1、L_2 和 L_3，则式（10-23）可改写为

$$X_{12} = \frac{L_1 + L_2 - L_3}{2L_1} \tag{10-24}$$

【例 10-1】　试用代数法确定图 10-13 所示的表面 A_1 和 A_2 之间的角系数，假定垂直于纸面方向上表面的长度是无限延伸的。

解：作辅助线 ac 和 bd，它们代表两个假想面，与 A_1 和 A_2 一起组成一个封闭腔。在此系统里，根据角系数的完整性，表面 A_1 对 A_2 的角系数可表示为

$$X_{ab,cd} = 1 - X_{ab,ac} - X_{ab,bd}$$

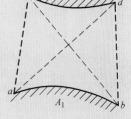

图 10-13　例题 10-1 附图

同时，也可以把图形 abc 和 abd 看成两个各由三个表面组成的封闭腔。将式（10-24）应用于这两个封闭腔可得

$$X_{ab,ac} = \frac{ab + ac - bc}{2ab}$$

$$X_{ab,bd} = \frac{ab + bd - ad}{2ab}$$

于是可得 A_1 对 A_2 的角系数为

$$X_{12} = X_{ab,cd} = \frac{(bc + ad) - (ac + bd)}{2ab}$$

由于分子中各线段均是各点间的直线长度，因此，此种代数法又称拉线法。

　　一些常见的典型几何系统的角系数，都有现成公式或线算图可查用。图 10-14 为相互垂直的两长方形表面间的角系数线算图。图 10-15 和图 10-16 分别为平行的长方形和平行的同心圆形表面间的角系数线算图。更详尽的资料可参阅有关手册。

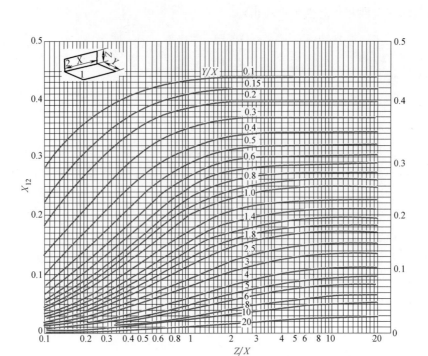

图 10-14　相互垂直的两长方形表面间的角系数线算图

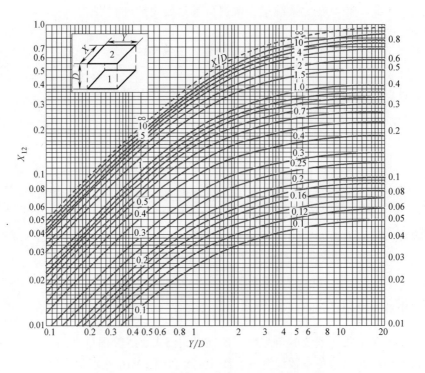

图 10-15　平行的长方形表面间的角系数线算图

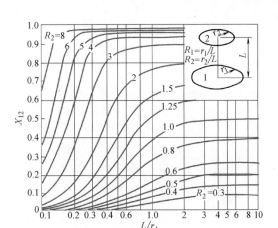

图 10-16　平行的同心圆形表面间的角系数线算图

【例 10-2】　有两个相互平行的黑体矩形表面，其尺寸为 1m×2m，相距 1m。若两个表面的温度分别为 727℃ 和 227℃，试计算两表面之间的辐射换热量。

解：首先需要确定两表面之间的角系数。为此算出如下的量纲为一的参量：

$$X/D = 2/1 = 2.0$$

$$Y/D = 1/1 = 1.0$$

由图 10-15 查得角系数 $X_{12} = 0.258$。代入黑体间辐射换热公式（10-19）得

$$\Phi_{12} = A_1 X_{12} (E_{b1} - E_{b2})$$

$$= A_1 X_{12} C_b \left[\left(\frac{T_1}{100} \right)^4 - \left(\frac{T_2}{100} \right)^4 \right]$$

$$= 2 \times 0.258 \times 5.67 \times \left[\left(\frac{1000}{100} \right)^4 - \left(\frac{500}{100} \right)^4 \right] kW$$

$$= 30.3 kW$$

【例 10-3】　试确定图 10-17 所示的表面 1 对表面 2 的角系数 X_{12}。

解：由图 10-17 可见，表面 A_2 对表面 A 及表面 A_2 对联合面（1+A）都是相互垂直的矩形，因此角系数 X_{2A} 及 $X_{2,(1+A)}$ 都可由图 10-14 查出：

$$X_{2A} = 0.10$$

$$X_{2,(1+A)} = 0.15$$

表面 A_2 的辐射能落到联合面（1+A）上的百分数等于表面 A_2 的辐射能落到表面 A_1 和表面 A 的百分数的和。在此情况下，角系数 $X_{2,(1+A)}$ 是可以分解的，即

$$X_{2,(1+A)} = X_{21} + X_{2A}$$

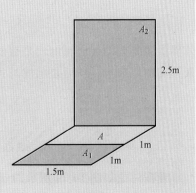

图 10-17　例题 10-3 附图

于是

$$X_{21} = X_{2,(1+A)} - X_{2A}$$

根据角系数的相对性，角系数 X_{12} 为

$$X_{12} = \frac{A_2 X_{21}}{A_1} = \frac{A_2 (X_{2,(1+A)} - X_{2A})}{A_1}$$

$$= \frac{2.5 \times (0.15 - 0.10)}{1}$$

$$= 0.125$$

第五节　灰体间的辐射换热

一、有效辐射

灰体表面对投入辐射只能部分地吸收，其余部分则反射出去。由于这个缘故，灰体间的辐射换热比黑体间的辐射换热要复杂，在灰体表面间存在着多次反射、吸收的现象。为使分析和计算得到简化，需引用有效辐射概念。

单位时间内投射到表面单位面积上的总辐射能被称为投入辐射，记为 G；单位时间内离开表面单位面积的总辐射能为该表面的有效辐射，记为 J。有效辐射不仅包括表面的本身辐射 E，还包括投入辐射 G 中被表面反射的部分 ρG。这里 ρ 为表面的反射率，可表示成 $1-\alpha$。参看图 10-18，考察表面温度均匀、表面辐射特性为常数的表面 A_1。根据有效辐射的定义，A_1 的有效辐射 J_1 为

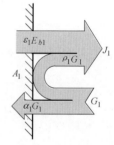

图 10-18　有效辐射示意图

$$J_1 = E_1 + \rho_1 G_1 = \varepsilon_1 E_{b1} + (1-\alpha_1) G_1 \tag{10-25}$$

外界能感受到的表面辐射就是有效辐射。用辐射探测仪能够测量到的也是有效辐射。两个灰体间的辐射换热，可表示成与式（10-19）相对应的形式，即

$$\Phi_{12} = A_1 X_{12} (J_1 - J_2) \tag{10-26}$$

二、两个灰体间的辐射换热

现在讨论如图 10-19 所示的仅有两个灰体参与换热的系统。图 10-19a 为空腔与其内包物体组成的换热系统。图 10-19b、c 为仅由两个表面组成的封闭腔。这些换热系统可采用辐射换热网络进行求解。

应用辐射热阻构成辐射换热网络的方法如下：

将式（10-19）和式（10-26）改写成

黑体 $$\Phi_{12} = \frac{E_{b1} - E_{b2}}{\dfrac{1}{A_1 X_{12}}} \qquad (10\text{-}27)$$

灰体 $$\Phi_{12} = \frac{J_1 - J_2}{\dfrac{1}{A_1 X_{12}}} \qquad (10\text{-}28)$$

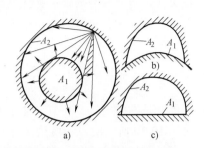

图 10-19　两个物体组成的
辐射换热系统

a）空腔与其内包物体

b）两个表面组成的封闭腔（两个曲面）

c）两个表面组成的封闭腔（其一为平面）

它们都可与电学中的欧姆定律式进行类比。Φ_{12} 对应于电路中的传输量电流，$E_{b1} - E_{b2}$ 或 $J_1 - J_2$ 对应于电路两端的电位差，而 $1/(A_1 X_{12})$ 是辐射换热的热阻，它对应于电路中的电阻。这个热阻仅仅取决于空间参量，而与表面辐射特性无关，所以称为辐射空间热阻。两个黑体间辐射换热的网络如图 10-20 所示。

对于灰体，由于发射率小于 1，除辐射空间热阻外还有表面热阻。参看图 10-18，表面 A_1 单位面积失去的热量为

$$\frac{\Phi_1}{A_1} = J_1 - G_1$$

利用此式与式（10-25）消去 G_1，并注意到对灰体 $\alpha_1 = \varepsilon_1$，可得

$$\Phi_1 = \frac{\varepsilon_1 A_1}{1 - \varepsilon_1}(E_{b1} - J_1) = \frac{E_{b1} - J_1}{(1 - \varepsilon_1)/(\varepsilon_1 A)} \qquad (10\text{-}29)$$

式（10-29）与欧姆定律式进行类比，网络电路的电位差对应于 $E_{b1} - J_1$，网络电路的电阻对应于 $(1 - \varepsilon_1)/(\varepsilon_1 A_1)$。$(1 - \varepsilon_1)/(\varepsilon_1 A_1)$ 称为表面辐射热阻，简称表面热阻。图 10-21 为表面 A_1 的表面热阻网络。可以看出，表面发射率越大，越接近于黑体，则表面热阻越小。对于黑体，表面热阻为零，网络图中 E_{b1} 和 J_1 节点重合。图 10-22 示出两个灰体间辐射换热的网络图。依次类推，三个灰体间的辐射换热网络可以表示成如图 10-23 所示。辐射换热表示成网络后，就可以方便地应用电路分析原理进行求解。

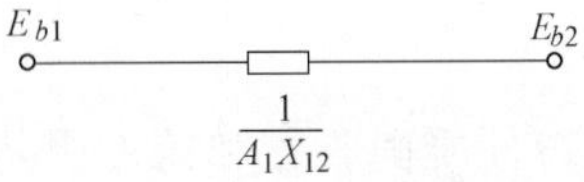

图 10-20　两黑体表面间的辐射换热网络

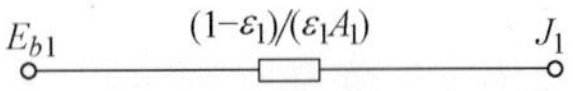

图 10-21　表面热阻网络

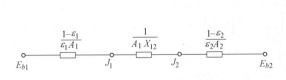

图 10-22　两个灰体间的辐射换热网络

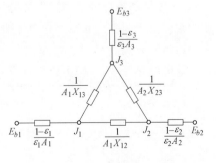

图 10-23　三个灰体间的辐射换热网络

仅由两个灰体参与的辐射换热网络如图 10-22 所示。对于此网络，应用串联电路总电阻叠加之和的原理，可直接写出辐射换热量的计算为

$$\Phi_{12} = \frac{E_{b1} - E_{b2}}{\dfrac{1-\varepsilon_1}{\varepsilon_1 A_1} + \dfrac{1}{A_1 X_{12}} + \dfrac{1-\varepsilon_2}{\varepsilon_2 A_2}} \tag{10-30}$$

式中分母就是网络中三个环节分热阻的和。

对图 10-19 所示的三种换热场合，由于表面 A_1 对表面 A_2 的角系数 $X_{12} = 1$，即有效辐射 J_1 可全部到达表面 A_2，辐射换热量计算式（10-30）可简化为

$$\Phi_{12} = \frac{A_1(E_{b1} - E_{b2})}{\dfrac{1}{\varepsilon_1} + \dfrac{A_1}{A_2}\left(\dfrac{1}{\varepsilon_2} - 1\right)} = \varepsilon_s A_1 C_b\left[\left(\frac{T_1}{100}\right)^4 - \left(\frac{T_2}{100}\right)^4\right] \tag{10-31}$$

式中，ε_s 称为此换热场合的系统发射率（或称系统黑度）。

在下述特殊情况下，式（10-31）还可以进一步简化：

1）表面积 A_1 和 A_2 相差甚小，即 $A_1/A_2 \to 1$ 的系统是个重要的特例。比如无限大的平行平板间的辐射换热及铸造中通过铸件收缩形成气隙的辐射换热均属于这种情况。这时，辐射换热量 Φ_{12} 简化成为

$$\Phi_{12} = \frac{A_1(E_{b1} - E_{b2})}{\dfrac{1}{\varepsilon_1} + \dfrac{1}{\varepsilon_2} - 1} = \frac{A_1 C_b\left[\left(\dfrac{T_1}{100}\right)^4 - \left(\dfrac{T_2}{100}\right)^4\right]}{\dfrac{1}{\varepsilon_1} + \dfrac{1}{\varepsilon_2} - 1} \tag{10-32}$$

2）另一个极限是表面积 A_2 比 A_1 大得多，即 $A_1/A_2 \to 0$ 的辐射换热系统。大炉腔内壁与内包小工件间的辐射换热，以及气体容器（或管道）内测温热电偶结点与容器壁间的辐射换热都属于这种情况。这时，式（10-31）简化成

$$\Phi_{12} = \varepsilon_1 A_1(E_{b1} - E_{b2}) = \varepsilon_1 A_1 C_b\left[\left(\frac{T_1}{100}\right)^4 - \left(\frac{T_2}{100}\right)^4\right] \tag{10-33}$$

对于这个特例，系统发射率仅取决于小物体的发射率，$\varepsilon_s = \varepsilon_1$，而不受包壳发射率的影响。

【例 10-4】 在金属型中铸造镍铬合金板铸件。由于铸件凝固收缩和铸型受热膨胀，铸件与铸型间形成厚 1mm 的空气隙。已知气隙两侧铸型和铸件的温度分别为 300℃ 和 600℃，铸型和铸件的表面发射率分别为 0.8 和 0.67。试求通过气隙的热流密度。

解：由于气隙尺寸很小，对流难以发展而可以忽略，热量通过气隙依靠辐射换热和导热两种方式。

辐射换热可按式（10-32）计算：

$$q_{12} = \frac{C_b\left[\left(\dfrac{T_1}{100}\right)^4 - \left(\dfrac{T_2}{100}\right)^4\right]}{\dfrac{1}{\varepsilon_1} + \dfrac{1}{\varepsilon_2} - 1}$$

$$= \frac{5.67 \times \left[\left(\frac{600+273}{100} \right)^4 - \left(\frac{300+273}{100} \right)^4 \right]}{\frac{1}{0.67} + \frac{1}{0.8} - 1} W/m^2$$

$$= 15400 W/m^2$$

导热可按式（8-10）计算，从附录 F 查得在 450℃ 时空气的 $\lambda = 0.0548 W/(m \cdot ℃)$：

$$q = \frac{\lambda}{\delta} \Delta T = \frac{0.0548}{0.001} \times (600-300) W/m^2 = 16400 W/m^2$$

通过气隙的热流密度 $= (15400 + 16400) \ W/m^2 = 31800 W/m^2$

三、具有重辐射面的封闭腔的辐射换热

在工程实践中，除了参与辐射换热的表面外还常会遇到具有绝热表面的封闭腔。例如，炉窑内部保温很好的耐火炉墙就是这种绝热表面。绝热表面的特征是把落在它表面上的辐射热量全部反射出去，这种重新辐射的性质使它有重辐射面之称。虽然重辐射面本身无热量的流入与流出，但它的重辐射作用却影响到换热表面间的辐射换热量。这时，应用辐射网络求解这类问题十分方便。由两个灰体辐射面和一个重辐射面组成的封闭腔的辐射网络如图 10-24 所示。可以注意到，图中结点 J_3 没有连接表面热阻网络单元，它是个悬浮节点，

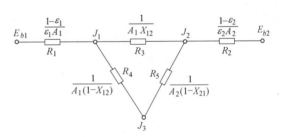

图 10-24　一个重辐射面和两个灰体表面构成的封闭腔的辐射网络

因为它不是一个辐射热量的来源。图 10-24 的网络系统是一个简单的串并联等效电路。

第六节　气体辐射

在工业上常见的温度范围内，空气、氢、氧、氮等结构对称的双原子气体，无发射和吸收辐射的能力，可认为是透明体。但是，二氧化碳、水蒸气、二氧化硫、甲烷和一氧化碳等气体都具有辐射的本领。由于燃料不同，燃烧产物（高温炉窑中的热源）中辐射气体的成分是不同的。煤和天然气的燃烧产物中常有一定浓度的二氧化碳和水蒸气。高炉煤气主要成分是一氧化碳、二氧化碳和氮。

一、气体辐射的特点

气体辐射与固体比较有如下特点：

（1）气体辐射对波长有选择性　通常固体表面辐射和吸收的光谱是连续的，而气体则是间断的。一种气体只在某些波长范围内有辐射能力，相应地也只在同样波长范围内具有吸收能力。一般把这种有辐射能力的波段称为光带。对于光带以外的辐射射线，气体可以看作是透明体。表10-1列出了二氧化碳和水蒸气的光带范围。从表中可以看出，两者有部分光带是重叠的。

表 10-1　水蒸气和二氧化碳的辐射及吸收光带

光带	H_2O		CO_2	
	波长自 $\lambda_1 \sim \lambda_2 / \mu m$	$\Delta\lambda / \mu m$	波长自 $\lambda_1 \sim \lambda_2 / \mu m$	$\Delta\lambda / \mu m$
第一光带	2.74~3.27	0.53	2.36~3.02	0.66
第二光带	4.80~8.50	3.70	4.01~4.80	0.79
第三光带	12.00~25.00	13.00	12.5~16.5	4.00

（2）气体的辐射和吸收在整个容积中进行　固体和液体的辐射和吸收都具有在表面上进行的特点，而气体则不同。就吸收而言，投射到气体层界面上的辐射能在穿过气体的行程中被吸收而逐步削弱，其情景与光在雾层中被吸收减弱相似。与光的削弱规律相同，气体的穿透率按指数规律衰减，符合布格尔定律，即

$$\tau_g = e^{-kL}$$

式中　L——射线行程长度；

k——辐射减弱系数。就辐射而言，气体层界面所感觉到的辐射是到达界面的整个容积气体的辐射能的总和。这都说明，气体对指定界面某点的辐射力与射线行程的长度有关，射线行程取决于气体容积的形状和大小。任意几何形状气体对整个包壳辐射的平均射线行程可按下式进行近似计算：

$$L = 3.6 \frac{V}{A}$$

式中　V——气体容积（m^3）；

A——包壳面积（m^2）。

（3）气体的反射率为零　各种气体对辐射的反射能力都很小，可以认为气体的反射率 $\rho = 0$，所以吸收率 α、透射率 τ 之和为

$$\alpha + \tau = 1$$

二、气体的发射率

工程上重要的是确定气体的辐射力 E_g。按定义，气体发射率（又称气体黑度）显然就是辐射力 E_g 与同温度下黑体辐射力 E_b 之比，即

$$\varepsilon_g = \frac{E_g}{E_b} \tag{10-34}$$

气体发射率 ε_g 主要取决于气体的种类、气体温度和辐射行程中的气体分子数目。辐射行程中的气体分子数则与气体分压力 p 和射程 L 有关，即与 pL 乘积成正比。于是对一种气体可写出主要因子关系式为

$$\varepsilon_g = f(T_g, pL) \tag{10-35}$$

试验测定结果表明，ε_g 除主要取决于式（10-35）中的 T_g 及 pL 两个因子外，气体分压力还有较弱的单独影响。图 10-25 是不计气体分压力单独影响时试验测定的水蒸气发射率的线图。图中气体发射率 $\varepsilon_{H_2O}^*$ 为纵坐标，T_g 为横坐标，$p_{H_2O}L$ 为参变量。图 10-26 所示的修正系数 C_{H_2O} 则用来考虑气体分压力的单独影响。于是水蒸气的发射率 ε_{H_2O} 可按下式计算：

$$\varepsilon_{H_2O} = C_{H_2O}\varepsilon_{H_2O}^* \tag{10-36}$$

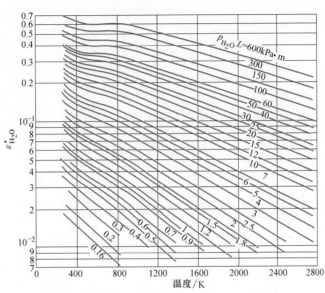

图 10-25 总压力为 100kPa 时 H_2O 的发射率 $\varepsilon_{H_2O}^*$

同样，二氧化碳的 $\varepsilon_{CO_2}^*$ 如图 10-27 所示。

当气体中同时存在水蒸气和二氧化碳两种成分时，气体发射率按下式计算：

$$\varepsilon_g = C_{H_2O}\varepsilon_{H_2O}^* + \varepsilon_{CO_2}^* - \Delta\varepsilon \tag{10-37}$$

式中 $\Delta\varepsilon$——由于水蒸气和二氧化碳光带部分重叠引入的修正量，它由图 10-28 查得。

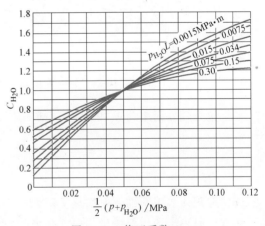

图 10-26 修正系数 C_{H_2O}

三、辐射换热

在气体发射率和吸收率确定之后，气体与黑体包壳之间的辐射换热计算十分简单。这时，只要把气体本身的辐射 $\varepsilon_g E_{bg}$（气体温度为 T_g）减去气体所吸收的辐射 $\alpha_g E_{bw}$（包壳温度为 T_w），即可得到气体与黑体包壳间的辐射换热量（热流密度），即

$$q = \varepsilon_g E_{bg} - \alpha_g E_{bw} = 5.67\left[\varepsilon_g\left(\frac{T_g}{100}\right)^4 - \alpha_g\left(\frac{T_w}{100}\right)^4\right] \tag{10-38a}$$

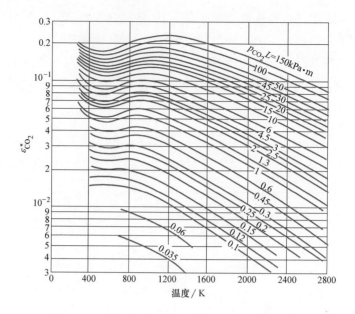

图 10-27 总压力为 100kPa 时 CO_2 的发射率 $\varepsilon^*_{CO_2}$

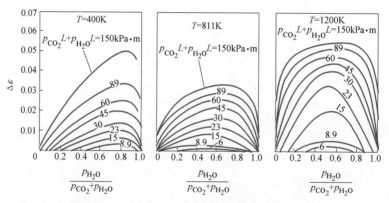

图 10-28 CO_2 和 H_2O 气体光带重叠的修正量 $\Delta\varepsilon$

如果包壳是发射率为 ε_w 的灰体，则气体与灰体包壳间的辐射换热量为

$$q = \frac{5.67}{\frac{1}{\alpha_g} + \frac{1}{\varepsilon_w} - 1} \left[\frac{\varepsilon_g}{\alpha_g} \left(\frac{T_g}{100} \right)^4 - \left(\frac{T_w}{100} \right)^4 \right] \tag{10-38b}$$

气体与灰体包壳间的辐射换热量还可这样估算：包壳除第一次吸收气体辐射 $\varepsilon_w \varepsilon_g E_{bg}$ 外，还有反射出去的辐射热量，经部分吸收后反复多次返回的辐射热量。同理，气体除第一次吸收包壳本身辐射 $\varepsilon_w \alpha_g E_{bw}$ 外，也还吸收多次反复返回的辐射热量。总之，辐射换热量大于只计及第一次的吸收热量为

$$q = \varepsilon_w (\varepsilon_g E_{bg} - \alpha_g E_{bw}) \tag{10-39}$$

对于 $\varepsilon_w > 0.7$ 的包壳，有文献认为取 ε_w 与 1 间的中间值 $\varepsilon'_w = (\varepsilon_w + 1)/2$ 可满足工程计算要求。于是对灰体外壳

$$q = 5.67\varepsilon_{\mathrm{w}}'\left[\varepsilon_{\mathrm{g}}\left(\frac{T_{\mathrm{g}}}{100}\right)^4 - \alpha_{\mathrm{g}}\left(\frac{T_{\mathrm{w}}}{100}\right)^4\right] \tag{10-40}$$

注意：因为气体辐射有选择性，不能把它视作灰体，所以式（10-39）~式（10-40）中的气体吸收率 α_{g} 不等于气体发射率 ε_{g}。水蒸气和二氧化碳共存的混合气体对黑体外壳辐射的吸收率可表示为

$$\alpha_{\mathrm{g}} = C_{\mathrm{H_2O}}\alpha_{\mathrm{H_2O}}^* + \alpha_{\mathrm{CO_2}}^* - \Delta\alpha \tag{10-41}$$

式中，$C_{\mathrm{H_2O}}$ 与式（10-37）中的相同，而 $\alpha_{\mathrm{H_2O}}^*$、$\alpha_{\mathrm{CO_2}}^*$ 和 $\Delta\alpha$ 的确定采用下列经验处理方案：

$$\alpha_{\mathrm{H_2O}}^* = \left[\varepsilon_{\mathrm{H_2O}}^*\right]_{T_{\mathrm{w}},\,p_{\mathrm{H_2O}}L(T_{\mathrm{w}}/T_{\mathrm{g}})}\left(\frac{T_{\mathrm{g}}}{T_{\mathrm{w}}}\right)^{0.45} \tag{10-42}$$

$$\alpha_{\mathrm{CO_2}}^* = \left[\varepsilon_{\mathrm{CO_2}}^*\right]_{T_{\mathrm{w}},\,p_{\mathrm{CO_2}}l(T_{\mathrm{w}}/T_{\mathrm{g}})}\left(\frac{T_{\mathrm{g}}}{T_{\mathrm{w}}}\right)^{0.65} \tag{10-43}$$

$$\Delta\alpha = \left[\Delta\varepsilon\right]_{T_{\mathrm{w}}} \tag{10-44}$$

式中　T_{w}——气体包壳的壁面温度，方括号的下角标是指确定方括号内的量时所用的参量。

【例 10-5】　在直径为 1m、长为 2m 的炉膛中，烟气总压力为 0.1MPa，二氧化碳的体积分数为 10%，水蒸气的体积分数为 8%，其余为不辐射气体。1）已知烟气温度为 1027℃，试确定烟气的发射率；2）若炉膛壁温 $t_{\mathrm{w}} = 527$℃，可视为黑体外壳辐射，试确定烟气对外壳辐射的吸收率（$L = 0.73d$）。

解：1）平均射线行程

$$L = 0.73d = 0.73 \times 1\mathrm{m} = 0.73\mathrm{m}$$

于是

$$p_{\mathrm{H_2O}}L = 0.008 \times 0.73\mathrm{MPa}\cdot\mathrm{m} = 0.00584\mathrm{MPa}\cdot\mathrm{m}$$

$$p_{\mathrm{CO_2}}L = 0.01 \times 0.73\mathrm{MPa}\cdot\mathrm{m} = 0.0073\mathrm{MPa}\cdot\mathrm{m}$$

根据烟气温度 $t_{\mathrm{g}} = 1027$℃，及 $p_{\mathrm{H_2O}}L$、$p_{\mathrm{CO_2}}L$ 值分别由图 10-25、图 10-27 查得

$$\varepsilon_{\mathrm{H_2O}}^* = 0.068,\ \varepsilon_{\mathrm{CO_2}}^* = 0.092$$

计算参量

$$(p + p_{\mathrm{H_2O}})/2 = (0.1 + 0.008)/2\mathrm{MPa} = 0.054\mathrm{MPa}$$

$$p = 0.1\mathrm{MPa}$$

$$p_{\mathrm{H_2O}}/(p_{\mathrm{H_2O}} + p_{\mathrm{CO_2}}) = 0.008/(0.008 + 0.01) = 0.444$$

$$(p_{\mathrm{H_2O}} + p_{\mathrm{CO_2}})L = (0.008 + 0.01) \times 0.73\mathrm{MPa}\cdot\mathrm{m} = 0.0131\mathrm{MPa}\cdot\mathrm{m}$$

分别从图 10-26、图 10-28 查得

$$C_{\mathrm{H_2O}} = 1.05,\ \Delta\varepsilon = 0.014$$

把以上各值代入式（10-37）得

$$\varepsilon_{\mathrm{g}} = 1.05 \times 0.068 + 0.092 - 0.014 = 0.149$$

2）计算如下参量

$$p_{H_2O} L \frac{T_w}{T_g} = 0.00584 \times \frac{800}{1300} MPa \cdot m = 0.0036 MPa \cdot m$$

$$p_{CO_2} L \frac{T_w}{T_g} = 0.0073 \times \frac{800}{1300} MPa \cdot m = 0.0045 MPa \cdot m$$

据这些参量和 $T_w = 527℃$，从图 10-25、图 10-27 分别查得

$$\varepsilon_{H_2O}^* = 0.088 \qquad \varepsilon_{CO_2}^* = 0.082$$

于是

$$\alpha_{H_2O}^* = 0.088 \times \left(\frac{1300}{800}\right)^{0.45} = 0.109$$

$$\alpha_{CO_2}^* = 0.082 \times \left(\frac{1300}{800}\right)^{0.65} = 0.112$$

再根据

$$t_w = 527℃$$

$$p_{H_2O} / (p_{H_2O} + p_{CO_2}) = 0.008 / (0.008 + 0.01) = 0.444$$

$$(p_{H_2O} + p_{CO_2}) L = 0.0131 MPa \cdot m$$

在图 10-28 上查得 $\Delta\varepsilon = 0.008$。于是，根据式（10-41）、式（10-44），气体吸收率为

$$\alpha_g = 1.05 \times 0.11 + 1 \times 0.112 - 0.008 = 0.219$$

第七节　对流与辐射共同存在时的热量传输

工程上实际的热量传输过程常包括两种或两种以上的传输方式，称为综合换热。辐射性气体在运动过程中与表面之间的换热就属于辐射和对流的综合换热，这种换热过程在冶金炉中很重要。该综合换热过程的总热阻相当于对流与辐射热阻的并联，总换热量等于对流与辐射换热量之和。即

$$\Phi = \Phi_c + \Phi_R$$

式中　Φ——综合换热量；

　　Φ_c——对流换热量；

　　Φ_R——辐射换热量。

如气体与包壳间的对流换热量

$$\Phi_c = \alpha_c (T_1 - T_2) A$$

辐射换热量：

$$\Phi_R = \frac{C_b}{\frac{1}{\alpha_1} + \frac{1}{\varepsilon_2} - 1} \left[\frac{\varepsilon_1}{\alpha_1} \left(\frac{T_1}{100}\right)^4 - \left(\frac{T_2}{100}\right)^4 \right] A$$

式中　T_1——高温体的温度（气体）；

　　T_2——低温体的温度（炉壁）。

为了方便起见，将辐射换热写成对流换热的形式：

$$\Phi_R = \alpha_R (T_1 - T_2) A$$

式中　α_R——辐射传热系数，下标 R 与对流的下标 c 相互区别。

显然

$$\alpha_R = \frac{C_b}{\dfrac{1}{\alpha_1} + \dfrac{1}{\varepsilon_2} - 1} \cdot \frac{\left[\dfrac{\varepsilon_1}{\alpha_1} \left(\dfrac{T_1}{100} \right)^4 - \left(\dfrac{T_2}{100} \right)^4 \right]}{T_1 - T_2}$$

交换后的总换热量计算式变为

$$\Phi = (\alpha_c + \alpha_R)(T_1 - T_2) A = k (T_1 - T_2) A \tag{10-45}$$

式中　k——传热系数。

由上述换算可以看出，这种计算方法从工作量上讲并未减少，因为 α_R 的计算要用到上面公式。但是，在综合换热计算，特别是在包括导热时却显得十分方便。

习题

1. 100W 灯泡中的钨丝温度为 2800K，发射率为 0.30。试计算：

（1）若 96% 的热量依靠辐射方式散出，试计算钨丝所需最小表面积。

（2）钨丝单色辐射力最大时的波长。

2. 一个人工黑体腔上的辐射小孔为直径 20mm 的圆，辐射力 $E_b = 3.7 \times 10^5 \, \text{W/m}^2$。一个辐射热流计置于该黑体小孔正前方 0.5m 处，该热流计吸收热量的面积为 $1.6 \times 10^{-5} \, \text{m}^2$。该热流计所得到的黑体投入辐射是多少？

3. 一电炉的电功率为 1kW，炉丝温度为 847℃，直径为 1mm。电炉的效率（辐射功率与电功率之比）为 0.96，炉丝发射率为 0.95，试确定炉丝长度。

4. 试确定图 10-29 中两种几何结构的角系数 X_{12}。

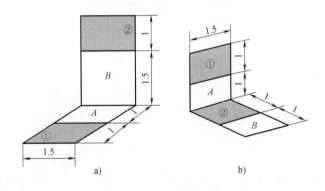

图 10-29　习题 4 图

5. 两块平行放置的大平板的表面发射率均为 0.8，温度分别为 $t_1 = 527℃$ 和 $t_2 = 27℃$，板的间距远小于板的宽与高。试计算：

（1）板 1 的本身辐射。

（2）对板 1 的投入辐射。

（3）板 1 的反射辐射。

（4）板 1 的有效辐射。

（5）板 2 的有效辐射。

（6）板 1 与板 2 间的辐射换热量。

6. 设保温瓶的瓶胆可以看作直径为 10cm、高为 26cm 的圆柱体，夹层抽真空，夹层两内表面发射率都为 0.05。试计算沸水刚注入瓶胆后，初始时刻水温的平均下降速率。夹层两壁壁温可近似地取为 100℃ 及 20℃。

7. 两块宽度为 W、长度为 L 的矩形平板，面对面平行放置组成一个电炉设计中常见的辐射系统，板之间的间隔为 S，长度 L 比 W 及 S 都大得多，试求板对板的角系数。

8. 一电炉内腔如图 10-30 所示。已知顶面 1 的温度 $t_1 = 30℃$，侧面 2（有阴影线的面）的温度 $t_2 = 250℃$，其余表面都是重辐射面。试求：

（1）1 和 2 两个面均为黑体时的辐射换热量。

（2）1 和 2 两个面为灰体，$\varepsilon_1 = 0.2$，$\varepsilon_2 = 0.8$ 时的辐射换热量。

9. 直径为 0.4m 的球壳内充满 N_2、CO_2 和水蒸气（H_2O）组成的混合气体，其温度 $t_g = 527℃$。组成气体的分压力分别为 $p_{N_2} = 1.013 \times 10^5 Pa$，$p_{CO_2} = 0.608 \times 10^5 Pa$，$p_{H_2O} = 0.441 \times 10^5 Pa$，试求混合气体的发射率 ε_g。

10. 已知钢液包敞口面积为 $2m^2$，满包时钢液表面开始时温度为 1600℃。试计算：

（1）敞口开始瞬间散热的热流量。

（2）若包内存钢液 180t，1600℃ 时钢液的比热容 = 703.4J/（kg·℃），开始时钢液因辐射散热引起的温降速率为多少？（提示：钢液表面发射率可从附录 I 中查出。）

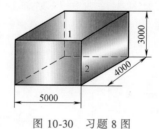

图 10-30 习题 8 图

第十一章

材料加工中的热量传输

在材料的液态成形中，铸件凝固过程是最重要的过程之一，大部分铸件缺陷产生于这一过程。凝固过程的计算对优化铸造工艺，预测和控制铸件质量，防止各种铸造缺陷以及提高生产效率都非常重要。

但是，铸件凝固传热的分析解法比一般物体的导热计算复杂得多，如不规则的铸件几何形态，合金液固界面或凝固区域内结晶潜热的处理，铸件-铸型界面热阻的存在，铸件与外界环境的热交换，热物理参数的选取等均给工程计算带来困难，所以在实践中不得不采用数值计算法。

下面主要对凝固过程的数学模型及结晶潜热的处理进行分析讨论。

一、铸件凝固过程的数学模型

液态金属浇入铸型后在型腔内的冷却凝固过程，是一个通过铸型向周围环境散热的过程。在这个过程中，铸件和铸型内部温度分布是随时间而变化的。从传热方式看，这一散热过程是按导热、对流及辐射三种方式综合进行的。显然，对流和辐射主要发生在边界上。当液态金属充满型腔后，如果不考虑铸件凝固过程中液态金属发生的对流现象，铸件凝固过程可看成是一个不稳定导热过程，因此铸件凝固过程的数学模型符合不稳定导热偏微分方程。但必须考虑铸件凝固过程中的潜热释放。

假定单位面积、单位时间内固相部分的增加率为 $\partial f_s/\partial t$。释放的潜热为

$$\rho L \frac{\partial f_s}{\partial t}$$

式中　ρ——材质的密度（kg/m^3）；

L——结晶潜热（J/kg）；

f_s——凝固时固相的份数。

因此，考虑了潜热的不稳定导热微分方程为：

对于一维系统

$$\rho c \frac{\partial T}{\partial t} = \frac{\partial}{\partial x}\left(\lambda \frac{\partial T}{\partial x}\right) + \rho L \frac{\partial f_s}{\partial t} \tag{11-1}$$

对于二维系统

$$\rho c \frac{\partial T}{\partial t} = \frac{\partial}{\partial x}\left(\lambda \frac{\partial T}{\partial x}\right) + \frac{\partial}{\partial y}\left(\lambda \frac{\partial T}{\partial y}\right) + \rho L \frac{\partial f_s}{\partial t} \tag{11-2}$$

对于三维系统

$$\rho c \frac{\partial T}{\partial t} = \frac{\partial}{\partial x}\left(\lambda \frac{\partial T}{\partial x}\right) + \frac{\partial}{\partial y}\left(\lambda \frac{\partial T}{\partial y}\right) + \frac{\partial}{\partial z}\left(\lambda \frac{\partial T}{\partial z}\right) + \rho L \frac{\partial f_s}{\partial t} \tag{11-3}$$

此外影响铸件凝固过程的因素众多，在求解中若要把所有的因素都考虑进去是不现实的。因此对铸件凝固过程必须进行合理的简化，为了问题的求解，一般进行如下基本假设：

（1）认为液态金属在瞬时充满铸型后开始凝固　假定初始液态金属温度为定值，或为已知各点的温度值。

（2）不考虑液、固相的流动　传热过程只考虑导热。

（3）不考虑合金的过冷　假定凝固是从给出的液相线温度开始，固相线温度结束。

根据以上假设则可得到铸件凝固数学模型。以二维系统为例，在铸件中不稳定导热的控制方程表达式为（图 11-1 所示为热传递方向）

$$\rho_1 c_1 \frac{\partial T}{\partial t} = \frac{\partial}{\partial x}\left(\lambda_1 \frac{\partial T}{\partial x}\right) + \frac{\partial}{\partial y}\left(\lambda_1 \frac{\partial T}{\partial y}\right) + \rho_1 L \frac{\partial f_s}{\partial t} \tag{11-4}$$

式（11-4）左边表示铸件中的热积蓄项，右边第一、二项表示导热项，第三项为潜热项。

在铸型中，不稳定导热的控制方程表达式为

$$\rho_2 c_2 \frac{\partial T}{\partial t} = \frac{\partial}{\partial x}\left(\lambda_2 \frac{\partial T}{\partial x}\right) + \frac{\partial}{\partial y}\left(\lambda_2 \frac{\partial T}{\partial y}\right) \tag{11-5}$$

式中　ρ_2——铸型材料密度（kg/m^3）；

λ_2——铸型材料热导率 [$W/(m \cdot K)$]；

c_2——铸型材料比热容 [$J/(kg \cdot K)$]。

初始条件的处理：根据基本假设（1），认为铸型被瞬时充满，故有

$$T(x, y, 0) = T_{01}（在铸件区域中） \tag{11-6}$$

$$T(x, y, 0) = T_{02}（在铸型区域中）$$

一般 T_{01} 定为等于或略低于浇注温度，T_{02} 为室温或铸型预热温度。

假定在浇注瞬间，因铸件尚未开始凝固，铸型和液态金属的接触是完全的，其共同的界面温度为 T_i。除了界面附近外，离界面较远处的液体金属和铸型温度尚未来得及变化，仍保持浇注温度 T_p 和浇注时的铸型温度 T_0，如图 11-1 所示。

下面分析求 T_i 和界面附近温度的过程。在界面附近

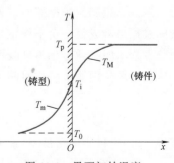

图 11-1　界面初始温度

可以假定只有一维导热，即服从：

$$\frac{\partial T}{\partial t} = a \frac{\partial^2 T}{\partial x^2} \tag{11-7}$$

式（11-7）的通解为

$$T = A + B\mathrm{erf}\left(\frac{x}{2\sqrt{at}}\right) \tag{11-8}$$

在铸件一侧，当 $x = 0$ 时，$T = T_i$；当 $x = \infty$ 时，$T = T_p$。分别代入式（11-8）可得

$$A = T_i ; B = T_p - T_i$$

于是有

$$T_M = T_i + (T_p - T_i)\,\mathrm{erf}\left(\frac{x}{2\sqrt{a_M t}}\right) \tag{11-9}$$

在铸型一侧，当 $x = -\infty$ 时，$T = T_0$；当 $x = 0$ 时，$T = T_i$。分别代入式（11-8）得到

$$A = T_i ; B = T_i - T_0$$

于是有

$$T_m = T_i - (T_i - T_0)\,\mathrm{erf}\left(\frac{x}{2\sqrt{a_m t}}\right) \tag{11-10}$$

式中　T_M、T_m——铸件和铸型温度；

a_M、a_m——铸件和铸型的热扩散率。

在界面上应有：

$$\lambda_M\left(\frac{\partial T_M}{\partial x}\right)_{x=0} = \lambda_m\left(\frac{\partial T_m}{\partial x}\right)_{x=0} \tag{11-11}$$

因为

$$\left(\frac{\partial T_M}{\partial x}\right)_{x=0} = \frac{T_p - T_i}{\sqrt{\pi a_M t}}$$

$$\left(\frac{\partial T_m}{\partial x}\right)_{x=0} = \frac{T_i - T_0}{\sqrt{\pi a_m t}}$$

所以代入式（11-11）后得

$$T_i = \frac{b_m T_0 - b_M T_p}{b_m + b_M} \tag{11-12}$$

式中　b_M、b_m——铸件和铸型的蓄热系数，$b = \sqrt{\lambda \rho c}$。

求出 T_i 后，根据浇注时间可进一步求出 T_M、T_m。

二、凝固潜热的处理

铸件在凝固过程中会释放出大量的潜热。铸件凝固冷却过程实质上是铸件内部显热和潜热不断向外散失的过程。显热的释放与材料的比定压热容 c_p 和温度变化量 ΔT 密切相关；而潜热的释放仅取决于材质本身发生相变时所反映出的物理特性。在铸件凝固冷却过程释放出的总热量中，金属过热的热量仅占 20% 左右，凝固潜热约占 80%。凝固潜热占有相当大的比例。据有关文献报道，以纯铜为例，凝固潜热 L 为 211.5kJ/kg，在熔点附近的液态比定压热容 c_{pL} 为 0.46kJ/(kg·℃)，则可由下式求出其等效温度区间 ΔT^*。

$$\Delta T^* = \frac{L}{c_{pL}} \tag{11-13}$$

对于纯铜 ΔT^* 为 456℃，即表明凝固时放出的潜热量相当于温度下降 456℃ 时所放出的显热。可见，潜热对铸件凝固数值计算的精度起着非常关键的作用。

式（11-1）~式（11-3）均表示考虑了凝固潜热释放的不稳定导热偏微分方程。如对于式（11-1）表示的一维问题：

$$\rho c \frac{\partial T}{\partial t} = \frac{\partial}{\partial x}\left(\lambda \frac{\partial T}{\partial x}\right) + \rho L \frac{\partial f_s}{\partial t}$$

进行如下变更：

$$\rho L \frac{\partial f_s}{\partial t} = \rho L \frac{\partial f_s}{\partial T} \frac{\partial T}{\partial t}$$

并把潜热项移到左边，则成为

$$\rho \left(c - L \frac{\partial f_s}{\partial T}\right)\frac{\partial T}{\partial t} = \frac{\partial}{\partial x}\left(\lambda \frac{\partial T}{\partial x}\right) \tag{11-14}$$

由上式可见，如果固相份数 f_s 和温度 T 的关系已知，则式（11-14）就很容易进行数值求解。

由于合金材质不同，潜热释放的形式也不同，在数值计算中也应采取不同的潜热处理方法。

1. 温度补偿法

纯金属或共晶合金都是在同一温度上发生凝固，也是在该温度上将所有的凝固潜热释放完毕。用有限差分法对这类合金的铸件进行计算时，应把握住其恒温凝固的特点，为此需做如下处理：

铸件内任一单元 i，设其初始温度高于凝固点 T_s。计算时要满足条件为

$$\sum_{i=1}^{m} \Delta T_i \geqslant \Delta T^* \tag{11-15}$$

即将潜热的释放折合成等效温度区间 ΔT^* 内显热的释放，并保持计算温度为常数 T_s，只有当所有的补偿温度之和大于或等于等效温度区间 ΔT^* 时才意味着凝固结束，温度才可能继续下降。

但对于多项式第 m 步计算，温度不能再补偿到 T_s，而应是

$$T_j = T_s - \left(\sum_{i=1}^{m} \Delta T_i - \Delta T^*\right) \tag{11-16}$$

自此以后不再对该单元进行潜热处理。

2. 等效比热法

因凝固时固相份数 f_s 与温度密切相关，则 $\frac{\partial f_s}{\partial t}$ 可表示为 $\frac{\partial f_s}{\partial T}\frac{\partial T}{\partial t}$，式（11-3）可写成

$$\rho c_p' \frac{\partial T}{\partial t} = \lambda \left(\frac{\partial^2 T}{\partial x^2} + \frac{\partial^2 T}{\partial y^2} + \frac{\partial^2 T}{\partial z^2}\right) \tag{11-17}$$

其中

$$c_p' = \begin{cases} c_p & T \geqslant T_L \\ c_p - L\dfrac{\partial f_s}{\partial T} & T_L > T \geqslant T_s \\ c_p & T < T_s \end{cases} \tag{11-18}$$

式（11-17）与前面介绍的无相变导热微分方程的形式完全一致，只是将潜热折合成比定

压热容，以 c_p' 代之 c_p，该方法称为等效比热法（或折合比热法）。

3. 热焓法

先定义金属材料自 T_0 升温至 T 时的热焓增量 ΔH 为

$$\Delta H = \int_{T_0}^{T} c_p \mathrm{d}T + \sum H_i \tag{11-19}$$

式中 $\sum H_i$ ——材料在该温度区间发生的各种相变潜热的总和。

由式（11-18）可知，具有相变时的 c_p 用等效比定压热容 c_p' 代替，则 H_i 可反映到 c_p' 中，式（11-19）可改写成

$$\Delta H = \int_{T_0}^{T} c_p' \mathrm{d}T$$

即

$$c_p' = \frac{\partial \Delta H}{\partial T}$$

将上式代入导热微分方程（一维）得

$$\rho \frac{\partial \Delta H}{\partial t} = \lambda \frac{\partial^2 T}{\partial x^2} \tag{11-20}$$

其差分格式为

$$\Delta H_{(i)}^{n+1} = \Delta H_{(i)}^{n} + \Delta t \frac{\lambda}{\Delta x^2} \left(T_{(i+1)}^{n} + T_{(i-1)}^{n} - 2T_{(i)}^{n} \right) \tag{11-21}$$

第二节 热处理过程温度场的计算

热处理过程温度场的计算，基本上是在一定的初始条件和边界条件下工件内的导热问题，固体导热问题常用的数值解法有"有限差分法"和"有限单元法"两种。

热处理过程必有相应的组织转变，计算时要考虑组织转变的影响，其影响主要表现在热物性参数的选择和确定上。

一、热物性参数的确定

热物性参数主要是指热导率 λ、密度 ρ 和比定压热容 c_p。一般来说，它们不仅随温度而变化，而且与组织状态有关。尤其是新材料或特殊材料更缺少现成的数据。因此必须按不同组织来确定某温度下 λ、C 等的值，常用线性组合方法来计算，其通式为

$$A = \sum_{i=1}^{n} m_i A_i \tag{11-22}$$

式中 A ——参数，如 λ、c_p 等；

m_i ——某一组织所占的百分数；

A_i ——某一组织的相应参数值，如珠光体的 λ、c_p 等。

二、表面传热系数的选择和测定

工件表面与流动环境间存在温度差别时即发生热量传递。在对流换热条件下，单位面积的

换热量 q 正比于工件表面温度 T_w 与流动环境温度 T_c 之差，换热量与温差呈线性关系，即

$$q \propto (T_w - T_c) = \alpha_k (T_w - T_c) \tag{11-23}$$

式中，α_k 为对流表面传热系数，其计算式为

$$\alpha_k = \frac{q}{(T_w - T_c)}$$

从这里可以看出 α_k 是固体表面与流动环境间单位温差的单位面积热流量，其常用的度量单位为 $W/(m^2 \cdot ℃)$。

对于辐射换热条件，换热量与温差呈非线性关系：

$$q \propto (T_w^4 - T_c^4) = \sigma \varepsilon (T_w^4 - T_c^4) \tag{11-24}$$

式中 σ——斯蒂芬-波耳兹曼常数；

ε——发射率。

在计算温度场时，为处理方便，可按线性关系折算为

$$\alpha_R = \sigma \varepsilon (T_w^2 + T_c^2)(T_w + T_c)$$

α_R 为辐射传热系数，当固体表面与流动环境间同时存在对流换热与辐射换热时，传热系数 k 为两者之和，即

$$k = \alpha_R + \alpha_k$$

测定传热系数最简便的方法是测定表面温度变化。将热电偶点焊在表面测点上，记录不同时刻的温度变化，$T = f(t)$ 本身就是一种表示边界条件的方式，知道表面温度随时间的变化 $\Delta T_t / \Delta t$，就可以算出沿截面的温度分布，推算出表面的温度梯度 $\Delta T_x / \Delta x$，即可求出表面的热流密度，即

$$q = -\lambda \frac{\Delta T_x}{\Delta x} - \Delta T_t \Delta x \frac{\rho c_p}{2 \Delta t} \tag{11-25}$$

根据热量守恒定律，由表面导出的热量与环境介质带走的热量应相等，则

$$k(T_w - T_c) = -\lambda \frac{\Delta T_x}{\Delta x} - \Delta T_t \Delta x \frac{\rho c_p}{2 \Delta t}$$

则

$$k = \frac{\dfrac{-\lambda \Delta T_x}{\Delta x} - \dfrac{\Delta T_t \Delta x \rho c_p}{2 \Delta t}}{T_w - T_c} \tag{11-26}$$

这种方法适用于空冷、炉冷等温度变化较为缓和的条件，当温度变化较大时，受测量精度限制，误差较大。

表面传热系数也可通过数理统计的方法进行非线性的估算来获取。

对于大锻件，必须根据工件的材质、尺寸、表面状态、加热冷却的环境条件（油冷、水冷、喷雾冷）及介质的性质和流动的速度进行正确的选择；否则会产生较大的偏差。

第三节　焊接热过程计算

熔化焊时，被焊金属在热源的作用下被加热并发生局部熔化，当热源离开后，金属开

始冷却。这种加热和冷却的过程称为焊接热过程。它是影响焊接质量和生产率的主要因素之一。对焊接热过程进行准确的计算和测定是进行焊接冶金分析、焊接应力应变分析和对焊接热过程进行控制的前提。然而，焊接过程的传热问题却十分复杂，给研究工作带来许多困难，具体体现在以下四个方面：①加热过程的局部性；②加热的瞬时性；③焊接热源是移动的；④焊接传热是复合传热过程。

焊接温度场在绝大多数情况下是不稳定温度场。但是，当一个具有恒定功率的焊接热源，在给定尺寸的焊件上做匀速直线移动时，开始一段时间内温度场是不稳定的，但经过一段时间以后便达到了饱和状态，形成了暂时稳定的温度场，称为准稳定温度场。此时焊件上每点的温度虽然都随时间而改变，但当热源移动时，则发现这个温度场与热源以同样的速度跟随。如果采用移动坐标系，将坐标的原点与热源的中心相重合，则焊件上各点的温度只取决于系统的空间坐标，而与时间无关。通常讨论的温度场计算公式都是采用这种移动坐标系。

一、集中热源作用下的非稳态导热

焊接、激光加热等技术都属于非稳态导热问题。采用解析法计算温度场时，常将其看作为集中热源作用下的非稳态导热，而瞬时集中热源作用下温度场的计算是这类导热问题分析的基础。本节先介绍瞬时集中热源作用下的温度场，然后再介绍连续热源作用下温度场的模型及其求解。

1. 瞬时集中点状热源作用下的温度场

热源作用在无限大物体内某点时（即相当于点状热源），假如是瞬时把热源的热能 Q 作用在无限大物体内的某点上的，则距热源为 R 的某点经 t 秒后，该点的温度可利用下式

$$\frac{\partial T}{\partial t} = a\left(\frac{\partial^2 T}{\partial x^2} + \frac{\partial^2 T}{\partial y^2} + \frac{\partial^2 T}{\partial z^2}\right)$$

进行求解，并且假定工件的初始温度均匀为 0℃，同时不考虑表面散热问题。

把上述的具体条件代入后所求得的特解为

$$T = \frac{Q}{c\rho(4\pi at)^{3/2}}\exp\left(-\frac{R^2}{4at}\right) \tag{11-27}$$

式中　Q——热源在瞬时提供给工件的热能；

　　　R——距热源的坐标距离，$R = (x^2 + y^2 + z^2)^{1/2}$；

　　　t——传热时间；

　　　a——材质的热扩散率。

由式（11-27）可以看出，在这种情况下所形成的温度场，是以 R 为半径的一个个等温球面。但在熔化焊的条件下，热源传给焊件的热能是通过焊件表面进行的，故常称为半无限体。这时应把式（11-27）进行修正，即认为全部的热能被半无限体所获得，则

$$T = \frac{2Q}{c\rho(4\pi at)^{3/2}}\exp\left(-\frac{R^2}{4at}\right) \tag{11-28}$$

式（11-28）就是厚大件（属于半无限体）瞬时集中点状热源的传热计算公式。由此式可

知，热源提供给焊件热能之后，距热源为 R 的某点温度的变化是时间 t 的函数。很明显，其等温面呈现为一个个半球面状。

2. 瞬时集中线状热源作用下的温度场

当热源集中作用在厚度为 h 的无限大薄板上时（即相当于线状热源，沿板厚方向热能均匀分布），假如是瞬时把热能 Q 作用在工件某点上，则距热源为 r 的某点，经 t 秒后该点的温度可由二维导热微分方程

$$\frac{\partial T}{\partial t} = a\left(\frac{\partial^2 T}{\partial x^2} + \frac{\partial^2 T}{\partial y^2}\right)$$

进行求解。为简化计算，可假设工件的初始温度为 0℃，暂不考虑工件与周围介质的换热问题。经运算求得的特解为

$$T = \frac{Q}{4\pi\lambda ht}\exp\left(-\frac{r^2}{4at}\right) \tag{11-29}$$

式中，$r = (x^2 + y^2)^{1/2}$。

式（11-29）即为（薄板）瞬时集中线状热源的传热计算公式。此时由于没有 Z 向传热，其等温线呈现为以 r 为半径的平面圆环。

3. 表面散热和累积原理

（1）表面散热　前面所讨论的焊接传热计算，都没有考虑表面散热的影响。对于厚大件，表面散热相对很小，可以忽略不计；但对于薄板，其表面散热均不能忽视，因为它对温度的影响较大。

焊接薄板时应考虑表面散热，此时导热微分方程式为

$$\frac{\partial T}{\partial t} = a\left(\frac{\partial^2 T}{\partial x^2} + \frac{\partial^2 T}{\partial y^2}\right) - bT$$

式中　b——薄板的散温系数，$b = \frac{2\alpha}{c\rho h}(1/\text{s})$，其中 α 为表面传热系数。

其特解为

$$T = \frac{Q}{4\pi\lambda ht}\exp\left(-\frac{r^2}{4at} - bt\right) \tag{11-30}$$

由式（11-30）看出，焊接薄板时，如考虑表面散热，只要将薄板的传热公式（11-29）乘以 $\exp(-bt)$ 即可。

（2）累积原理（或叠加原理）　假如有若干不相干的独立热源，作用在同一焊件上，则焊件上某点的温度应等于各独立热源对该点产生作用的总和，即

$$T = \sum_{i=1}^{n} T(r_i, t_i) \tag{11-31}$$

式中　r_i——第 i 个热源与计算点之间的距离；

t_i——第 i 个热源相应的传热时间。

4. 连续集中热源作用下的温度场

在电弧焊的条件下，连续作用的热源主要有两种情况，即连续固定热源（相当于补焊缺陷）和连续移动热源（相当于正常焊接或堆焊）。以厚大件点状连续移动热源的温度

场为例，连续集中移动热源可以看作是无数个瞬时集中热源在不同瞬间与不同位置的共同作用。利用累积原理，把每个瞬时热源使工件上 A 点产生的微小温度变化相加，即

$$T(A,t) = \int_0^t \mathrm{d}T_A$$

应用式（11-28），则

$$T = \int_0^t \frac{2q\,\mathrm{d}t'}{c\rho\left[4\pi a(t-t')\right]^{3/2}} \exp\left[-\frac{R'^2}{4a(t-t')}\right]$$

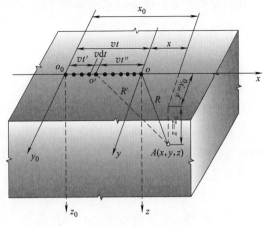

图 11-2　点状连续移动热源的传热模型

式中　$R'^2 = (x_0 - vt')^2 + y_0^2 + z_0^2$（即热源在 o' 点时，对 A 点的瞬时坐标距离，如图 11-2 所示）；

q——热源的有效热功率。

为了求解，采用移动式坐标，即以热源所在的位置为原点，则得

$$T(x,y,z,t) = \frac{2q}{c\rho(4\pi a)^{3/2}} \exp\left(-\frac{vx}{2a}\right) \int_0^t \frac{\mathrm{d}t''}{t''^{3/2}} \exp\left(-\frac{v^2 t''}{4a} - \frac{R^2}{4at''}\right) \tag{11-32}$$

式中　$R^2 = x^2 + y^2 + z^2$，$x = x_0 - vt$，$y = y_0$，$z = z_0$，$t'' = t - t'$；

v——焊接速度。

当 $t \to \infty$ 时，令 $v =$ 常数，$q =$ 常数，令 $u^2 = \dfrac{R^2}{4at''}$，$m^2 = \dfrac{R^2 v^2}{16a^2}$，代入式（11-32），并且有

$$\int_0^\infty \exp\left(-u^2 - \frac{m^2}{u^2}\right)\mathrm{d}u = \frac{\sqrt{\pi}}{2}\mathrm{e}^{-2m}$$

经运算后得出

$$T_{sp} = \frac{q}{2\pi\lambda R}\exp\left(-\frac{vx}{2a} - \frac{Rv}{2a}\right) \tag{11-33}$$

式（11-33）即厚大件上焊接（或堆焊）时极限饱和状态下的传热计算公式。要注意的是，此处 R 应为焊件上某点与计算时刻热源所在点之间的实际距离。

采用与点状连续移动热源相同的分析方法（采用移动式坐标），经整理后可得到线状连续移动热源的传热计算公式：

$$T_{sp} = \frac{q}{2\pi\lambda h}\exp\left(-\frac{vx}{2a}\right) K_0\left(r\sqrt{\frac{v^2}{4a^2} + \frac{b}{a}}\right) \tag{11-34}$$

式中

$$K_0(u) = \sqrt{\frac{\pi}{2u}}\exp(-u)\left[1 - \frac{1}{8u} + \frac{1\times3^2}{2!(8u)^2} - \frac{1\times3^2\times5^2}{3!(8u)^3} + \cdots\right]$$

称为贝氏函数近似表达式，是一个无穷收敛级数，已知 u 值后，可查表获得其值。

有关分布热源作用下的温度场数学模型可参阅有关文献。

二、焊接复合传热

熔化焊时电弧热量使被焊金属熔化并形成熔池（图 11-3a）。电弧以恒定速度 v 沿 x 轴移动。根据温度的变化，熔池可分为前后两部分。在熔池前部，输入的热量大于散失的热量，所以随着电弧的移动，金属不断地熔化。在熔池后部，散失的热量多于输入的热量，所以发生凝固。在熔池内部，由于自然对流、电磁力和表面张力的驱动，流体处于复杂的运动状态，如图 11-3b、c 所示。而且，熔池中液态金属的流动对熔池的形态及其温度分布有着极其重要的影响。因此，焊接传热应是多种传热方式的综合，熔池中的传热应以液体的对流为主，而熔池外的传热应以固体导热为主，同时工件表面还存在着与空气的对流换热及辐射换热。由于焊接传热过程很复杂，若采用解析法求解，难以处理其边界问题，因而需采用数值解法。该法可分步计算瞬时的温度分布，获取瞬时的熔池边界信息，逐步完成非稳态温度场问题的计算。具体解法可参阅有关文献。

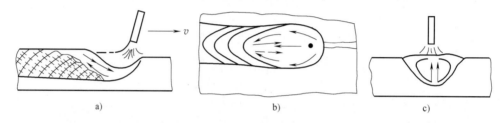

图 11-3　焊接熔池中液体的流动示意图
a）正视图　b）俯视图　c）侧视图

习题

1. 对铸件凝固冷却过程的温度场进行计算时，主要困难是什么？

2. 在铸型的浇注过程中，铸型与液态金属界面上的温度分布是否均匀？其程度与哪些因素有关？

3. 已知浇注时液态金属的温度为 1600℃，砂型的温度为 20℃，浇注时间为 5s，铸铁和砂型的热物性参数见表 8-2。试求铸件与砂型界面上及附近 1mm、2mm、3mm 处的温度。

4. 对凝固潜热的处理有哪些方法？如何合理选用？

5. 在热处理的数值计算中，热物性参数如何确定？为何特别强调表面传热系数的作用？如何选择和确定表面传热系数？

6. 焊接热过程的复杂性体现在哪些方面？

7. 焊接热源有哪几种模型？焊接传热的模型有哪几种？

8. 热源的有效功率 $q = 4200W$，焊速 $v = 0.1cm/s$，在厚大件上进行表面堆焊，试求准稳态时 A 点（$x = -2.0cm$，$y = 0.5cm$，$z = 0.3cm$）的温度 [低碳钢的热物性参数：$a = 0.1cm^2/s$，$\lambda = 0.42W/(cm \cdot ℃)$]。

第十二章

质量传输基本概念和传质微分方程

在材料加工、化工、冶金、低温工程、空间技术等领域中，质量传输是很重要的过程。许多材料加工工艺的单元操作：加温、溶解、焊接、表面热处理等无不涉及质量传输。传质的领域以及涉及的方面是十分广泛的，它已成为传输现象中的主要分支之一。

在一个含有两种或两种以上组分的体系中，如果存在浓度梯度，则每一种组分都有向低浓度方向转移的趋势。物质由高浓度向低浓度方向转移的过程称为质量传输过程，简称传质。正如速度差的存在是动量传递的推动力，温度差的存在是热量传递的推动力那样，浓度差的存在是质量传递的推动力。由于物质的浓度可用多种形式表示，因而传质过程中推动力的表达也有多种形式。

质量传输的基本方式可分为分子传质（又称分子扩散）和对流传质。从本质上说，它们都是依靠分子的随机运动而引起的转移行为。不同的是前者为质量转移，后者还包含能量转移。分子传质在气相、液相和固相中均能发生。描述分子扩散通量或速率的基本定律为绪论所述的菲克定律。

在运动流体与固体壁面之间，或互不相溶的两种运动流体之间发生的质量传递称为对流传质。对流传质类似于对流换热，传质问题的求解也将涉及流体流动形态以及速度分布等因素。

图 12-1 形象地说明了物质的移动、传输过程。在 1060℃下测定铝液与 MgO 陶瓷的润湿角时，随着时间的进行，铝液滴中的 Al 原子逐渐扩散进入到 MgO 陶瓷中，并与其发生反应，形成扩散反应区域。不过，在后面的讨论中不涉及具体的化学反应问题。

研究质量传输的方法与研究热量传递的方法相似。在系统中质量浓度比较低，质量交换率比较小的场合，传质现

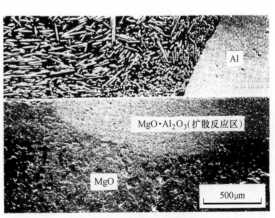

图 12-1　在 1333K 温度下 Al 扩散进入 MgO
陶瓷的试样断面图（电镜照片）
（左上边物质为嵌样树脂）

象的数学描述与传热现象是类似的。在定解条件也类似的情况下，从传热得到的许多结果可以通过类比直接应用于传质；否则，热、质传递过程会有明显差别，类比关系就不再适用了，这点要引起注意。

此外，严格说来温度梯度或压力梯度也会引起质量传递，前者称为热扩散，后者称为压力扩散。但是在一般情况下热扩散和压力扩散的效应比较小，可以忽略。只有当系统中的温度梯度或压力梯度很大时，才会产生较明显的影响。

为了给后面的讨论建立一个共同基础，首先讨论在解释混合物中组分的作用时需要用到的一些定义和关系式。

第一节　浓度、速度、扩散通量密度

一、浓度

在多组分混合物中，组分的浓度可以用多种形式来表示。通常可采用单位体积所含某组分的数量来表示该组分的浓度。例如，组分的浓度可表示为质量浓度 ρ_A、$\rho_B\cdots$（kg/m^3）或物质的量浓度 c_A、$c_B\cdots$（mol/m^3）。组分 A 的质量浓度 ρ_A 的定义是单位体积的混合物中组分 A 的质量；而组分 A 的物质的量浓度 c_A 的定义是单位体积的混合物中组分 A 的物质的量。

为简单起见，下面以双组分混合物为例说明。

对于由 A、B 组成的双组分混合物（如 Al-Si 合金熔液等），其总质量浓度 ρ（密度）和总物质的量浓度 c 分别为

$$\rho = \rho_A + \rho_B \tag{12-1}$$

$$c = c_A + c_B \tag{12-2}$$

对于满足理想气体状态方程的完全气体混合物，可用压力来表示摩尔分数 x_A。

$$x_A = \frac{c_A}{c} = \frac{p_A/(RT)}{p/(RT)} = \frac{p_A}{p} \tag{12-3}$$

式中　p_A——混合气体中组分 A 的分压；

　　　p——混合气体的压力；

　　　T——热力学温度；

　　　R——摩尔气体常数。

根据定义知，质量浓度和物质的量浓度之间的关系为

$$\rho_A = c_A M_A \tag{12-4}$$

$$\rho = cM$$

式中　M_A——组分 A 的摩尔质量；

　　　M——混合物的平均摩尔质量。

质量分数 w_A（$w_A = \rho_A/\rho$）和摩尔分数 x_A 的关系式见表 12-1。

表 12-1 双组分混合物中各组分的浓度、速度及通量密度的各种表示式

		浓 度	
		质量基准	摩尔基准
定义式		$\rho = \rho_A + \rho_B$，混合物的质量浓度（kg/m^3） ρ_A, ρ_B，组分 A 和组分 B 的质量浓度 $w_A = \dfrac{\rho_A}{\rho}$，组分 A 的质量分数	$c = c_A + c_B$，混合物物质的量浓度（mol/m^3） c_A, c_B，组分 A 和组分 B 的物质的量浓度 $x_A = \dfrac{c_A}{c}$ 组分 A 的摩尔分数
关系式		$M = \rho/c$，混合物的平均摩尔质量 $w_A + w_B = 1$ $w_A = \dfrac{x_A M_A}{x_A M_A + x_B M_B}$ $\dfrac{w_A}{M_A} + \dfrac{w_B}{M_B} = \dfrac{1}{M}$	$x_A + x_B = 1$ $x_A = \dfrac{w_A/M_A}{\dfrac{w_A}{M_A} + \dfrac{w_B}{M_B}}$ $x_A M_A + x_B M_B = M$
		速 度	
定义式		v_A，相对于静止坐标的组分 A 的扩散速度 $v_A - v$，相对于质量平均速度的组分 A 的扩散速度 $v_A - v_m$，相对于摩尔平均速度的组分 A 的扩散速度 v，质量平均速度 $= \dfrac{1}{\rho}(\rho_A v_A + \rho_B v_B) = w_A v_A + w_B v_B$ v_m，摩尔平均速度 $= \dfrac{1}{c}(c_A v_A + c_B v_B) = x_A v_A + x_B v_B$	
		扩散通量密度	
		质量通量密度/[$kg/(m^2 \cdot s)$]	摩尔通量密度/[$mol/(m^2 \cdot s)$]
定义式	相对于静止坐标 相对于质量平均速度 v 相对于摩尔平均速度 v_m	$n_A = \rho_A v_A$ $j_A = \rho_A(v_A - v)$	$N_A = c_A v_A$ $J_A = c_A(v_A - v_m)$
关系式	总的扩散通量	$n_A + n_B = n = \rho v$ $j_A + j_B = 0$	$N_A + N_B = N = c v_m$ $J_A + J_B = 0$
		$n_A = N_A M_A$ $n_A = j_A + \rho_A v$ $j_A = n_A - w_A(n_A + n_B)$	$N_A = n_A/M_A$ $N_A = J_A + c_A v_m$ $J_A = N_A - x_A(N_A + N_B)$

二、速度

流体运动的速度与所选的参考基准有关。所谓速度就是相对于所选参考基准的速度。而扩散通量密度也就是相对于所选参考基准的通量密度。

1. 以静止坐标为参考基准

在双组分混合流体中，组分 A 和 B 相对于静止坐标系的速度分别以 v_A、v_B 表示。当 v_A 不等于 v_B 时，混合物的平均速度可以有不同的定义。例如，若组分 A 和 B 的质量浓度

分别为 ρ_A 和 ρ_B，则混合流体的质量平均速度为

$$v = \frac{1}{\rho}(\rho_A v_A + \rho_B v_B) \tag{12-5}$$

类似地，若组分 A 和 B 物质的量浓度分别为 c_A 和 c_B，则混合流体的摩尔平均速度为

$$v_m = \frac{1}{c}(c_A v_A + c_B v_B) \tag{12-6}$$

2. 以质量平均速度 v 为参考基准

在以质量平均速度 v 为参考基准时，观察到的是诸组分的相对速度，例如 $(v_A - v)$ 和 $(v_B - v)$，将它们分别称为组分 A 和组分 B 相对于质量平均速度的扩散运动速度。

3. 以摩尔平均速度 v_m 为参考基准

在以摩尔平均速度 v_m 为参考基准时，观察到的是诸组分的相对速度，例如 $(v_A - v_m)$ 和 $(v_B - v_m)$，它们分别被称为组分 A 和组分 B 相对于摩尔平均速度的扩散速度。

三、通量密度

任一组分（例如组分 A）的通量密度是该组分的速度与其浓度的乘积。由这个定义知，它是一个矢量，其方向与该组分的速度方向一致，而大小则等于在垂直于速度方向的单位面积上、单位时间内通过的该组分的物质的量。

因为组分的浓度有质量浓度和物质的量浓度之分，而组分的速度因不同的参考基准而异，因而组分的通量密度也有各种不同的定义。例如：

1）相对于静止坐标的组分 A 的质量通量密度的定义为

$$n_A = \rho_A v_A \tag{12-7}$$

2）相对于静止坐标的组分 A 的摩尔通量密度的定义为

$$N_A = c_A v_A \tag{12-8}$$

3）相对于质量平均速度的组分 A 的质量通量密度（或称 A 的质量扩散通量密度）的定义为

$$j_A = \rho_A(v_A - v) \tag{12-9}$$

4）相对于摩尔平均速度的组分 A 的摩尔通量密度（或称 A 的摩尔扩散通量密度）的定义为

$$J_A = c_A(v_A - v_m) \tag{12-10}$$

在材料、化学、冶金工程中，大多数采用以静止坐标为参考基准的质量通量密度 n_A 和摩尔通量密度 N_A；在许多扩散问题的研究中习惯采用相对于摩尔平均速度的摩尔通量密度 J_A；而在热扩散、离子扩散问题的研究中则采用相对于质量平均速度的质量通量密度 j_A。因而要给出上述各种通量密度（又称扩散通量密度）之间的相互联系。

双组分混合物相对于静止坐标的总质量通量密度和总摩尔通量密度的定义分别为

$$n = n_A + n_B = \rho_A v_A + \rho_B v_B = \rho v \tag{12-11}$$

$$N = N_A + N_B = c_A v_A + c_B v_B = c v_m \tag{12-12}$$

由式（12-7）式（12-9）可知

$$n_A = j_A + \rho_A v \tag{12-13}$$

其中 $\rho_A v$ 表示由于双组分混合物的总体流动（其质量平均速度为 v）所引起的将组分 A 由一处向另一处的传递。这种由双组分混合物总体运动而产生的组分 A 的传递速率与由浓度梯度而引起的组分 A 的扩散速率无关。

同样有
$$n_B = j_B + \rho_B v \tag{12-14}$$

用类似的方法可得
$$N_A = J_A + c_A v_m \tag{12-15}$$
$$N_B = J_B + c_B v_m \tag{12-16}$$

显然有
$$j_A + j_B = \rho_A(v_A - v) + \rho_B(v_B - v) = 0 \tag{12-17}$$
$$J_A + J_B = c_A(v_A - v_m) + c_B(v_B - v_m) = 0 \tag{12-18}$$

根据绪论中提到的描述分子扩散的菲克定律知：在双组分混合物中，若组分 A 的质量分数 w_A 的分布是一维的（只沿着 z 方向有变化），则

$$j_A = -D_{AB}\rho \frac{\mathrm{d}w_A}{\mathrm{d}z} \tag{12-19}$$

其中 D_{AB} 是组分 A 在组分 B 中的扩散系数。对于完全气体及稀溶液，在一定温度和压强下 D_{AB} 与浓度无关；但对于非完全气体、浓溶液及固体的 D_{AB} 则是浓度的函数。扩散系数在后面描述。

在讨论的一维情况中，前面及后面各式中的所有矢量均沿 z 轴方向。

将式（12-19）代入式（12-13）并考虑到式（12-5）和式（12-11）可得

$$n_A = -D_{AB}\rho \frac{\mathrm{d}w_A}{\mathrm{d}z} + \rho_A v = -D_{AB}\rho \frac{\mathrm{d}w_A}{\mathrm{d}z} + w_A n \tag{12-20}$$

由式（12-20）可见，相对于静止坐标的组分 A 的质量通量密度 n_A 由两部分组成：一部分是由质量分数梯度（或质量浓度梯度）所引起的质量扩散通量密度 j_A；另一部分是由于存在混合物的总体流动，将组分 A 由一处携带到另一处而产生的对流质量通量密度 $\rho_A v = w_A n$。

类似地，对于组分 B 可以写出

$$n_B = -D_{BA}\rho \frac{\mathrm{d}w_B}{\mathrm{d}z} + w_B n \tag{12-21}$$

对于双组分混合物，可以证明组分 A 在组分 B 中的扩散系数 D_{AB} 必然等于组分 B 在组分 A 中的扩散系数 D_{BA}。实际上，若将式（12-20）和式（12-21）相加，并考虑到 $n = n_A + n_B$，$w_A + w_B = 1$，$\mathrm{d}w_A/\mathrm{d}z = -\mathrm{d}w_B/\mathrm{d}z$，即可得

$$D_{AB} = D_{BA} \tag{12-22}$$

可以证明，从式（12-19）可以推导出菲克定律另一种等价的表示式为

$$J_A = -D_{AB}c \frac{\mathrm{d}x_A}{\mathrm{d}z} \tag{12-23}$$

由于液体物质的量浓度随组分变化较大，而质量浓度的变化较小，故式（12-19）常用于液体中。

将式（12-23）代入式（12-15），并考虑式（12-6）和式（12-12）可得

$$N_A = -D_{AB}c\frac{\mathrm{d}x_A}{\mathrm{d}z}+c_Av_m = -D_{AB}c\frac{\mathrm{d}x_A}{\mathrm{d}z}+x_AN \tag{12-24}$$

由式（12-24）可知，相对于静止坐标的组分 A 的摩尔通量密度 N_A 由两部分组成：一部分是由摩尔分数梯度（或物质的量浓度梯度）所引起的摩尔扩散通量密度 J_A；另一部分是由于存在混合物的总体流动将组分 A 由一处携带到另一处而产生的对流摩尔通量密度 $c_Av_m = x_AN$。

类似地，对于组分 B 可以写出

$$N_B = -D_{BA}c\frac{\mathrm{d}x_B}{\mathrm{d}z}+x_BN \tag{12-25}$$

在上述诸通量方程式（12-19）、式（12-23）、式（12-20）、式（12-24）中的 j_A、J_A、n_A 和 N_A，均可用来描述分子传质。它们是根据不同参考基准来定义的，对于不同场合，可选用不同的方程。

现将双组分混合物中各组分的浓度、速度及通量密度的各种表示式以及它们之间的相互关系总结于表 12-1 中。

第二节　扩　散　系　数

分子扩散系数表示物质的扩散能力。根据菲克定律，它可理解为沿扩散方向，在单位时间内通过单位面积时，当浓度梯度为 1 的情况下所扩散的某组分质量，即

$$D_{AB} = \frac{J_A}{\mathrm{d}c_A/\mathrm{d}z} \tag{12-26}$$

D_{AB} 取决于压力、温度和体系的组成，一般由试验测得。通常，在压力为 $1.013\times10^5\,\mathrm{Pa}$（1atm）时气体扩散系数的数量级约为 $10^{-5}\,\mathrm{m^2/s}$；液体扩散系数的数量级约为 $10^{-10}\sim10^{-9}$ $\mathrm{m^2/s}$；固体扩散系数的数量级约在 $10^{-15}\sim10^{-10}\,\mathrm{m^2/s}$ 范围内变动。详见附录 H 和有关资料。

一、气体扩散系数

气体扩散系数取决于扩散物质和扩散介质的温度、压强，与浓度的关系较小。某些双组分混合气体的扩散系数试验值见附录 H。

二、液体扩散系数

液体扩散不仅与物质的种类、温度有关，而且随溶质的浓度而变化，只有稀溶液的扩散系数才可视为常数。液体具有比较松散的结构，有很多"孔洞"，因此组元在液体中的扩散系数比在固体中大几个数量级。液态铁合金中互扩散系数如图 12-2 所示。

三、固体扩散系数

固体中扩散已经被人们利用几百年了，如钢表面的渗碳即是一个最明显的例子。对固

态物质的扩散研究主要有两个方面：一个是研究气体或液体进入固态物质孔隙的扩散；另一个是研究借粒子的运动在固体自身成分之间进行的互扩散。

温度对固体扩散系数 D 有很大的影响，两者关系可用下式表示：

$$D = D_0 \exp\left(-\frac{Q}{RT}\right) \qquad (12\text{-}27)$$

式中 Q——扩散激活能；

D_0——扩散常数，或称频率因子；

R——气体常数。

在很宽的温度范围内，Q 与 D_0 基本上为常数。

由概率论指出，在简单的立方晶格内，自扩散系数可用下式表示：

$$D_{AA} = \frac{1}{6} a^2 \beta \qquad (12\text{-}28)$$

式中 D_{AA}——自扩散系数，所谓自扩散是指纯金属中原子曲曲折折地通过晶格移动；

a——原子间距；

β——跳跃频率。

有色金属中的互扩散系数如图 12-3 所示。间隙元素在铁族物质中的互扩散系数如图 12-4 所示。

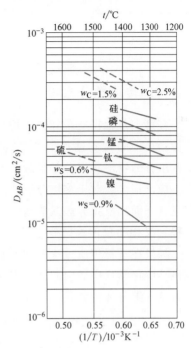

图 12-2　液态铁合金中合金元素的互扩散系数

——— 被饱和的铁中

--------- 纯铁中

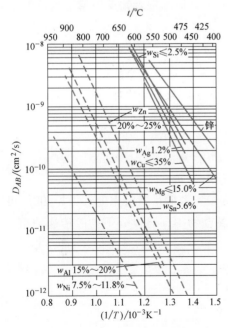

图 12-3　有色金属中的互扩散系数

——— 铝中的扩散　--------- 铜中的扩散

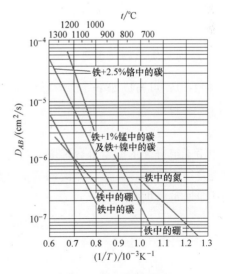

图 12-4　间隙元素在铁族物质中的互扩散系数

第三节 质量传输微分方程

一、传质微分方程

在第二章根据质量守恒原理导出了单组分流体的连续性方程，现在来讨论多组分混合流体运动中的传质过程。当多组分混合流体中的某些组分存在密度（或浓度）梯度时，这些组分的物质将以分子扩散的形式或流体整体运动的对流形式进行质量传递。

应该指出，对于多组分混合流体中的每一组分而言，质量守恒原理依然成立。为简单起见，下面用欧拉方法从质量守恒原理出发来推导双组分混合物中组分 A 和 B 的连续性方程（又称质量传输微分方程）。

如果在进行传质过程的同时还发生化学反应，那么在考虑组分 A 的质量守恒时还应该包括由化学反应而引起的组分 A 的生成量或减少量。此时，对于任意选定的微元控制体来说，组分 A 的质量守恒原理可表述如下：

$$\boxed{\begin{array}{c}\text{流入控制体}\\\text{组分}A\text{的}\\\text{质量速率}\end{array}}-\boxed{\begin{array}{c}\text{流出控制体}\\\text{组分}A\text{的}\\\text{质量速率}\end{array}}+\boxed{\begin{array}{c}\text{控制体内由化学}\\\text{反应引起组分}\\A\text{的生成速率}\end{array}}=\boxed{\begin{array}{c}\text{控制体内组}\\\text{分}A\text{的质量}\\\text{累积速率}\end{array}} \tag{12-29}$$

在直角坐标系 (x, y, z) 中任意选定以三对相邻坐标面所围成的微元平行六面体（参见图 2-6）作为微元控制体。令以 ρ 表示混合物的密度，ρ_A 和 ρ_B 分别表示组分 A 和 B 的密度（亦称组分 A 和 B 的质量浓度），v_x、v_y、v_z 分别表示混合物的质量平均速度在 x、y、z 方向的分量。根据式（12-29）推导出：

$$\frac{\partial \rho_A}{\partial t}+\frac{\partial}{\partial x}(\rho_A v_x+j_{Ax})+\frac{\partial}{\partial y}(\rho_A v_y+j_{Ay})+\frac{\partial}{\partial z}(\rho_A v_z+j_{Az})-r_A=0 \tag{12-30}$$

由于 ρ_A 的实质导数表达式为 $\dfrac{\mathrm{D}\rho_A}{\mathrm{D}t}=\dfrac{\partial \rho_A}{\partial t}+v_x\dfrac{\partial \rho_A}{\partial x}+v_y\dfrac{\partial \rho_A}{\partial y}+v_z\dfrac{\partial \rho_A}{\partial z}$

式（12-30）可写成如下等价的形式：

$$\frac{\mathrm{D}\rho_A}{\mathrm{D}t}+\rho_A\left(\frac{\partial v_x}{\partial x}+\frac{\partial v_y}{\partial y}+\frac{\partial v_z}{\partial z}\right)+\frac{\partial j_{Ax}}{\partial x}+\frac{\partial j_{Ay}}{\partial y}+\frac{\partial j_{Az}}{\partial z}-r_A=0 \tag{12-31}$$

式中由于组分 A 的质量分数梯度引起的组分 A 的分子扩散质量通量密度 j_{Ax}、j_{Ay} 和 j_{Az} 可由菲克定律来确定。在无总体流动或静止的双组分混合物中，通过分子扩散传递的组分 A 的质量通量密度为

$$j_A=-D_{AB}\rho\,\nabla w_A \tag{12-32}$$

由此知

$$j_{Ax}=-D_{AB}\rho\,\frac{\partial w_A}{\partial x} \tag{12-33}$$

$$j_{Ay}=-D_{AB}\rho\,\frac{\partial w_A}{\partial y}$$

$$j_{Az} = -D_{AB}\rho \frac{\partial w_A}{\partial z}$$

将它们代入式（12-31），即可得到双组分混合物中组分 A 的连续性方程（或称 A 的质量传输方程）为

$$\frac{D(\rho w_A)}{Dt} + \nabla(\rho w_A v) = D_{AB}\nabla^2(\rho w_A) + r_A \tag{12-34}$$

同理可得组分 B 的质量传输方程为

$$\frac{D(\rho w_B)}{Dt} + \nabla(\rho w_B v) = D_{AB}\nabla^2(\rho w_B) + r_B \tag{12-35}$$

以组分 A 的摩尔质量 M_A 除式（12-34）可得以物质的量浓度表示的组分 A 的质量传输微分方程为

$$\frac{Dc_A}{Dt} + \nabla(c_A v) = D_{AB}\nabla^2 c_A + R_A \tag{12-36}$$

式中　R_A——单位控制体内由于化学反应所引起的组分 A 的生成摩尔速率，$[\mathrm{mol/(m^3 \cdot s)}]$，

　　　　$R_A = r_A/M_A$。

二、质量传输微分方程的几种简化形式

在下面的讨论中，将假定扩散系数 D_{AB} 为常数。

1. 均质不可压缩流体

此时若混合物的总密度 ρ＝常数，则 $\nabla v = 0$，故方程式（12-34）简化为

$$\frac{D\rho_A}{Dt} - D_{AB}\nabla^2\rho_A - r_A = 0 \tag{12-37}$$

2. 均质不可压缩流体没有化学反应的稳定态传质

此时有 v＝常数，$r_A = r_B = 0$，故方程式（12-34）和式（12-36）简化为

$$v\nabla\rho_A = D_{AB}\nabla^2\rho_A \tag{12-38}$$

$$v\nabla c_A = D_{AB}\nabla^2 c_A \tag{12-39}$$

3. 总体流动可忽略不计及不可压缩流体没有化学反应的非稳态传质

此时有 $v = 0$，$r_A = r_B = 0$，故方程式（12-34）和式（12-36）简化为

$$\frac{\partial\rho_A}{\partial t} = D_{AB}\nabla^2\rho_A \tag{12-40}$$

$$\frac{\partial c_A}{\partial t} = D_{AB}\nabla^2 c_A \tag{12-41}$$

通常将式（12-40）与式（12-41）的方程称为菲克第二定律。由于假定无总体流动，故它们只适用于固体、静止液体或气体所组成的等摩尔逆扩散体系。菲克第二定律与导热的傅里叶第二定律在形式上是完全一致的。式（12-41）在直角坐标系中的表示式为

$$\frac{\partial c_A}{\partial t} = D_{AB}\left(\frac{\partial^2 c_A}{\partial x^2} + \frac{\partial^2 c_A}{\partial y^2} + \frac{\partial^2 c_A}{\partial z^2}\right) \tag{12-42}$$

三、定解条件

在质量传输中所用的定解条件，类似于热量传递中所用的定解条件。

1. 初始条件

即扩散组分在初始时刻的浓度分布

$$t = 0, c_A = c_A(x, y, z)$$

比较简单的情况为

$$t = 0, c_{A0} = 常数$$

对于浓度场不随时间变化的稳定传质，不需要初始条件。

2. 边界条件

边界条件的规定是视不同的具体情况而异的。常见的几种边界条件如下：

1）规定了边界上的浓度值。既可用质量浓度或质量分数来表示，又可用物质的量浓度或摩尔分数来表示。最简单的是规定边界上的浓度保持常数，例如假如物体可以溶解在流体中并向外扩散，但是溶解过程比向外扩散过程进行得迅速，因而紧贴物面处的浓度是饱和浓度 c_0，这样物面上的边界条件 $c = c_0$，又若固体表面能吸收落到它上面的扩散物质 A，则在该固体表面的边界条件为 $c_A = 0$。

2）规定了边界上的质量通量密度 $(n_A)_w$ 或摩尔通量密度 $(N_A)_w$，也可以规定边界上的扩散质量通量密度 $(j_A)_w$ 或扩散摩尔通量密度 $(J_A)_w$。最简单的是规定边界上的通量密度等于常数。例如，若固体表面不吸收落到它上面的扩散物质 A，则边界条件为 $\partial c_A / \partial n = 0$。

3）规定了边界上物体与周围流体间的对流传质系数 k_c 及周围流体中组分 A 的浓度 $c_{A\infty}$（一般给定常数），即摩尔通量密度 $(N_A)_w$ 为

$$(N_A)_w = k_c(c_{Aw} - c_{A\infty}) \tag{12-43}$$

式中 c_{Aw}——组分贴近界面处的浓度。

4）规定了化学反应的速率。例如，若组分 A 经一级化学反应在边界上消失，则 $(N_A)_w = -k_1 c_{Aw}$。其中 k_1 是一级反应速率常数（m/s）。当扩散组分通过一个瞬时反应而在边界上消失时，那个组分的浓度一般可假设为零。

习题

1. 有一 $O_2(A)$ 与 $CO_2(B)$ 的混合物，温度为 294K，压力为 1.519×10^5 Pa，已知 $x_A = 0.40$，$v_A = 0.88$m/s，$v_B = 0.02$m/s，试计算下列各值：

（1）混合物、组分 A 和组分 B 物质的量浓度 c、c_A 和 c_B（mol/m³）。

（2）混合物、组分 A 和组分 B 的质量浓度 ρ、ρ_A 和 ρ_B（kg/m³）。

（3）$v_A - v$，$v_B - v$（m/s）。

（4）$v_A - v_m$，$v_B - v_m$（m/s）。

（5）N [mol/(m² · s)]。

（6）n_A，n_B，n [kg/(m² · s)]。

（7）j_B [kg/(m² · s)]，J_B [mol/(m² · s)]。

2. 在管中 CO_2 气体通过氮气进行稳定分子扩散，管长为 0.2m，管径为 0.01m，管内氮气的温度为 298K，总压为 101.3kPa。管两端 CO_2 的分压分别为 456mmHg（60.784kPa）和 76mmHg（10.13kPa）。CO_2 通过氮气的扩散系数 $D_{AB} = 1.67 \times 10^{-5} \, \text{m}^2/\text{s}$，试计算 CO_2 的扩散通量。

3. 试写出菲克定律的四种表达式，并证明对同一系统四种表达式中的扩散系数 D_{AB} 为同一数值，讨论各种形式菲克定律的特点和在什么情况下常用。

4. 试证明在 A、B 组成的双组分系统中，在一般情况下进行分子扩散时（有主体流动，且 $N_A \neq N_B$），并在总浓度 c 恒定的条件下 $D_{AB} = D_{BA}$。

第十三章

分子传质

本章主要研究在不流动或停滞介质以及固体中以分子扩散方式进行的质量传递过程，目的在于找出内部浓度分布规律，以及通过分子扩散方式所传递的质量通量。

由于分子扩散和导热都是由不规则分子热运动引起的，传递的机理类似，在没有总体流动的情况下方程的形式也类似，因此求解导热问题的方法对分子扩散的求解也是适用的。但是当存在总体流动时，必须注意两者的差别。

第一节 一维稳定态分子扩散

为简单起见，首先讨论一维稳定态分子扩散，即假设物体中各点浓度均不随时间而变，并只沿空间一个坐标 z 而变化。因此在一定条件下，某些实际问题是可以简化为一维稳态分子扩散的。

一、等摩尔逆向扩散

现考察由组分 A 和 B 组成的没有化学反应的双组分混合物，且一种组分的摩尔通量密度与另一种组分的摩尔通量密度大小相等，方向相反，即 $N_A = -N_B$。这种扩散称为等摩尔逆向扩散。

在所有考察的没有总体流动、没有化学反应的不可压缩液体一维稳态传质的情况中，质量传输微分方程式（12-42）简化为

$$\frac{d^2 c_A}{dz^2} = 0 \qquad (13-1)$$

应用如下形式的边界条件：

$$z = 0 : c_A = c_{A1} \qquad (13-1a)$$

$$z = L : c_A = c_{A2} \qquad (13-1b)$$

其解为

$$c_A = \frac{c_{A2} - c_{A1}}{L} z + c_{A1} \tag{13-2}$$

由此可见，组分 A 物质的量浓度分布为直线。同样可得组分 B 物质的量浓度分布也是直线，如图 13-1 所示。

由于 $N_A = -N_B$，从式（12-24）可得

$$N_A = -D_{AB} c \frac{dx_A}{dz}$$

对于常温常压下的双组分系统，c 可视为常量，故上式可改写为

$$N_A = -D_{AB} \frac{dc_A}{dz}$$

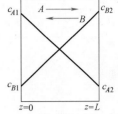

图 13-1　等摩尔逆向
扩散浓度分布

将式（13-2）对 z 求导并代入上式，可得

$$N_A = \frac{D_{AB}}{L}(c_{A1} - c_{A2}) = \frac{D_{AB} c}{L}(x_{A1} - x_{A2}) \tag{13-3}$$

对于满足理想气体状态方程的完全气体混合物而言，$c_A = \dfrac{p_A}{RT}$，故上式可改写为

$$N_A = \frac{D_{AB}}{RTL}(p_{A1} - p_{A2}) \tag{13-4}$$

式中　p_{A1}、p_{A2}——组分 A 在 $z = 0$ 和 $z = L$ 处的分压力。

由上述讨论可看出，等摩尔逆向扩散的质量传递与一维稳态导热相类似。故一维稳态导热结果均可应用，只要用 c_A 代替 T 和用 D_{AB} 代替 λ 就行了。保持常温表面的边界条件对应于发生扩散的可溶解表面的边界条件，而绝热表面的边界条件对应于不溶解表面的边界条件。现将在第一类边界条件下两者结果对照列于表 13-1 中。

表 13-1　一维稳态导热与等摩尔逆向扩散的类比

		一维稳态导热	等摩尔逆向扩散
无限大平壁	方程	$\dfrac{d^2 T}{dz^2} = 0$ $q = -\lambda \dfrac{dT}{dz}$	$\dfrac{d^2 c}{dz^2} = 0$ $N_A = -D_{AB} \dfrac{dc_A}{dz}$
	边界条件	$z = 0 : T = T_1$ $z = L : T = T_2$	$z = 0 : c_A = c_{A1}$ $z = L : c_A = c_{A2}$
	温度和浓度分布	$\dfrac{T - T_1}{T_2 - T_1} = \dfrac{z}{L}$	$\dfrac{c_A - c_{A1}}{c_{A2} - c_{A1}} = \dfrac{z}{L}$
	通量密度	$q = \lambda \dfrac{T_1 - T_2}{L}$	$N_A = D_{AB} \dfrac{c_{A1} - c_{A2}}{L}$

（续）

		一维稳态导热	等摩尔逆向扩散	
两同心圆柱间	方程	$\dfrac{\mathrm{d}}{\mathrm{d}r}\left(r\dfrac{\mathrm{d}T}{\mathrm{d}r}\right)=0$ $\Phi=-\lambda\left(2\pi rL\right)\dfrac{\mathrm{d}T}{\mathrm{d}r}$	$\dfrac{\mathrm{d}}{\mathrm{d}r}\left(r\dfrac{\mathrm{d}c_A}{\mathrm{d}r}\right)=0$ $J_A=N_AA=-D_{AB}\left(2\pi rL\right)\dfrac{\mathrm{d}c_A}{\mathrm{d}r}$	
	边界条件	$r=r_i:T=T_i$ $r=r_0:T=T_0$	$r=r_i:c_A=c_{Ai}$ $r=r_0:c_A=c_{A0}$	
	温度和浓度分布	$\dfrac{T-T_i}{T_0-T_i}=\dfrac{\ln\dfrac{r}{r_i}}{\ln\dfrac{r_0}{r_i}}$	$\dfrac{c_A-c_{Ai}}{c_{A0}-c_{Ai}}=\dfrac{\ln\dfrac{r}{r_i}}{\ln\dfrac{r_0}{r_i}}$	(13-5)
	通量密度	$\Phi=\dfrac{T_i-T_0}{\dfrac{1}{2\pi L\lambda}\left(\ln\dfrac{r_0}{r_i}\right)}$	$J_A=\dfrac{c_{Ai}-c_{A0}}{\dfrac{1}{2\pi LD_{AB}}\left(\ln\dfrac{r_0}{r_i}\right)}$	(13-6)
同心球体间	方程	$\dfrac{\mathrm{d}}{\mathrm{d}r}\left(r^2\dfrac{\mathrm{d}T}{\mathrm{d}r}\right)=0$ $\Phi=-\lambda\left(4\pi r^2\right)\dfrac{\mathrm{d}T}{\mathrm{d}r}$	$\dfrac{\mathrm{d}}{\mathrm{d}r}\left(r^2\dfrac{\mathrm{d}c_A}{\mathrm{d}r}\right)=0$ $J_A=-D_{AB}\left(4\pi r^2\right)\dfrac{\mathrm{d}c_A}{\mathrm{d}r}$	
	边界条件	$r=r_i:T=T_i$ $r=r_0:T=T_0$	$r=r_i:c_A=c_{Ai}$ $r=r_0:c_A=c_{A0}$	
	温度和浓度分布	$\dfrac{T-T_i}{T_0-T_i}=\dfrac{\dfrac{1}{r}-\dfrac{1}{r_i}}{\dfrac{1}{r_0}-\dfrac{1}{r_i}}$	$\dfrac{c_A-c_{Ai}}{c_{A0}-c_{Ai}}=\dfrac{\dfrac{1}{r}-\dfrac{1}{r_i}}{\dfrac{1}{r_0}-\dfrac{1}{r_i}}$	(13-7)
	通量密度	$\Phi=\dfrac{T_i-T_0}{\dfrac{1}{4\pi\lambda}\left(\dfrac{1}{r_i}-\dfrac{1}{r_0}\right)}$	$J_A=\dfrac{c_{Ai}-c_{A0}}{\dfrac{1}{4\pi D_{AB}}\left(\dfrac{1}{r_i}-\dfrac{1}{r_0}\right)}$	(13-8)

等摩尔逆向扩散在工程实际中是经常遇到的。例如化工中双组分混合物的蒸馏操作，在两个组分的摩尔潜热基本相等时，每摩尔轻组分由液相进入气相的同时，约有 1mol 重组分反向进入液相，净摩尔通量近似等于零，可近似按等摩尔逆向扩散处理。

二、通过静止气膜的单向扩散

组分 A 通过静止的或不扩散的组分 B 的稳态扩散是经常遇到的，例如水膜表面的绝热蒸发即为典型例子之一。易挥发金属液体表面蒸发也属于此列。

设有纯液体 A 的表面暴露于气体 B 中（图 13-2），液体表面能向气体 B 不断蒸发，进行稳态扩散，而气体 B 在液体 A 中的溶解度小到可以忽略不计，而且两者不会发生化学

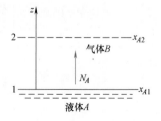

图 13-2 液体表面的蒸发

反应。假设系统是绝热的，总压力 p 保持不变。下面来分析其扩散过程。

对于稳定态一维无化学反应的分子传质，由式（13-3）可得

$$\frac{dN_{A,z}}{dz}=0 \; ; \frac{dN_{B,z}}{dz}=0 \tag{13-9}$$

即在 z 方向的整个气相范围内，组分 A 和组分 B 的摩尔通量密度为常值。

由于气体 B 在液体 A 中是不溶解的（或溶解度很小可忽略不计），所以在 z_1 平面上 $N_{B,z}=0$，因此在整个扩散方向上 $N_{B,z}=0$，可见组分 B 是滞止气体。这种只有一个方向的扩散称为单向扩散。

此时组分 A 的摩尔通量密度由式（12-24）表示为

$$N_A = -cD_{AB}\frac{dx_A}{dz}+x_A(N_A+N_B) \tag{13-10}$$

式中 x_A——气相组分 A 的摩尔分数。

当 $N_B=0$ 时，上式简化为

$$N_A = -\frac{cD_{AB}}{1-x_A}\frac{dx_A}{dz} \tag{13-11}$$

为了满足式（13-9），在等温等压条件下（c 和 D_{AB} 均为常数）必须

$$\frac{d}{dz}\left[\frac{d\ln(1-x_A)}{dz}\right]=0 \tag{13-12}$$

应用如下形式的边界条件：

$$z=z_1 : x_A = x_{A1} \tag{13-12a}$$

$$z=z_2 : x_A = x_{A2} \tag{13-12b}$$

将方程式（13-12）积分两次可得

$$\ln(1-x_A) = C_1 z + C_2 \tag{13-13}$$

其中积分常数 C_1 和 C_2 由边界条件式（13-12a）和式（13-12b）确定为

$$C_1 = \frac{1}{z_2-z_1}\ln\frac{1-x_{A2}}{1-x_{A1}}$$

$$C_2 = \frac{z_2\ln(1-x_{A1})-z_1\ln(1-x_{A2})}{z_2-z_1}$$

代回式（13-13）中，最后可得浓度分布方程为

$$\frac{1-x_A}{1-x_{A2}} = \left(\frac{1-x_{A2}}{1-x_{A1}}\right)^{\frac{z-z_1}{z_2-z_1}} \tag{13-14}$$

因为根据定义有 $x_B=1-x_A$，故

$$\frac{x_B}{x_{B1}} = \left(\frac{x_{B2}}{x_{B1}}\right)^{\frac{z-z_1}{z_2-z_1}} \tag{13-15}$$

可以看出，通过静止气膜单向扩散时，组分物质的量浓度不再像等摩尔逆向扩散那样呈线性变化，而是按指数规律变化，如图 13-3 所示。

三、气体通过金属膜的扩散

设有一体系如图 13-4 所示，气体氢通过一金属膜扩散，仍遵循菲克定律：

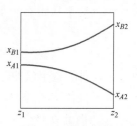

图 13-3 单向扩散
浓度分布

$$N_{A,z} = -D_{AB}c\frac{\mathrm{d}x_A}{\mathrm{d}z} + x_A(N_{A,z} + N_{B,z})$$

由于扩散组分 A 的浓度一般都很低，即 x_A 很小，故整体运动项 $x_A(N_{A,z} + N_{B,z})$ 可以略去，如总浓度 c 可视为常数时，有

$$N_{A,z} = -D_{AB}\frac{\mathrm{d}c_A}{\mathrm{d}z} \tag{13-16}$$

由于薄膜很薄，很难测量氢的浓度在膜内的分布情况，试验所测定的只是氢气的稳态通量，氢气通过薄膜所产生的压力降，以及薄膜的厚度。为求得扩散系数 D_{AB}，把在气体-金属每一界面上浓度 c_A 看成是气体与金属平衡时的溶解度 S，则在每一个界面上均存在着下列平衡关系：

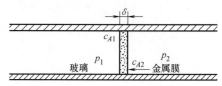

图 13-4 气体氢通过一金属膜的扩散

$$S_1 = K_p p_1^{1/2}$$
$$S_2 = K_p p_2^{1/2}$$

式中 K_p——反应 $H_2/2 = H_{液}$［即膜内两侧的气体（分子状态）与其溶解于金属内的气体（原子状态）］的平衡常数；

p_1 与 p_2——氢在薄膜两边的分压。

这样浓度梯度以压力表示出来：

$$\frac{\mathrm{d}c_A}{\mathrm{d}z} = \frac{S_1 - S_2}{\delta} = \frac{K_p}{\delta}(\sqrt{p_1} - \sqrt{p_2}) \tag{13-17}$$

于是

$$N_{A,z} = -D_{AB}\frac{K_p}{\delta}(\sqrt{p_1} - \sqrt{p_2}) \tag{13-18}$$

在讨论气体通过金属膜的扩散时，常用到渗透性 P' 的概念，它表示气体透过薄膜能力的大小。其定义如下：

$$P' = D_{AB}S = D_{AB}K_p\sqrt{p}$$

所以

$$N_{A,z} = -\frac{P_1' - P_2'}{\delta}$$

渗透性经常用下式来表示与温度的关系：

$$P' = Ae^{-Q_p/(RT)}$$

式中的温度关系包括了 D_{AB} 和 K_p 的因素，Q_p 为渗透活化能，A 为常数。

在参考书中经常遇到渗透性的其他定义，例如当 $p = 1.013 \times 10^5 \mathrm{Pa}$（1atm）时，$P' = D_{AB}S = D_{AB}K_p = p^*$。此时扩散通量为

$$N_{A,z} = -\frac{p^*}{\delta}(\sqrt{p_1} - \sqrt{p_2}) \tag{13-19}$$

p^* 与温度的关系如下:

$$p^* = p_0^* \exp\left(-\frac{Q_p}{RT}\right)$$

式中　p_0^*——气体在膜厚 1cm 和膜两边的压差为 1.013×10^5 Pa 下测量得到的扩散气体的标准体积数。

表 13-2 给出了与某些气体-金属渗透性有关的数据。

表 13-2　与气体-金属渗透性有关的数据

气体	金属	$p_0^* / [\,cm^3/(s \cdot Pa^{-\frac{1}{2}})\,]$	$Q_p/(\,J/mol\,)$
H_2	Ni	3.8×10^{-6}	57976
H_2	Cu	$(4.7 \sim 7.2) \times 10^{-7}$	$66976 \sim 78278$
H_2	δ-Fe	9.1×10^{-6}	35162
H_2	Al	$(1.2 \sim 1.4) \times 10^{-6}$	128929
H_2	Fe	1.41×10^{-5}	99627
O_2	Ag	9.1×10^{-6}	94394

【例 13-1】　一碳氢混合物加氢的试验工厂采用低碳钢材料,在设计中出现了壁厚对氢气损失速度影响的问题。如果容器内直径为 10cm,长为 100cm,计算在氢气压力为 7597kPa(75atm),450℃时氢气的损失。假设气体通过壁后在 101.3kPa(1atm) 下被排走。

解:当扩散系数为常数时,通过圆筒壁的稳态扩散方程为

$$\frac{1}{r}\frac{\mathrm{d}}{\mathrm{d}r}\left(r\frac{\mathrm{d}c_A}{\mathrm{d}r}\right) = 0$$

上式积分得到
$$\frac{c_A - c_2}{c_1 - c_2} = \frac{\ln(r/r_2)}{\ln(r_1/r_2)} \tag{13-20}$$

式中　r_1、r_2——圆管的内径和外径;

　　　c_1、c_2——相应的扩散组分氢物质的量浓度;

　　　c_A——氢在扩散层内物质的量浓度。

通过圆管的扩散通量为

$$N_{A,r} = 2\pi r L\left(-D_{AB}\frac{\mathrm{d}c_A}{\mathrm{d}r}\right)$$

将式 (13-20) 微分并代入上式,得

$$N_{A,r} = -2\pi L D_{AB}\frac{c_1 - c_2}{\ln(r_1/r_2)} \tag{13-21}$$

$$N_{A,r} = -\frac{2\pi L D_{AB} K_p\left(\sqrt{p_1} - \sqrt{p_2}\right)}{\ln(r_1/r_2)}$$

以渗透性表示
$$N_{A,r} = \frac{2\pi L p^*\left(\sqrt{p_1} - \sqrt{p_2}\right)}{\ln(r_1/r_2)}$$

由表 13-2 查得 $\quad p_0^* = 9.1 \times 10^{-6} \mathrm{cm}^3/(\mathrm{s} \cdot \mathrm{Pa}^{1/2})$，$Q_p = 35162 \mathrm{J/mol}$

$$p^* = p_0^* \exp\left(-\frac{Q_p}{RT}\right) = 9.1 \times 10^{-6} \times \exp\left(\frac{-35162}{8.314 \times 723}\right) \mathrm{cm}^3/(\mathrm{s} \cdot \mathrm{Pa}^{1/2})$$

$$= 2.77 \times 10^{-8} \mathrm{cm}^3/(\mathrm{s} \cdot \mathrm{Pa}^{-1/2})$$

$$N_{A,r} = \frac{2 \times 3.14 \times 100 \times 2.77 \times 10^{-8} \times (\sqrt{7.597 \times 10^6} - \sqrt{1.013 \times 10^5})}{2.303 \times (\lg 5 - \ln r_2)} \mathrm{cm}^3/\mathrm{s}$$

$$= \frac{1.842 \times 10^{-2}}{0.699 - \lg r_2} \mathrm{cm}^3/\mathrm{s}$$

其计算结果如图 13-5 所示。

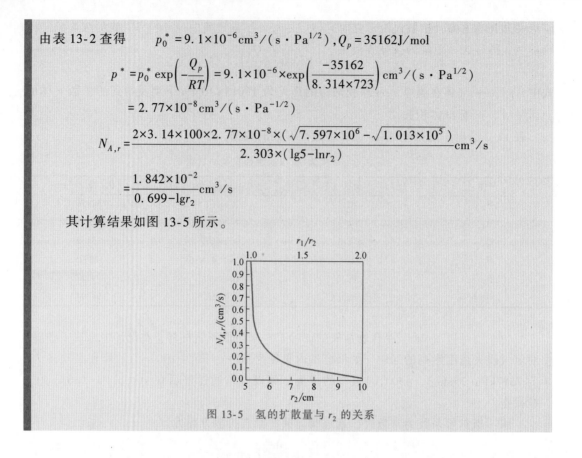

图 13-5　氢的扩散量与 r_2 的关系

第二节　非稳定态分子扩散

在某些工程传质问题中，组分浓度分布不仅随位置变化，而且随时间变化，这类非稳态分子扩散问题的数学求解是复杂的。实用上，有一部分非稳态分子扩散问题（如扩散系数是常数，无总体流动也无化学反应）往往可以表示成类似非稳态导热问题的形式，从而可以用类似的数学方法求解。

一、忽略表面阻力的半无限大介质中的非稳定态分子扩散

例如钢的表面渗碳工艺中的固相扩散过程就属于一种典型的非稳定态分子扩散过程。如图 13-6 所示，某一初始含碳量为 w_C 的钢，在电炉中加热到某一需要的温度后暴露在含有 CO_2 和 CO 的气体混合物中，气相中的碳因浓度差而向钢的表层及内部扩散。因渗碳层比工件的断面厚度小很多，因而断面厚度方向可视为半无限大。

图 13-6　钢的表面渗碳

现考虑一初始浓度均匀分布、其值为 c_{A0} 的半无限大介质（y、z 方向无限大，x 方向半无限大），若一侧表面浓度突然提高到 c_{Aw}，并维持不变，随时间增加，浓度变化将逐

步深入介质的内部，扩散仅沿 x 方向进行。在整个扩散过程中，介质另一侧的浓度始终维持不变。描写这一现象的微分方程为

$$\frac{\partial c_A}{\partial t} = D_{AB}\frac{\partial^2 c_A}{\partial x^2} \tag{13-22}$$

初始条件 　　　　　　　　$t=0$，对所有 x 值：$c_A = c_{A0}$ 　　　　　　(13-22a)

边界条件 　　　　　　　　$t>0$，$x=0$：$c_A = c_{Aw}$ 　　　　　　(13-22b)

　　　　　　　　　　　　　$x=\infty$：$c_A = c_{A0}$ 　　　　　　(13-22c)

将式（13-22）~式（13-22c）与式（8-50）~式（8-50b）相比较，可知此时的微分方程，边界条件与一维非稳态导热（以及一维非稳态流动）均类似，故可以用分离变量法或拉普拉斯变换法求解。只要将温度换成浓度，将热量扩散系数换成扩散系数，则一维非稳态导热的解析式（8-51）就可用于一维非稳态分子扩散过程。于是，组分 A 的浓度分布为

$$\frac{c_{Aw}-c_A}{c_{Aw}-c_{A0}} = \mathrm{erf}\left(\frac{x}{2\sqrt{D_{AB}t}}\right) \tag{13-23}$$

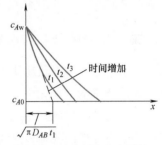

附录 A 中给出了高斯误差函数 erf（x）的值。由式（13-23）可以计算任一时刻的浓度分布。不同时刻的浓度分布如图 13-7 所示。任何时刻 t 时，在 $x=0$ 处曲线的斜率为

$$\left.\frac{\mathrm{d}c_A}{\mathrm{d}x}\right|_{x=0} = \frac{c_{Aw}-c_{A0}}{\sqrt{\pi D_{AB}t}} \tag{13-24}$$

距离 $\sqrt{\pi D_{AB}t}$ 为渗透深度。

图 13-7　半无限大介质的
非稳态扩散

与半无限大介质中的非稳态导热类似，作为半无限大介质非稳态分子扩散处理的条件是

$$F_O^* = \frac{D_{AB}t}{L^2} \ll 0.1 \tag{13-25}$$

式中　F_O^*——传质傅里叶数，它表示渗透深度与介质厚度之比。

F_O^* 越大表示分子扩散越深入地传播到物体内部，物体内部的浓度越接近周围介质的浓度。

【例 13-2】　一初始含量为 $w_C = 0.20\%$、厚为 0.5cm 的低碳钢板，置于一定的温度下做渗碳处理 1h。此时碳的表面含量为 $w_C = 0.70\%$，如果碳在钢中的扩散系数为 $1.0\times10^{-11}\mathrm{m}^2/\mathrm{s}$，在钢件表面下 0.01cm、0.02cm 和 0.04cm 处的碳含量为多少？

解：因为在低碳钢中碳的总含量很低，其含量可看作常数，故用质量分数来表示：

$$\frac{c_{Aw}-c_A}{c_{Aw}-c_{A0}} = \frac{w_{Aw}-w_A}{w_{Aw}-w_{A0}} = \mathrm{erf}\left(\frac{x}{2\sqrt{D_{AB}t}}\right)$$

代入已知数据，则有

$$\frac{0.007-w_A}{0.007-0.002} = \mathrm{erf}\left(\frac{x}{2\sqrt{1\times10^{-11}\times3600}}\right) = \mathrm{erf}\left(\frac{x}{3.79\times10^{-4}}\right)$$

即

$$w_A = 0.007 - 0.005\mathrm{erf}\left(\frac{x}{3.79\times10^{-4}}\right)$$

在 $x = 0.01\mathrm{cm}$ 处

$$\mathrm{erf}\left(\frac{1\times10^{-4}}{3.79\times10^{-4}}\right) = \mathrm{erf}(0.264) = 0.291$$

$$w_A = 0.007 - 0.005\times0.291 = 0.0055 = 0.55\%$$

在 $x = 0.02\mathrm{cm}$ 处

$$\mathrm{erf}\left(\frac{2\times10^{-4}}{3.79\times10^{-4}}\right) = \mathrm{erf}(0.528) = 0.545$$

$$w_A = 0.007 - 0.005\times0.54 = 0.0043 = 0.43\%$$

在 $x = 0.04\mathrm{cm}$ 处

$$\mathrm{erf}\left(\frac{4\times10^{-4}}{3.79\times10^{-4}}\right) = \mathrm{erf}(1.055) = 0.866$$

$$w_A = 0.007 - 0.005\times0.866 = 0.0027 = 0.27\%$$

即碳的含量（质量分数）分别为 0.55%、0.43% 和 0.27%。

二、几种简单几何形状物体中的非稳态分子扩散

对于简单几何形状物体中的非稳态分子扩散，当满足下列条件：①分子扩散系数为常数，无总体流动，也无化学反应的传质过程，可用菲克第二定律来描述；②物体有初始均匀浓度 c_{A0}；③边界处于一个新的状态，其浓度 $c_{A\infty}$ 值是不随时间而变化的常数。则第八章中非稳态导热的各种传热线算图可用于非稳态分子扩散的计算上，它们是：

1）半无限大物体的计算方法。

2）厚度为 2δ 的无限大平板线算图，如图 8-20 和图 8-21 所示。

3）半径为 R 的无限长圆柱线算图，如图 8-23 和图 8-24 所示。

4）半径为 R 的球体线算图。

三、二维和三维非稳态分子扩散

当满足上述三个条件后，二维和三维的非稳态分子扩散问题可类似于二维、三维非稳态导热。在式（8-64）、式（8-65）给出了二维及三维的乘积解，在此也是适用的。只需将温度 T 用组分 A 的浓度 c_A 替代即可。

习题

1. 在稳态下气体混合物 A 和 B 进行稳定扩散。总压力为 101.325kPa、温度为 278K。两个平面的垂直距离为 0.1m，两平面上的分压分别为 $p_{A1} = 100\times133.3\mathrm{Pa}$ 和 $p_{A2} = 50\times133.3\mathrm{Pa}$。混合物的扩散系数为 $1.85\times10^{-5}\mathrm{m^2/s}$，试计算组分 A 和 B 的摩尔通量密度 N_A 和 N_B。若

（1）组分 B 不能穿过平面 S。

（2）组分 A 和组分 B 都能穿过平面。

（3）组分 A 扩散到平面 Z 与固体 C 发生反应。

$$\frac{1}{2}A+C(固体)\rightarrow B$$

将以上计算所得 N_A 和 N_B 列表，并说明所得结果。

2. 一电厂打算用一台流化煤的反应器。如果可以把煤粉视为球形的，那么试将传质的通用微分方程简化，进而导出一个描述氧气稳定扩散到煤粉表面的特定微分方程。再以下述条件，求出来自周围空气中氧气通量的菲克定律表达式。

（1）在碳粒表面上只产生 CO。

（2）在碳粒表面上只产生 CO_2。

3. 将一块初始含量 $w_C = 0.2\%$ 的软钢置于渗碳环境中 2h，在这种情况下碳的表面含量 $w_C = 0.8\%$。如果碳在钢中的扩散系数为 $1.0\times10^{-11}\ m^2/s$，在钢件表面以下 0.01cm、0.02cm 和 0.04cm 处的含碳组分各为多少？

4. 含有 5.15%（质量分数）琼脂凝胶的固体平板，温度为 278K，厚为 10.16mm，其中含有尿素，其浓度均匀为 $0.1kmol/m^3$。现仅在相距 10.16mm 的平板两表面进行扩散。突然将固体平板浸入呈湍流流动的纯水中，因此表面的对流传质阻力可忽略不计，即对流传质系数 k_c^0 很大。尿素在琼脂中的扩散系数为 $4.72\times10^{-10}\ m^2/s$。试计算：

（1）10h 后平板中心和距表面 2mm 处的浓度。

（2）如将板厚减半，求 10h 后平板中心处的浓度。

5. 钢加热时，若表面碳含量立即降至 $w_C = 0\%$，则脱碳后表层碳含量分布可按下式计算：

$$\frac{w_C}{w_C'}=\mathrm{erf}\left(\frac{z}{2\sqrt{Dt}}\right)$$

其中 w_C 为与表面距离 Z 处的碳含量，w_C' 为钢的原始碳含量，求原始碳含量为 $w_C' = 1.3\%$ 的钢在 900℃ 保温 10h 后的碳含量-距离曲线。

第十四章

对流传质

第一节　对流传质概述

对流传质是指在运动流体与固体壁面之间，或不互溶的两种运动流体之间发生的质量传递过程。在对流传质中，不仅依靠分子扩散，而且依赖于流体各部分之间的宏观相对位移。这与对流换热十分类似。这时质量传递也将受到流体性质、流动状态（层流还是湍流）和流场的几何特性的影响。对流传质通量密度可以用类似于对流换热中牛顿冷却公式的形式来表示，即

$$N_A = k_c \Delta c_A \qquad (14-1)$$

式中　N_A——组分 A 的摩尔通量密度 $[mol/(m^2 \cdot s)]$；

Δc_A——组分 A 的量浓度差。例如：若传质在平板上进行，Δc_A 表示组分 A 的界面处与边界层外主流的浓度差（mol/m^3），即 $\Delta c_A = c_{Aw} - c_{A\infty}$；

k_c——以 Δc_A 为基准的对流传质系数（m/s）。为便于区别，当无总体流动时，用 k_c^0 表示对流传质系数。

对流传质系数与传质过程中的许多因素有关。它不仅取决于流体的物理性质、传质表面的形状和布置，而且与流动状态、流动产生的原因等有密切关系。式（14-1）并未揭示出影响对流传质系数的种种复杂因素，而仅给出了对流传质系数的定义。从式（14-1）出发，研究对流传质的基本目的就在于用理论分析或试验方法，来具体揭示各种场合下计算 k_c 的关系式。

如前所述，流体流过固体表面时，由于流体黏性的作用，通常贴壁流体的流速等于零。也就是说，贴壁处流体是静止不动的。在静止流体中质量的传递只有分子传质。因此对流传质通量就等于贴壁处流体的分子传质通量。分子传质通量可用菲克定律表示，在无总体流动时，在浓度 $c =$ 常数的条件下有

$$N_A = -D_{AB} \frac{dc_A}{dz} \bigg|_{z=0} \qquad (14-2)$$

式中 $\dfrac{\mathrm{d}c_A}{\mathrm{d}z}\bigg|_{z=0}$ 表示贴壁处组分 A 沿法向的浓度变化率。由式（14-1）和式（14-2）可得

$$k_c^0 = -\frac{D_{AB}}{\Delta c_A}\frac{\mathrm{d}c_A}{\mathrm{d}z}\bigg|_{z=0} \tag{14-3}$$

理论求解就是要从描述流体流动的基本方程和质量传输微分方程以及相应的定解条件中，解出贴壁处组分 A 沿法向的浓度变化率 $\mathrm{d}c_A/\mathrm{d}z|_{z=0}$。然后利用式（14-3）求出无总体流动时对流传质系数的具体表达式。

另外，在动量传输中应用雷诺数和欧拉数，在热量传输中应用普朗特数和努塞尔数，相应的在对流传质中，也要应用一些特征数来表示传质特性。对于三种传输现象，分子扩散率的定义为

动量扩散率　$\nu = \dfrac{\eta}{\rho}$

热扩散率　$a = \dfrac{\lambda}{\rho c_p}$

质量扩散率 D

它们的量纲均为 L^2/T，因此，这三个扩散率中任意两个的比值一定是量纲为 1。分子动量扩散率与分子质量扩散率的比值称为施密特数 Sc，即

$$Sc = \frac{\nu}{D} = \frac{\eta}{\rho D} \tag{14-4}$$

Sc 与对流换热中的 Pr 具有类似的作用。分子热扩散率与分子质量扩散率的比值称为路易斯数 Le，即

$$Le = \frac{a}{D} = \frac{\lambda}{\rho c_p D} \tag{14-5}$$

当过程同时涉及质量和热量传输时，就要用到 Le。施密特数和路易斯数都是流体物性参数的组合，所以它们表示了扩散体系的特性。

在对流传质中，有
$$Sh = \frac{k_c d}{D} \tag{14-6}$$

式中　Sh——舍伍德数，可以看作是分子扩散阻力和对流传质的阻力之比。类似于对流换热中的努塞尔数。

第二节　圆管内的层流对流传质

双组分混合物在圆管内流动时，浓度边界层的形成和发展与在进口附近速度边界层和温度边界层的形成和发展类似。若流体一进入管内便立即与壁面进行对流传质，则浓度边界层就由入口处的零值逐渐增厚。经过一段距离 L_0，边界层在管中心处汇合，以后就进入传质的充分发展段。一般层流流动的传质进口段长度 L_0 为

$$L_0 = 0.05 d Re Sc \tag{14-7}$$

湍流流动时，传质的进口段长度为

$$L_O = 50d \qquad (14-8)$$

本节只讨论流动及传质均已充分发展的管内稳态层流传质。当没有化学反应时，不可压缩流体的质量传输微分方程（12-41）变为

$$\frac{Dc_A}{Dt} = D_{AB}\nabla^2 c_A \qquad (14-9)$$

它在柱坐标系中的表示形式为

$$\frac{\partial c_A}{\partial t} + v_r \frac{\partial c_A}{\partial r} + \frac{v_\theta}{r}\frac{\partial c_A}{\partial \theta} + v_z \frac{\partial c_A}{\partial z} = D_{AB}\left[\frac{1}{r}\frac{\partial}{\partial r}\left(r\frac{\partial c_A}{\partial r}\right) + \frac{1}{r^2}\frac{\partial^2 c_A}{\partial \theta^2} + \frac{\partial^2 c_A}{\partial z^2}\right] \qquad (14-9a)$$

在 z 轴与管轴线重合、传质速率较低的稳态对流传质情况中，式（14-9a）可简化为

$$\frac{1}{r}\frac{\partial}{\partial r}\left(r\frac{\partial c_A}{\partial r}\right) = \frac{v_z}{D_{AB}}\frac{\partial c_A}{\partial z} \qquad (14-10)$$

对于充分发展的管内层流，其速度分布已由第三章得出为

$$v_z = 2\bar{v}\left(1 - \frac{r^2}{r_0^2}\right)$$

将此关系代入式（14-10）可得

$$\frac{1}{r}\frac{\partial}{\partial r}\left(r\frac{\partial c_A}{\partial r}\right) = \frac{2v_m}{D_{AB}}\left(1 - \frac{r^2}{r_0^2}\right)\frac{\partial c_A}{\partial z} \qquad (14-11)$$

边界条件：

$$r = 0 \quad \frac{\partial c_A}{\partial r} = 0 \,(\text{对称条件}) \qquad (14-11a)$$

$$r = r_0 : \begin{cases} N_A = \text{常量} \\ \text{或} \\ c_A = \text{常量} \end{cases} \qquad (14-11b)$$

在管壁处（即 $r = r_i$）的边界条件类似于管内层流对流换热情况，通常分为两类：

1）$N_A = $ 常量，例如多孔性管壁，组分 A 以恒定速率通过整个管壁进入流体中。

2）$c_A = $ 常量，例如管壁覆盖着某种可溶性物质。

管内层流对流传质在传质速率较低时的方程和边界条件与对流换热的方程及边界条件类似。故对流换热问题的结果［式（9-28）］可用于此，即

$$Sh = 1.86\left(ReSc\frac{d}{l}\right)^{\frac{1}{3}}\left(\frac{\eta_f}{\eta_w}\right)^{0.14}$$

在对于管壁处组分 A 维持恒定的传质通量的情况下与式（9-29）相似，有

$$Sh = \frac{k_c d}{D} = 4.36 \qquad (14-12)$$

在对于管壁处组分 A 的浓度维持恒定的情况下，有

$$Sh = 3.66 \qquad (14-13)$$

第三节　动量、热量和质量传输的类比

一、湍流传输的类似性

在绪论及第十二章所述的分子传输基本定律或现象方程是用来描述分子无规则运动所产生的传递过程的，在固体中、静止或层流流动的流体内才会产生这种传输过程。在湍流流体中，由于存在着大大小小的旋涡运动，所以除分子传递外，还有湍流传递存在。旋涡的运动和交换，会引起流体微团的混合，从而可使动量、热量和质量的传递过程大大加剧。在流体湍动十分强烈的情况下，湍流传输的强度大大地超过了分子传输的强度。此时，动量、热量和质量传输的通量也可以仿照分子传输的现象，将方程式（0-2）、式（0-4）和式（0-5）进行如下处理。

对于湍流动量通量，可写成

$$\tau^{\mathrm{e}} = -\varepsilon\,\frac{\mathrm{d}(\rho v_x)}{\mathrm{d}y} \tag{14-14}$$

式中　τ^{e}——湍流切应力或雷诺应力；

ε——湍流黏度。

湍流热量通量，可写成

$$q^{\mathrm{e}} = -\varepsilon_H\,\frac{\mathrm{d}(\rho c_p T)}{\mathrm{d}y} \tag{14-15}$$

式中　ε_H——湍流热量扩散系数。

组分 A 的湍流质量通量，可写成

$$j_A^{\mathrm{e}} = -\varepsilon_M\,\frac{\mathrm{d}\rho_A}{\mathrm{d}y} \tag{14-16}$$

式中　ε_M——湍流质量扩散系数。

上三式中湍流传输的动量通量、热量通量和质量通量 τ^{e}、q^{e}、j_A^{e} 的量纲，分别与分子传输时相应的通量 τ、q、j_A 的量纲相同，它们的单位分别为 N/m²、J/m²、kg/（m²·s）。各湍流扩散系数 ε、ε_H 和 ε_M 的量纲也与分子扩散系数 ν、a、D_{AB} 的量纲相同，单位为 m²/s。在湍流传输过程中，ε、ε_H 和 ε_M 的数量级相同，因此，可采用类比的方法研究动量、热量和质量传输过程。在许多场合，可以采用类似的数学模型来描述三类传递过程的规律。在研究过程中已得悉，这三类传递过程的某些物理之间还有一定关系。

需要注意的是：分子扩散系数 ν、a、D_{AB} 是物质的物理性质常数，它们仅与温度、压力及组成等因素有关。但湍流扩散系数 ε、ε_H 和 ε_M，则与流体的性质无关，而与湍动程度、流体在流道中所处的位置、边壁粗糙度等因素有关，因此湍流扩散系数较难确定。

表 14-1 中列出了三种情况下的传输通量表达式。

表 14-1 动量、热量和质量传输的通量表达式

	仅有分子运动的传输过程	以湍流运动为主的传输过程	兼有分子运动和湍流运动的传输过程
动量通量	$\tau = -\nu \dfrac{d(\rho v_x)}{dy}$	$\tau^e = -\varepsilon \dfrac{d(\rho v_x)}{dy}$	$\tau^e = -(\nu+\varepsilon) \dfrac{d(\rho v_x)}{dy}$
热量通量	$q = -a \dfrac{d(\rho c_p T)}{dy}$	$q^e = -\varepsilon_H \dfrac{d(\rho c_p T)}{dy}$	$q_t = -(a+\varepsilon_H) \dfrac{d(\rho c_p T)}{dy}$
质量通量	$j_A = -D_{AB} \dfrac{d\rho_A}{dy}$	$j_A^e = -\varepsilon_M \dfrac{d\rho_A}{dy}$	$j_{At} = -(D_{AB}+\varepsilon_M) \dfrac{d\rho_A}{dy}$

二、三种传输的类比

由于湍流流动的机理十分复杂，湍流扩散系数 ε、ε_H 和 ε_M 都很难用纯数学方法求得，一般工程上均采用类比法来求解湍流流动问题，即根据摩擦系数由类比关系推算出传热系数及传质系数。

在讨论传输现象相似时，都要求体系满足下列的 5 个条件：

①常物性；②体系内不产生能量和质量，即不发生化学反应；③无辐射能量的吸收与发射；④无黏性损耗；⑤速度分布不受传质的影响，即只有低速率的传质存在。

1. 雷诺类比

在热量传输中，已经推导出表面传热系数 α 与阻力系数 C_f 的关系，当 $Pr=1$ 时，有

$$\frac{\alpha}{\rho c_p v_\infty} = \frac{C_f}{2} = St \tag{14-17}$$

式中　St——斯坦顿数，$St = Nu/(RePr)$。

根据传输现象的相似性，将雷诺类比用到质量传输过程中。当流体沿平板做层流流动时，如果 $Sc=1$，边界层内浓度分布与速度分布的关系为

$$\frac{\partial}{\partial y}\left(\frac{c_A - c_{AS}}{c_{A\infty} - c_{AS}}\right)\bigg|_{y=0} = \frac{\partial}{\partial y}\left(\frac{v_x}{v_\infty}\right)\bigg|_{y=0} \tag{14-18}$$

紧贴壁面 $y=0$ 处的通量可表示为

$$N_{Ay} = -D_{AB}\frac{\partial}{\partial y}(c_A - c_{AS})\big|_{y=0} = k_c(c_{AS} - c_{A\infty}) \tag{14-19}$$

联立以上两式，得

$$k_c = \frac{\eta}{\rho v_\infty}\left(\frac{\partial v_x}{\partial y}\right)\bigg|_{y=0}$$

而

$$C_f = \frac{\tau_s}{\dfrac{\rho v_\infty^2}{2}} = \frac{2\eta\left(\dfrac{\partial v_x}{\partial y}\right)\bigg|_{y=0}}{\rho v_\infty^2}$$

所以

$$\left(\frac{\partial v_x}{\partial y}\right)\bigg|_{y=0} = \frac{C_f \rho v_\infty^2}{2\eta}$$

代入可得

$$\frac{k_c}{v_\infty} = \frac{C_f}{2} = St^* \tag{14-20}$$

式中 St^*——传质斯坦顿数。

由此可见,式(14-17)与式(14-20)是类似的。

2. 普朗特类比

普朗特假设湍流流动是由层流底层与湍流核心区组成的,对于层流底层来说,动量和质量的湍流扩散率可以忽略不计,从而导出与对流换热普朗特类比相似的对流传质普朗特类比关系式,即

$$\frac{k_c}{v_\infty} = \frac{\sqrt{C_f/2}}{1+5\sqrt{C_f/2}\,(Sc-1)} \tag{14-21}$$

将式(14-21)等号两边重新整理并乘以 $\dfrac{v_\infty L}{D_{AB}}$,其中 L 是特征长度,得

$$\frac{k_c}{v_\infty}\frac{v_\infty L}{D_{AB}} = \frac{(C_f/2)(v_\infty L/D_{AB})}{1+5\sqrt{C_f/2}\,(Sc-1)}$$

或

$$Sh_L = \frac{(C_f/2)ReSc}{1+5\sqrt{C_f/2}\,(Sc-1)} \tag{14-22}$$

3. 卡门类比

卡门认为湍流流动是由层流底层、过渡层和湍流核心区组成,从而导出质量传输的卡门类比关系式,即

$$\frac{k_c}{v_\infty} = \frac{C_f/2}{1+5\sqrt{C_f/2}\,\{Sc-1+\ln[(1+5Sc)/6]\}} \tag{14-23}$$

或

$$Sh_L = \frac{(C_f/2)ReSc}{1+5\sqrt{C_f/2}\,\{Sc-1+\ln[(1+5Sc)/6]\}} \tag{14-24}$$

4. 奇尔顿-科尔伯恩类比

奇尔顿-科尔伯恩认为满足传质试验数据的最好关联式为

$$\frac{k_c}{v_\infty} = \frac{C_f/2}{Sc^{2/3}}$$

或

$$j_D = \frac{k_c}{v_\infty}Sc^{2/3} = \frac{C_f}{2} \tag{14-25}$$

式(14-25)对于气体或液体而言,当 $0.6<Sc<2500$ 时都是正确的。j_D 为传质的 j 因子,它与前面所定义的换热 j 因子相似。虽然式(14-25)是一个根据层流和湍流的试验数据而建立的经验方程,但是它满足下述平板层流边界层的精确解:

$$Sh_x = 0.332Re_x^{1/2}Sc^{1/3}$$

完整的奇尔顿-科尔伯恩类比关系式为

$$j_H = j_D = \frac{C_f}{2} \tag{14-26}$$

式(14-26)把三种传输现象联系在一起,它对于平板流动是准确的,而对于其他没有形状阻力存在的几何形体也是适用的。但是,对有形状阻力的体系应改为

$$j_H = j_D \neq \frac{C_f}{2} \qquad (14\text{-}27)$$

或

$$\frac{\alpha}{\rho v_\infty c_p} Pr^{\frac{2}{3}} = \frac{k_c}{v_\infty} Sc^{\frac{2}{3}} \qquad (14\text{-}28)$$

式 (14-28) 把对流换热和对流传质关联在一个表达式中，因此可以通过一种传输现象的已知数据，来确定另一种传输现象的未知系数。对于气体或液体而言，式 (14-28) 的适用条件为 $0.6 < Sc < 2500$；$0.6 < Pr < 100$。

【例 14-1】 湿球温度计的头部包上湿纱布置于压力为 $1 \times 10^5 \mathrm{N/m^2}$ 的空气中，温度计读数 t_s 为 18℃。它所指示的温度是少量液体蒸发到大量未饱和蒸汽的稳态平衡温度。此温度下的物性参数为：水的蒸气压 $0.02 \times 10^5 \mathrm{N/m^2}$，蒸发潜热 $2478\mathrm{kJ/kg}$，$c_{\mathrm{H_2O,s}} = 87 \times 10^5 \mathrm{kmol/m^3}$，$c_{\mathrm{H_2O,\infty}} = 0$，空气密度 $1.216\mathrm{kg/m^3}$，比热容 $1.005\mathrm{kJ/(kg \cdot ℃)}$，$Pr = 0.72$，$Sc = 0.61$。试求空气温度 t_∞。

解：水蒸发时通量为

$$N_{\mathrm{H_2O}} = k_c (c_{\mathrm{H_2O,s}} - c_{\mathrm{H_2O,\infty}})$$

水蒸发所需的能量，是由对流换热提供的，即

$$q = \alpha (t_\infty - t_s) = L M_{\mathrm{H_2O}} N_{\mathrm{H_2O}}$$

式中 L——表面温度下水的蒸发潜热。由此可知

$$t_\infty = \frac{L M_{\mathrm{H_2O}} N_{\mathrm{H_2O}}}{\alpha} + t_s$$

将第一式代入，可得

$$t_\infty = L M_{\mathrm{H_2O}} \frac{k_c}{\alpha} (c_{\mathrm{H_2O,s}} - c_{\mathrm{H_2O,\infty}}) + t_s$$

应用奇尔顿-科尔伯恩的 j 因子，可求出：$j_H = j_D$

即

$$\frac{\alpha}{\rho v_\infty c_p} Pr^{\frac{2}{3}} = \frac{k_c}{v_\infty} Sc^{\frac{2}{3}}$$

于是

$$\frac{k_c}{\alpha} = \frac{1}{\rho c_p} \left(\frac{Pr}{Sc} \right)^{\frac{2}{3}}$$

所以

$$t_\infty = \frac{L M_{\mathrm{H_2O}}}{\rho c_p} \left(\frac{Pr}{Sc} \right)^{\frac{2}{3}} (c_{\mathrm{H_2O,s}} - c_{\mathrm{H_2O,\infty}}) + t_s = \left[\frac{2478 \times 18}{1.216 \times 1.005} \right.$$

$$\left. \times \left(\frac{0.72}{0.61} \right)^{\frac{2}{3}} \times (87 \times 10^{-5} - 0) + 18 \right] ℃ = 53.5℃$$

第四节 对流传质特征数方程式

由于对流传质系数的分析解法和类比解法，仅适用于解决一些较为简单情况下的问

题，而目前工程技术设计中大部分仍要借助于试验数据来建立对流传质的关联式。

一、平板和球的传质

对于流体和有规则的形体，如平板、圆柱体和球之间的传质，已经获得了详尽的数据。这些试验数据几乎都是研究纯组分蒸发到空气中或一种微溶性固体溶解到水中而获得的。用量纲为一的数关联数据的方法得到一些经验公式，这些经验公式可以用于与试验装置相似的其他体系中。

1. 平板

一些研究人员对自由液面的蒸发，或从一个易挥发的平板固体表面进入可控的空气流中的升华现象进行了测定，发现所得的数据与层流和湍流边界层的下述理论解一致，即

$$Sh_L = 0.664 Re_L^{\frac{1}{2}} Sc^{\frac{1}{3}} （层流） \tag{14-29}$$

$$Sh_L = 0.036 Re_L^{0.8} Sc^{\frac{1}{3}} （湍流） \tag{14-30}$$

引用 j 因子的表达式为

$$j_D = \frac{k_c}{v_\infty} Sc^{\frac{2}{3}} = \left(\frac{k_c L}{D_{AB}}\right)\left(\frac{\eta}{\rho v_\infty L}\right)\left(\frac{\rho D_{AB}}{\eta}\right)\left(\frac{\eta}{\rho D_{AB}}\right)^{\frac{2}{3}} = \frac{Sh_L}{Re_L Sc^{\frac{1}{3}}} \tag{14-31}$$

式（14-29）和式（14-30）可改写成

$$j_D = 0.664 Re_L^{\frac{1}{2}} （层流） \tag{14-32}$$

$$j_D = 0.036 Re_L^{-0.2} （湍流） \tag{14-33}$$

上述各式的应用条件是 $0.6 < Sc < 2500$。当 $0.6 < Pr < 100$ 时，$j_H = j_D = \dfrac{C_f}{2}$。

2. 单个球体

研究人员对单个球体进行了研究，他们把传质的舍伍德数表示成两项：一项是由纯分子扩散而引起的传质；另一项是由强制对流而引起的传质，与式（9-19）相似，即

$$Sh = 2.0 + c Re^m Sc^{\frac{1}{3}} \tag{14-34}$$

式中 c、m——关联常数。

当 Re 很小时，Sh 值应当接近于 2.0。读者完全可以从一个球体在很大体积的静止流体中沿径向做分子扩散而推导出来这个结论。

对于向液体进行传质，当 $100 \leqslant Re \leqslant 700$，$1200 \leqslant Sc \leqslant 1525$ 时，推荐应用下述关系式：

$$Sh = 2.0 + 0.95 Re^{\frac{1}{2}} Sc^{\frac{1}{3}} \tag{14-35}$$

对于向气体进行传质，当 $2 \leqslant Re \leqslant 800$，$0.6 \leqslant Sc \leqslant 2.7$ 时，推荐应用下述关系式：

$$Sh = 2.0 + 0.552 Re^{\frac{1}{2}} Sc^{\frac{1}{3}} \tag{14-36}$$

当强制对流传质和自然对流传质同时存在，并且 $1 \leqslant Re \leqslant 3 \times 10^4$，$0.6 \leqslant Sc \leqslant 3200$ 时，可应用下述关联式：

$$Sh = Sh_{nc} + 0.347(ReSc^{\frac{1}{2}})^{0.62} \qquad (14-37)$$

当 $Gr_D Sc < 10^8$ 时，式中 $Sh_{nc} = 2.0 + 0.569(Gr_D Sc)^{0.25}$

当 $Gr_D Sc > 10^8$ 时，式中 $Sh_{nc} = 2.0 + 0.0254(Gr_D Sc)^{\frac{1}{3}} Sc^{0.244}$

式中，$Gr_D = \dfrac{g d_P^3}{\nu^2} \dfrac{\Delta\rho A}{\rho}$，$d_P$ 为球的直径。

二、管内湍流传质

吉利兰和舍伍德对于几种不同液体蒸发到空气中的情况进行了研究，并将试验数据整理成下列关联式：

$$\frac{k_c d}{D_{AB}} \frac{p_{B,lm}}{p} = 0.023 Re^{0.83} Sc^{0.44} \qquad (14-38)$$

式中　　d——管径；

D_{AB}——蒸气在气相中的扩散系数；

$p_{B,lm}$——非扩散组分 B 的对数平均分压；

p——总压；

Re、Sc——空气的雷诺数和施密特数。

式（14-38）的适用范围是 $2000 < Re < 35000$，$0.6 < Sc < 2.5$。

后来，林顿和舍伍德在研究苯酸、醇酸和 β-萘酸的溶解时，又把 Sc 范围做了扩大。把吉利兰和舍伍德的结果和林顿和舍伍德的结果予以合并，可以得到

$$\frac{k_c d}{D_{AB}} = 0.023 Re^{0.83} Sc^{\frac{1}{3}} \qquad (14-39)$$

式（14-39）的适用范围是 $2000 < Re < 70000$，$1000 < Sc < 2260$。

第五节　传质系数模型

传质系数是计算对流传质速率的重要参数。但大多数情况下，它们还是由试验研究的经验系数，这些经验系数只是在一定的试验范围内才适用。因此，人们希望能够建立某种理论来阐述传质机理，并提出相应的传质系数模型。许多学者在这方面做了大量工作，并提出了多种不同的传质理论和传质系数模型，其中有代表性的是薄膜理论、渗透理论和表面更新理论。

一、薄膜理论

当流体流过一表面时，由于摩擦阻力的存在，在靠近表面处的流体中有一薄层，其流动为层流，而与表面相接触的流体则处于静止状态。因此，在表面和流体的传质机理中必然包括物质穿过这一停滞层和层流流动层，传质的阻力主要来自于此。把对流传质的阻力归结于在界面上所形成的流体薄膜的观点，称为薄膜理论。

假设流体流过一表面时其浓度分布如图 14-1 所示。图中，c_{AS} 为界面处被传输物质 A 的浓度，$c_{A\infty}$ 为浓度边界层外主流物质 A 的浓度。在浓度边界层内浓度为非线性变化，故 $\mathrm{d}c_A/\mathrm{d}y$ 不为常数。

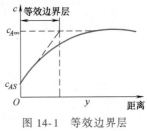

图 14-1　等效边界层

在 $y=0$ 处对浓度分布曲线作一切线，此切线与浓度边界层外主流的浓度 $c_{A\infty}$ 的延长线相交，通过交点作一与边界平行的直线，此直线与界面之间的区域称为等效边界层，其厚度以 δ'_{c} 表示，于是有

$$\left(\frac{\partial c_A}{\partial y}\right)\Bigg|_{y=0}=\frac{c_{A\infty}-c_{AS}}{\delta'_{\mathrm{c}}}$$

由于在界面处，流体的流速为零，所以只存在分子扩散，其传质通量为

$$N_{Ay}=-D_{AB}\left(\frac{\partial c_A}{\partial y}\right)\Bigg|_{y=0}$$

即

$$N_{Ay}=\frac{-D_{AB}}{\delta'_{\mathrm{c}}}(c_{AS}-c_{A\infty}) \tag{14-40}$$

如果通量用对流传质系数表示，则

$$N_{Ay}=k_{\mathrm{c}}(c_{AS}-c_{A\infty})$$

由此可见，$k_{\mathrm{c}}=D_{AB}/\delta'_{\mathrm{c}}$，即 k_{c} 与 D_{AB} 的一次方成正比。

薄膜理论解释对流传质在物理上是不充分的，它忽略主流湍流扩散的影响。等效边界层厚度，只是说明该对流传质相当于多大程度的分子扩散，它的值和流动密切相关。

二、渗透理论

1935 年希格比提出溶质渗透理论，他认为两相间的传质是靠着流体的体积元短暂地、重复地与界面相接触而实现的。体积元的这种运动是主流中湍流扰动的结果。溶质渗透理论如图 14-2 所示。当流体 1 和流体 2 相接触时，其中某一流体（如流体 2），由于湍流的扰动，使得某些体积元被带到与流体间的界面相接触，如流体 1 中某组分 A 的浓度大于与流体 2 相平衡的浓度，流体 1 中的该组分向流体 2 的体积元迁移。经过时间 t_{e} 以后，该体积元离开界面，另一体积元进入与界面接触，重复上述的传质过程，这样就实现了两相间的传质。把体积元在界面处停留的时间 t_{e} 称为该微元的寿命。由于微元体积的寿命很短，组分 A 渗透到微元中的深度小于微元体积的厚度，还来不及达到稳态扩散，所发生的传质均由非稳态的分子

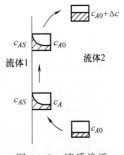

图 14-2　溶质渗透
理论示意图

扩散来实现。在数学上可以把微元与界面间的传质当作一维半无限大的非稳态扩散过程来处理。其初始和边界条件为

$$t=0,x\geqslant 0,c_A=c_{A0}$$
$$0\leqslant t\leqslant t_{\mathrm{e}},x=0,c_A=c_{AS}$$

$$x \to \infty, c_A = c_{A0}$$

对半无限大的非稳态扩散时，由菲克第二定律导出单位时间的平均传质通量$\overline{N_A}$为

$$\overline{N_A} = \frac{2(c_{AS} - c_{A0})\sqrt{D_{AB}t_e/\pi}}{t_e}$$

$$= 2(c_{AS} - c_{A0})\sqrt{\frac{D_{AB}}{\pi t_e}} \tag{14-41}$$

如果用对流传质系数表示通量，则

$$\overline{N_A} = k_c(c_{AS} - c_{A0})$$

由此可见，$k_c = 2\sqrt{D_{AB}/(\pi t_e)}$，即$k_c$与$D_{AB}$的平方根成正比。这一点为舍伍德等人在填料塔及短湿壁塔中的试验数据所证实。渗透理论把t_e当作平均寿命，即每个体积元与界面接触时间都相同，但在实际应用中，t_e是很难计算的。

三、表面更新理论

1951年丹克沃茨将渗透理论向前推进了一步。在渗透理论中认为流体的体积元与界面的接触时间相同，丹克沃茨则认为接触时间是各不相同的，它们变动在零到无穷大，并按统计规律分布。

所推导出的单位时间的平均传质通量$\overline{N_A}$为

$$\overline{N_A} = (c_{AS} - c_{A0})\sqrt{D_{AB}S} \tag{14-42}$$

又由传质系数定义式知

$$\overline{N_A} = k_c(c_{AS} - c_{A0})$$

因此，$k_c = \sqrt{D_{AB}S}$，即k_c与D_{AB}的平方根成正比。这一结论和渗透理论是一致的。表面更新率S是一个有待试验测定的常数，它与流体动力学条件及系统的几何形状有关。当湍动强烈时，表面更新率必然增大，故k_c与$\sqrt{S}$成正比是合乎逻辑的。

渗透-表面更新理论提出后获得了较快的发展。起初仅是针对吸收中液相内的传质提出的，后来又用于讨论伴有化学反应的吸收问题，现在已发展到用于解释对流传热机理，还可用来说明液-固界面的传质及液-液界面的传热和传质问题。

习题

1. 一流体流过一块可轻微溶解的薄平板，在板的上方将有扩散发生。假设流体的速度与板平行，其值为$v = ay$。式中y为离开平板的距离，a为常数。试证明当附加某些简化条件以后，描述此传质过程的微分方程为

$$D_{AB}\left(\frac{\partial^2 c_A}{\partial x^2} + \frac{\partial^2 c_A}{\partial y^2}\right) = ay\frac{\partial c_A}{\partial x}$$

并列出简化假设条件。

2. 欲测定常压下热空气的温度，估计其温度在100℃以上，但现在温度计只能用来测定100℃以下的温度。因此在温度计头上先缠以湿纱布，然后再放到气流中。在整个测定

过程中纱布完全润湿，当到达稳定状态后，湿球温度计上读数为 32℃，试求热空气的真实温度。计算时可近似取 $Sc/Pr = 0.6/0.7$。

3. 常压下 45℃ 的空气以 1m/s 的速度预先通过直径为 25mm、长度为 2m 的金属管道，然后进入与该管道连接的具有相同直径的萘管，于是萘由管壁向空气中传质。如萘管长度为 0.6m，试计算出口气体中萘的浓度以及针对全萘管的传质速率。（45℃ 及 101.3kPa（1atm）下萘在空气中的扩散系数为 6.87×10^{-6} m²/s，萘的饱和浓度为 2.80×10^{-5} kmol/m³。）

4. 干空气以 5m/s 的速度吹过 0.3×0.3m² 的浅盛水盘，在空气温度 20℃、水温 15℃ 的条件下，水的蒸发速率为多少？已知 $D = 0.244$m²/s。

第十五章

材料加工中的质量传输

材料加工及冶金生产中充满了质量传输现象。例如，钢铁材料的表面渗碳、渗氮处理，钢液的氧化脱碳，铝液的除气精炼，晶体生长，金属的凝固，焊接熔池内的传质等。这些过程的传输现象，有的发生在单相内，如溶液中溶质的扩散及钢的表面渗碳；有的存在于异相之间，如钢液的氧化脱碳中存在液相和气相或固相等。若是单相内的质量传输问题，则利用前述的分子传质及对流传质理论可以进行分析和计算。但是，材料加工中的许多传质过程都涉及两相或多相，即除存在单相内部的传质外，还存在相间传质。下面在讲述相间传质理论的基础上分析几种常见的传质过程。

第一节　相间稳态传质和双膜理论

相间传质包括三个步骤，以气-液相的界面传质过程为例，首先某组分以一个相的内部向界面上传输，然后是穿过界面向第二相传输，最后向第二相内部传输。维特曼首先提出这一理论，并称为双膜理论，经常用来解释上述传质过程。该理论有两点重要的假设：一是两相间的传质速率是被位于界面两侧的扩散边界层的阻力所控制；二是扩散组分穿过界面时没有任何阻力。

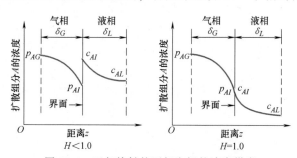

图 15-1　互相接触的两相之间的浓度梯度

图 15-1 以气相分压梯度和液相浓度梯度表示了组分 A 从气相到液相的传质过程。其中，p_{AG} 和 p_{AI} 分别表示组分 A 在气相主体状态和界面处的分压，而 c_{AI} 和 c_{AL} 则表示 A 在液相的界面和主体状态处的浓度。如果在界面处不存在传质阻力，那么 p_{AI} 和 c_{AI} 应为平衡值。p_{AI} 与 c_{AI} 之间的关系由亨利定律确定：

$$p_{AI} = Hc_{AI}$$

式中　H——亨利常数。

图 15-1 所示为当亨利常数小于 1 和等于 1 时，浓度梯度变化的情况。

如组分 A 为稳态传质，在界面两侧 z 方向上的传质可用下式描述：

$$N_{Az} = k_G(p_{AG} - p_{AI})$$
$$N_{Az} = k_L(c_{AI} - c_{AL})$$

式中　k_G——气相对流传质系数；

　　　k_L——液相对流传质系数。

气相中的分压差（$p_{AG} - p_{AI}$）是使组分 A 由气相的主体状态向两相界面传输所需的驱动力；液相中的浓度差（$c_{AI} - c_{AL}$）是使组分 A 由界面继续向液相内部传输所需的驱动力。

在稳态条件下，在第一相的质量通量必然等于第二相的质量通量，则有

$$N_{Az} = k_G(p_{AG} - p_{AI}) = -k_L(c_{AI} - c_{AL})$$

两个对流传质系数的比值为

$$-\frac{k_L}{k_G} = \frac{p_{AG} - p_{AI}}{c_{AL} - c_{AI}} \tag{15-1}$$

图 15-2 表示如何应用式（15-1）来找到气相主体浓度为 O 点所示的界面浓度。

实际上很难测量到界面上的分压 p_{AI} 和浓度 c_{AL}，比较方便的办法是应用以主体分压 p_{AG} 和浓度 c_{AL} 来表示的总传质系数。这种处理方法与确定总传热系数所使用的方法相似。总传质系数可用驱动力分压的形式确定。该系数 K_G 必须包括两相中的全部扩散阻力，其定义式为

$$N_A = K_G(p_{AG} - p_A^*) \tag{15-2}$$

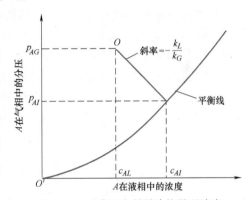

图 15-2　双膜理论所预计的界面浓度

式中　p_{AG}——气相的主体状态的分压；

　　　p_A^*——组分 A 与液相主体浓度 c_{AL} 平衡的分压；

　　　K_G——基于分压驱动力的总传质系数。

因为与 c_{AL} 相平衡的只有一个压力值，所以 p_A^* 是同 c_{AL} 本身一样的一种量度。总传质系数也可用浓度驱动来表示，其定义式为

$$N_A = K_L(c_A^* - c_{AL}) \tag{15-3}$$

式中　c_A^*——组分 A 与 p_{AG} 平衡的浓度；

　　　K_L——基于液相浓度驱动力的总传质系数。

如果在界面上的压力与浓度之间平衡关系为线性，就可求出总传质系数与单相传质系数之间的关系：

$$\frac{1}{K_G} = \frac{p_{AG} - p_{AI}}{N_{Az}} + \frac{m(c_{AI} - c_{AL})}{N_{Az}} = \frac{1}{k_G} + \frac{m}{k_L} \tag{15-4}$$

在低浓度下比例常数 m 就是亨利常数 H。对于 k_L 也可导出一个类似的表达式，即

$$\frac{1}{K_L} = \frac{1}{m k_G} + \frac{1}{k_L} \tag{15-5}$$

由式（15-4）和式（15-5）可知，每一个相的阻力的相对大小与气体的溶解度有关。对一个会有可溶性气体的体系，如氨溶于水中，m 很小，从式（15-4）可知，气相阻力基本上与此体系的总阻力相等，这样传质的主要阻力是在气相，把这样的体系称为气相控制体系。对一个含有溶解度小的体系，如二氧化碳溶解于水中，m 值很大，从式（15-5）可知，气相的传质阻力可以忽略不计，此时总的传质阻力基本上等于液相的传质阻力，这样的体系称为液相控制体系。在大多数情况下，两个相的阻力都重要，在计算总阻力时需要同时考虑。

双膜理论是薄膜理论在两相传质中的应用，因此不可避免地带有薄膜理论的不足之处，在实际应用中要注意以下几点：

1）每一个相的传质系数 k_L 和 k_G 不仅与扩散组分的性质和所通过相的性质等有关，也与相的流动情况有关。因此，总传质系数仅能在与测定条件相类似的情况下使用，而不能外推到其他浓度范围，除非确切地知道 m 在所考虑的浓度范围内为一常数。

2）当双膜理论应用于两个互不相混的液体体系时，m 就是扩散组分在两个液相中的分配系数。

3）单独的传质系数 k_G 和 k_L 一般都是在其中某一阻力为控制步骤时测出来的，它们可能与两相阻力都起作用时的 k_G 和 k_L 有所不同。

4）当两相处于相接触时，可能由于下列原因使传质过程复杂化：①当界面上有表面活性剂存在时，可能会引起附加的传质阻力；②界面上产生的湍流或者微小扰动可能使 k_G 和 k_L 比单相时的数值来得大；③当两相接触时如果有化学反应发生，k_G 和 k_L 也会与单独时的测定值有区别。

第二节　气相-液相反应中的扩散

材料加工及冶金过程中气-液反应是十分重要的。例如有色合金熔液的精炼过程中吹氩和真空处理、转炉中的氧气吹炼，电炉中的碳氧反应等，都发生气-液两相之间的扩散。本节只讨论金属液的吸气与排气问题。至于像炼钢过程中的碳氧反应以及合金元素的蒸发等问题，因篇幅所限不做介绍。

气体一般以原子状态溶于熔融金属时，其溶解度随温度升高而增加，所以金属在熔化和浇注时会吸收大量气体，而在凝固时则放出部分气体。未来得及排出的气体将使金属性能恶化。根据平方根定律，双原子气体（如 N_2、H_2 等）的溶解度与气体压力的平方根成正比，如 $N_2(g) \Leftrightarrow 2N(l)$，则平衡常数 $K' = [N]^2 / p_{N_2}$，所以氮在液体金属中的平衡浓度为

$$[N] = \sqrt{K'}\sqrt{p_{N_2}} = K\sqrt{p_{N_2}} \qquad (15-6)$$

金属液的吸气与排气大致包括如下过程：①气相中的传质；②液相中的传质；③界面化学反应；④新相（气泡）生成。

上述各个过程均可能单独控制总过程的总速率，以熔融金属吸气传质过程为例，如图15-3 所示。

一、受液相传质控制——液膜控制总速率

液膜控制传质的特点是无化学反应阻力，即 $p^* = p_i$，且无气膜传质阻力，即 $p_i = p$，

如图 15-3a 所示，其中 p^* 系与 c_i 平衡时的气体压力，该条件下 $p^* = p_i = p$，界面面积为 A 时气体吸收速率为

$$J = \frac{D_{液}}{\delta_{液}} A (c_i - c) \tag{15-7}$$

二、受气相传质控制——气膜控制总速率

气膜控制传质的特点是无液膜传质阻力，即 $c = c_i$，且无化学反应阻力，即 $p^* = p_i$，如图 15-3b 所示。故气体吸收速率为

$$J = \frac{D_{气}}{\delta_{气}} A (p - p^*) \tag{15-8}$$

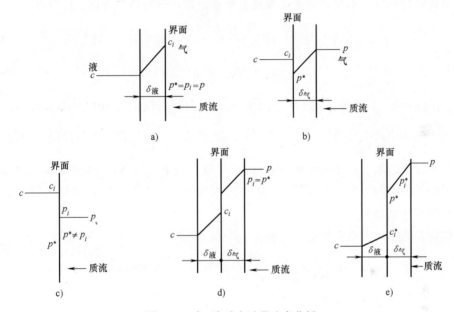

图 15-3　气-液反应过程速率分析

三、受界面化学反应控制——界面化学反应控制总速率

界面化学反应控制传质的特点是无液膜传质阻力，即 $c = c_i$，且无气膜传质阻力，即 $p_i = p$，有化学反应阻力，即 $p^* \neq p_i$，如图 15-3c 所示。

四、受两相中的扩散速度控制——扩散控制总速率

扩散控制传质的特点是有液膜传质阻力，即 $c \neq c_i$，有气膜传质阻力，即 $p \neq p_i$，无化学反应阻力，即 $p_i = p^*$；其传质阻力系数为

$$1/K = m/k_L + 1/k_G \tag{15-9}$$

$$J = KA (c_i - c) \tag{15-10}$$

如图 15-3d 所示。

五、受各个过程综合控制——混合控制总速率

混合控制传质的特点是既有液膜传质阻力，即 $c \neq c_i$；又有化学反应阻力，即 $p^* \neq p_i$；还有气膜传质阻力，即 $p_i \neq p$，如图15-3e所示。其传质阻力系数为

$$1/K = m/k_L + 1/k_G + 1/k_+ \tag{15-11}$$

式中 k_+——化学反应速度常数。

一般铁液或钢液吸气都由扩散控制。其普遍应用式为

$$j = \frac{D}{\delta}(c_i - c) \tag{15-12}$$

对于静止液体可以应用双膜理论进行分析。对于有搅拌作用的过程，如中频炉熔炼中特有的电磁搅拌现象，用渗透理论或表现更新理论进行分析较为合适。此时有

$$j = 2\sqrt{\frac{D}{\pi t}}(c_i - c) \tag{15-13}$$

或

$$j = 2\sqrt{DS}(c_i - c) \tag{15-14}$$

【例15-1】 为了能在1150℃下从熔融的铜中除去氢，用101325Pa（1atm）的纯氩除气。铜液中产生反应 $[H] = \frac{1}{2}H_2(g)$，氢扩散进入氩气泡，上浮排除。$[H]$ 表示溶解于铜液中的氢。在1150℃和101.3kPa氢气压力下，氢在铜中的溶解度为7.0cm³/kg。假设各相内的传质系数（即 k_G 和 k_L）大致可认为彼此相等，试判定该脱氢过程是气相控制还是液相控制。

解：首先求出铜液中氢的浓度为

$$c_{HL} = \frac{7.0}{1000} \times \frac{1}{22.4} \times \frac{8.4}{100} \times 1000 \, \text{mol/L} = 0.0262 \, \text{mol/L}$$

这里假设铜液的密度为8.40g/cm³。

计算出反应 $\frac{1}{2}H_2(g) = [H]$ 的平衡常数；$K_G = 0.0262/\sqrt{1} = 0.0262$ 由 $p_{HI} - p_H^* = m(c_{HI} - c_{HL})$ 可得

$$m = \frac{p_{HI} - p_H^*}{c_{HI} - c_{HL}} = \frac{p_H^* - p_{HI}}{c_{HL} - c_{HI}}$$

已知 $p_H^* = 1\text{atm}$，$c_{HL} = 0.0262\text{mol/L}$。$m$ 值的大小可做如下估计：如界面上的 p_{HI} 很小，$p_{HI} \to 0$，$c_{HI} \to 0$，则

$$m = \frac{1}{0.0262} = 38$$

如界面上的 p_{HI} 很大，设 $p_{HI} = 0.9\text{atm}$，则

$$c_{HI} = 0.0262 \times \sqrt{0.9} \, \text{mol/L} = 0.248 \, \text{mol/L}$$

$$m = \frac{p_H^* - p_{Hl}}{c_{HL} - c_{Hl}} = \frac{1 - 0.9}{0.0262 - 0.0248} = 71.4$$

不论氢在界面上压力高低，m 值均远大于1，所以

$$\frac{1}{K_G} = \frac{1}{k_G} + \frac{m}{k_L} \approx \frac{m}{k_L} (因 k_G \approx k_L)$$

故该过程为液相中的传质过程所控制。

第三节 气相-固相反应中的扩散

材料加工及冶金过程中有许多反应是属于气-固相反应，例如铁矿石还原、石灰石分解及焦炭燃烧等。气-固反应中的物质移动常用平板、圆柱体、球体等简单模型或充填层等多种模型进行研究。目前已建立了多种气-固反应模型，主要包括未反应核模型、层状模型、拟均一相模型及中间模型等。建立这些反应模型的基点如下：

1）层状模型假定颗粒内不存在反应界面，化学反应只在一定厚度的层内进行。

2）拟均一相模型假定化学反应不限定在颗粒内部特定的地方进行，而是发生在颗粒内的全部地区，并伴随有非稳态扩散，但边界层内的扩散忽略不计。

3）未反应核模型是假定化学反应发生的未反应核和反应产物层的分界面（没有厚度）上，同时要考虑气相边界层的传质过程。

目前上述模型大部分还未用于反应装置的解析。较有代表性的是未反应核模型。其数学处理比较简单，常用来解析反应器，以取得有益的见解。

下面简化分析在固体燃料与氧分子燃烧反应过程中的气-固贯通传质的速率，以说明这类问题的基本研究方法。图15-4所示为固体碳与氧燃烧反应的状况。

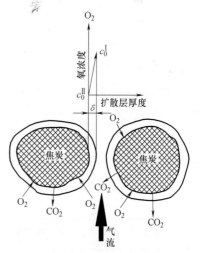

图 15-4 固体碳与氧燃烧
反应的状况

1）气体中 O_2 向固体碳表面的传输，或 CO_2 分子从固体碳表面向外的传输。设气流核心部分氧浓度为 c_0^{I}，固体碳表面氧浓度为 c_0^{II}，则氧分子向表面的传递速率为

$$j_{O_2} = k_G(c_0^{I} - c_0^{II}) = \frac{D}{\delta}(c_0^{I} - c_0^{II}) \quad (15-15)$$

对于直径为 d 的球形料块

$$\delta = \frac{2d}{\sqrt{Re}} \quad (15-16)$$

2）在燃料块表层，氧分子通过燃烧后形成的灰分层向反应前沿面扩散，其扩散速

率为

$$j'_{O_2} = \frac{D'}{\delta_{灰}}(c_{s2} - c_{\infty 2}) \tag{15-17}$$

式中 c_{s2}——灰层表面（相界面）上氧分子浓度；

　　　$c_{\infty 2}$——固相内反应前沿面上的氧分子浓度。

由于高温下反应速度很快，所有氧化剂分子扩散到前沿面立即被还原，故 $c_{\infty 2} \to 0$，则

$$j'_{O_2} = \frac{D'}{\delta_{灰}}c_{s2} \tag{15-18}$$

若忽略 $\delta_{灰}$，则燃料块表面即为反应前沿面，此时前沿面的化学反应速率即可代表固相内的传输速率，即

$$j'_{O_2} = k_+ c_{s2} \tag{15-19}$$

同时可以认为固相表面氧浓度 c_{s2} 与该表面上气相内的氧浓度 c_0^{II} 相同，即 $c_0^{II} = c_{s2}$，故

$$j'_{O_2} = k_+ c_0^{II} \tag{15-20}$$

当燃烧过程处于稳定态时，$j_{O_2} = j'_{O_2} = j$，故得出固体碳氧化燃烧速率为

$$j = \frac{c_{\infty 1}}{1/k_G + 1/k_+} \tag{15-21}$$

当温度较高时，$k_+ \gg k_G$，则

$$j \approx k_G c_0^{I} \tag{15-22}$$

反应速率取决于气相中氧化剂分子的对流传质速率，称为扩散型燃烧过程。提高气流速度、增加氧化剂浓度及增大对流传质的因素，均可使扩散型的燃烧过程强化。当温度较低时，$k_+ \ll k_G$，则

$$j \approx k_+ c_0^{I} \tag{15-23}$$

过程速率由化学反应速率决定，称为动力型燃烧过程或称反应控制过程，升高温度成为强化动力型燃烧的主要措施。

第四节　多孔材料中的稳态扩散

气体或液体进入固态物质孔隙的扩散在化工和冶金中是常见的现象，例如矿石的还原和焙烧、蒸汽渗入铸造砂模、粉末冶金制品的脱气等。其中，固态物质的物理结构或孔隙特征对过程的速率起决定性作用。

气体在多孔介质中的扩散属于普通扩散还是属于努森（Kundsen）扩散，这取决于多孔介质孔径 d 与气体分子平均自由程 $\bar{l}$ 之间的相对大小。如图 15-5a 所示，当孔径远大于分子平均自由程 $\bar{l}$ 时，扩散仍遵循菲克定律，属于普通扩散；当毛细孔道的直径很小（图 15-5b），气体通过孔道时，碰撞主要发生在流体分子与孔道壁面之间，而分子与分子之间的碰撞扩散退居次要地位，扩散不遵循菲克定律，属于努森扩散；而图 15-5c 为介于前

两者之间的情况，即毛细孔道直径与流体分子的平均自由程相当，分子与分子之间的碰撞、分子与孔道壁面之间的碰撞同等重要，此类扩散称为过渡区扩散。另外，还有一种扩散机构——表面扩散，它发生在沿二维表面上吸附分子存在浓度梯度的情况下，使吸附分子沿着固相表面扩散。除非有大量分子被吸附，否则它对固体内部扩散的影响是很小的，而且只有在低温下才可能有作用；对高温过程来讲，它可以忽略不计。

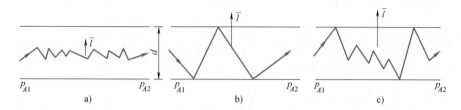

图 15-5　多孔固体中的扩散

a) $d \gg \bar{l}$　b) $d < \bar{l}$　c) d 介于 a) 与 b) 之间

一、普通扩散

在多孔介质的孔径相对于分子平均自由程很大时（$\bar{l}/d \leqslant 1/100$），主要是发生分子与分子之间的碰撞，而分子与小孔壁面的碰撞很少发生。因此，孔内所含液体或气体分子的扩散可按一般的分子扩散定律计算。

在一般的分子扩散中，扩散通量是以物质 A 在单位时间内垂直通过单位截面面积的量来表示的。但在多孔介质内物质 A 的扩散面积只是多孔介质的自由截面面积（孔截面面积），而不是介质的总截面面积；其次，多孔介质的孔隙是不规则的，扩散路径迂回曲折，物质 A 的扩散距离大于两表面间的垂直距离。因此，物质在多孔介质中的扩散系数，应采用有效扩散系数。即

$$D_{AB}^* = \frac{D_{AB}\omega}{\tau} \tag{15-24}$$

式中　D_{AB}^*——有效扩散系数（m^2/s）；

D_{AB}——双组分混合物的一般分子扩散系数（m^2/s）；

ω——多孔介质的孔隙率，即孔隙度；

τ——曲折因数，即曲折度。

曲折度是一个大于 1 的数，用来校正扩散方向所增加的距离。实际的扩散路程曲折多变，不仅与曲折路程长度有关，并且受到固体中小孔的复杂结构的影响，所以此值必须由试验测定。对于不固结粒料，$\tau = 1.5 \sim 2.0$；对于压实的粒料，$\tau = 7 \sim 8$。

若扩散距离为 L，则对于液体在多孔道固体中的扩散通量为

$$N_A = \frac{D_{AB}^*}{L}(c_{A1} - c_{A2}) = \frac{\omega D_{AB}(c_{A1} - c_{A2})}{\tau L} \tag{15-25}$$

气体扩散的表达式为　　$$N_A = \frac{\omega D_{AB}(c_{A1} - c_{A2})}{\tau L} = \frac{\omega D_{AB}(p_{A1} - p_{A2})}{\tau L} \tag{15-26}$$

二、努森扩散

当气体密度不大，或气体分子平均自由程远大于介质孔径时（$\bar{l}/d \geqslant 10$），分子与壁面碰撞机会多于分子之间的碰撞机会。此时，物质沿孔扩散的阻力主要取决于分子与壁面的碰撞，而分子间的碰撞阻力可忽略不计。这种扩散称为努森扩散。由气体分子运动学说，努森扩散系数为

$$D_K = \frac{2}{3}\bar{r}\bar{v}_A$$

式中　D_K——努森扩散系数（m²/s）；

$\bar{r}$——平均孔半径（m）；

$\bar{v}_A$——组分 A 的分子均方根速度（m/s）。

由于

$$\bar{v}_A = \sqrt{\frac{8RT}{\pi M_A}} \qquad (15\text{-}27)$$

所以

$$D_K = 97.0\bar{r}\left(\frac{T}{M_A}\right)^{\frac{1}{2}} \qquad (15\text{-}28)$$

式中　M_A——组分 A 的摩尔质量；

T——热力学温度。

对于努森扩散，同样应考虑实际扩散截面面积的减少和扩散路径的增长，采用有效扩散系数

$$D_{K,1} = \frac{D_K\omega}{\tau} \qquad (15\text{-}29)$$

如果普通扩散与努森扩散都起作用，即孔内分子间的碰撞和分子与壁面的碰撞均不能忽略，那么此种扩散称为过渡区扩散，其有效扩散系数 D_1 可近似地表示为

$$D_1 = \frac{1}{\dfrac{1}{D_{AB}}+\dfrac{1}{D_K}}\frac{\omega}{\tau} \qquad (15\text{-}30)$$

在计算多孔介质的扩散系数时，首先要判定属于何种扩散，通常用如下两种判定方法：一种方法是计算分子平均自由程，将它与孔径做比较；另一种方法是比较计算的 D_{AB} 和 D_K 值。由式（15-30）可知，如 $1/D_K$ 项可忽略（$D_K \gg D_{AB}$），为普通扩散；如 $1/D_{AB}$ 项可忽略（$D_{AB} \gg D_K$），可认为是努森扩散。

根据分子运动学，气体分子的 $\bar{l}$ 可用下式计算：

$$\bar{l} = \frac{3.2\eta}{p}\left(\frac{RT}{2\pi M}\right)^{1/2} \qquad (15\text{-}31)$$

式中　p——压力；

M——摩尔质量；

η——动力黏度；

R——气体常数。

另一计算公式为

$$\bar{l} = \frac{1}{\sqrt{2}\,\pi d^2 n} \tag{15-32}$$

式中　d——分子的碰撞直径（cm）；

　　　n——分子密度（cm^{-3}）。

【例15-2】　铸钢时金属蒸气向砂型中扩散，试计算在1600℃下锰蒸气通过二氧化硅砂的扩散系数。假定砂型内仅存在氩气（Ar），1600℃下锰蒸气在氩气中的扩散系数 $D_{Mn-Ar} = 3.4 cm^2/s$；砂型的孔隙度 $\omega = 0.45$，平均半径 $\bar{r} = 0.05 cm$。已知锰蒸气的 $d = 0.24 nm$，$n = 0.448 nm^{-3}$。

解：首先判断属于何种扩散。利用式（15-32）计算分子平均自由程 $\bar{l}$：

$$\bar{l}_{Mn} = \frac{1}{\sqrt{2}}\left[\pi(0.24\times10^{-7})^2\times0.448\times10^{21}\right]^{-1}cm = 8.7\times10^{-7}cm$$

比较 $\bar{l}$ 和 $2r$，可判定该扩散属于普通扩散。

同样可按照 D_{Mn-Ar} 和 D_K 的相对大小来判断为何种扩散。已知 $T = (1600+273)K = 1873K$；$M_{Mn} = 55$。利用式（15-28）得

$$D_K = 97\bar{r}\sqrt{\frac{T}{M_{Mn}}} = 97\times0.05\times\sqrt{\frac{1873}{55}}cm^2/s = 28.3cm^2/s$$

由此可知，$D_K \gg D_{Mn-Ar}$，故认为该扩散属于普通扩散。

研究表明，在高温下金属蒸气通过压坯的扩散，曲折度 τ 在 $3\sim6$ 之间，现取平均值 $\tau = 4$，因此有效扩散系数为

$$D_{Mn-Ar,1} = \frac{D_{Mn-Ar}\omega}{\tau} = \frac{3.4\times0.45}{4}cm^2/s = 0.383cm^2/s$$

这说明通过多孔介质的有效扩散系数比自由气相中的相应扩散系数小得多，在本例中约为 $1/10$。

习题

1. 在一个液相氧化反应器中，如果将 $1 m^3$ 的空气分散成半径为 $r(cm)$ 的气泡，气-液界面的传质面积 A 为多少？当反应速度主要取决于传质速度时，反应速度与什么有关？当传质过程很得力时，液相中氧浓度及反应速度的变化趋势如何？为什么？

2. Richardson 在研究钢铁冶金中两流体界面两侧的速度分布时，得出如下关系：

$$k_2/k_1 = \left[\frac{\nu_1}{\nu_2}\right]^{0.5}\left[\frac{D_2}{D_1}\right]^{0.7}$$

式中　k_1、k_2——熔渣及金属的传质系数；

　　　ν_1、ν_2——熔渣及金属的运动黏度；

　　　D_1、D_2——熔渣及金属的扩散系数。

已知：熔渣 $\eta_1 = 0.02\mathrm{Pa \cdot s}$，$\rho_1 = 3.5 \times 10^3 \mathrm{kg/cm^3}$，$D_1 = 10^{-11} \sim 10^{-9} \mathrm{m^2/s}$

　　　钢液 $\eta_2 = 0.0025\mathrm{Pa \cdot s}$，$\rho_2 = 7.2 \times 10^3 \mathrm{kg/cm^3}$，$D_2 = 10^{-9} \sim 10^{-8} \mathrm{m^2/s}$

元素在钢-渣两相的平衡常数 $= \dfrac{c_{i1}}{c_{i2}} = 10$，该过程传质速率的控制环节是什么？

3. 在一松散的砂粒填充床孔隙中充满空气和 NH_3 的气体混合物，气相总压为 $1.03 \times 10^5 \mathrm{Pa}$，温度为 300K。$NH_3$ 在砂粒填充床顶部的分压为 $1.58 \times 10^3 \mathrm{Pa}$，在砂床底部的分压为零。已知砂床高度为 2.2m，孔隙度为 0.3，曲折度为 1.87。试计算 NH_3 在砂床中的扩散通量。

附录

附录 A   高斯误差函数表

$$\text{erf}(x) = \frac{2}{\sqrt{\pi}} \int_0^x e^{-\eta^2} d\eta$$

x	$\text{erf}(x)$	x	$\text{erf}(x)$	x	$\text{erf}(x)$	x	$\text{erf}(x)$	x	$\text{erf}(x)$
0.0	0.00000	0.38	0.40901	0.76	0.71754	1.28	0.92973	2.10	0.99702
0.02	0.02256	0.40	0.42839	0.78	0.73001	1.32	0.93806	2.20	0.99814
0.04	0.04511	0.42	0.44749	0.80	0.74210	1.36	0.94556	2.30	0.99886
0.06	0.06762	0.44	0.46622	0.82	0.75381	1.40	0.95228	2.40	0.99931
0.08	0.09008	0.46	0.48466	0.84	0.76514	1.44	0.95830	2.50	0.99959
0.10	0.11246	0.48	0.50275	0.86	0.77610	1.48	0.96365	2.60	0.99976
0.12	0.13476	0.50	0.52050	0.88	0.78669	1.52	0.96841	2.70	0.99987
0.14	0.15695	0.52	0.53790	0.90	0.79691	1.56	0.97263	2.80	0.99993
0.16	0.17901	0.54	0.55494	0.92	0.80677	1.60	0.97635	2.90	0.99996
0.18	0.20094	0.56	0.57162	0.94	0.81627	1.64	0.97962	3.00	0.99998
0.20	0.22270	0.58	0.58792	0.96	0.82542	1.68	0.98249	3.20	0.99999
0.22	0.24430	0.60	0.60386	0.98	0.83423	1.72	0.98500	3.40	1.00000
0.24	0.26570	0.62	0.61941	1.00	0.84270	1.76	0.98719	3.60	1.00000
0.26	0.28690	0.64	0.63459	1.04	0.85865	1.80	0.98909		
0.28	0.30788	0.66	0.64938	1.08	0.87333	1.84	0.99074		
0.30	0.32863	0.68	0.66278	1.12	0.88079	1.88	0.99216		
0.32	0.34913	0.70	0.67780	1.16	0.89910	1.92	0.99338		
0.34	0.36936	0.72	0.69143	1.20	0.91031	1.96	0.99443		
0.36	0.38933	0.74	0.70468	1.24	0.92050	2.00	0.99532		

附录 B　金属材料的密度、比定压热容和热导率

材料名称	密度 ρ/(kg/m³)	比定压热容 c_p/[J/(kg·℃)]	热导率 λ/[W/(m·℃)] 温度/℃										
	20℃	20℃	20	-100	0	100	200	300	400	600	800	1000	1200
纯铝	2710	902	236	243	236	240	238	234	223	215			
杜拉铝(96Al—4Cu,微量 Mg)	2790	881	169	124	160	188	188	193					
铝合金(92Al—8Mg)	2610	904	107	86	102	123	148						
铝合金(87Al—13Si)	2660	871	162	139	158	173	176	180					
铍	1850	1758	219	382	213	170	145	129	118				
纯铜	8930	386	398	421	401	393	389	384	379	366	352		
铝青铜(90Cu—10Al)	8360	420	56		49	57	66						
青铜(89Cu—11Sn)	8800	343	24.8		24	28.4	33.2						
黄铜(70Cu—30Zn)	8440	377	109	90	106	131	143	145	148				
铜合金(60Cu—40Ni)	8920	410	22.2	19	22.2	23.4							
黄金	19300	127	315	331	318	313	310	305	300	287			
纯铁	7870	455	81.1	96.7	83.5	72.1	63.5	56.5	50.3	39.4	29.6	29.4	31.6
灰铸铁($w_C \approx 3\%$)	7570	470	39.2		28.5	32.4	35.8	37.2	36.6	20.8	19.2		
碳钢($w_C \approx 0.5\%$)	7840	465	49.8		50.5	47.5	44.8	42.0	39.4	34.0	29.0		
碳钢($w_C \approx 1.5\%$)	7750	470	36.7		36.8	36.6	36.2	35.7	34.7	31.7	27.8		
铬钢($w_{Cr} \approx 5\%$)	7830	460	36.1		36.3	35.2	34.7	33.5	31.4	23.0	27.2	27.2	27.2
铬钢($w_{Cr} \approx 13\%$)	7740	460	26.8		26.5	27.0	27.0	27.0	27.6	28.4	29.0	29.0	
铬钢($w_{Cr} \approx 17\%$)	7710	460	22		22	22.2	22.6	22.6	23.3	24.0	24.8	25.5	
铬钢($w_{Cr} \approx 26\%$)	7650	460	22.6		22.6	23.8	25.5	27.2	28.5	31.8	35.1	38	
铬镍钢(17~19Cr/9~13Ni)	7830	460	14.7	11.8	14.3	16.1	17.5	18.8	20.2	22.8	25.5	28.2	30.9
镍钢($w_{Ni} \approx 1\%$)	7900	460	45.5	40.8	45.2	46.8	46.1	44.1	41.2	35.7			
镍钢($w_{Ni} \approx 3.5\%$)	7910	460	36.5	30.7	36.0	38.8	39.7	39.2	37.8				
镍钢($w_{Ni} \approx 25\%$)	8030	460	13.0										
镍钢($w_{Ni} \approx 35\%$)	8110	460	13.8	10.9	13.4	15.4	17.1	18.6	20.1	23.1			
镍钢($w_{Ni} \approx 50\%$)	8260	460	19.6	17.3	19.4	20.5	21.0	21.1	21.3	22.5			
锰钢(12~13Mn/3Ni)	7800	487	13.6			14.8	16.0	17.1	18.3				
锰钢($w_{Mn} \approx 0.4\%$)	7860	440	51.2			51.0	50.0	47.0	43.5	35.5	27		
钨钢($w_W \approx 5\% \sim 6\%$)	8070	436	18.7		18.4	19.7	21.0	22.3	23.6	24.9	26.3		
铅	11340	123	35.3	37.2	35.5	34.3	32.8	31.5					
镁	1730	1020	156	160	157	154	152	150					
钼	9590	255	133	146	139	135	131	127	123	116	100	103	93.7
镍	8900	444	91.4	144	94	82.8	74.2	67.3	64.6	69.0	73.3	77.6	81.9
铂	21450	133	71.4	73.3	71.5	71.6	72.0	72.8	73.6	76.6	80.0	84.2	88.9
银	10500	234	427	431	428	422	415	407	399	384			
锡	7310	228	67	75	68.2	63.2	60.9						
钛	4500	520	22	23.3	22.4	20.7	19.9	19.5	19.4	19.9			
铀	19070	116	27.4	24.3	27	29.1	31.1	33.4	35.7	40.6	45.6		
锌	7140	388	121	123	122	117	112						
锆	6570	276	22.9	26.5	23.2	21.8	21.2	29.9	21.4	22.3	24.5	26.4	28.0
钨	19350	134	179	204	182	166	153	142	134	125	119	114	110

附录 C 几种保温、耐火材料的热导率与温度的关系

材料名称	材料最高允许温度 t/℃	密度 ρ/(kg/m³)	热导率 λ/[W/(m·℃)]
超细玻璃棉毡、管	400	18~20	$0.033+0.00023t$ [1]
矿渣棉	550~600	350	$0.0674+0.000215t$
水泥硅石制品	800	420~450	$0.103+0.000198t$
水泥珍珠岩制品	600	300~400	$0.065+0.000105t$
粉煤灰泡沫砖	300	500	$0.099+0.0002t$
水泥泡沫砖	250	450	$0.1+0.0002t$
A 级硅藻土制品	900	500	$0.0395+0.00019t$
B 级硅藻土制品	900	550	$0.0477+0.0002t$
膨胀珍珠岩	1000	55	$0.0424+0.000137t$
微孔硅酸钙制品	650	≤250	$0.041+0.0002t$
耐火黏土砖	1350~1450	1800~2040	$(0.7~0.84)+0.00058t$
轻质耐火黏土砖	1250~1300	800~1300	$(0.29~0.41)+0.00026t$
超轻质耐火黏土砖	1150~1300	540~610	$0.093+0.00016t$
超轻质耐火黏土砖	1100	270~330	$0.058+0.00017t$
硅砖	1700	1900~1950	$0.93+0.0007t$
镁砖	1600~1700	2300~2600	$2.1+0.00019t$
铬砖	1600~1700	2600~2800	$4.7+0.00017t$

① t 表示材料的平均摄氏温度。

附录 D 饱和水的热物理性质

$t/℃$	$p×10^{-5}$ /Pa	ρ /(kg/m³)	h /(kJ/kg)	$c_p/[kJ$ /(kg·℃)]	$\lambda×10^2/[W/$ (m·℃)]	$a×10^8$ /(m²/s)	$\eta×10^6$ /Pa·s	$\nu×10^6$ /(m²/s)	$\alpha_V×10^4$ /K⁻¹	σ /(N/m)	Pr
0	0.00611	999.9	0	4.212	55.1	13.1	1788	1.789	-0.81	756.4	13.67
10	0.01227	999.7	42.04	4.191	57.4	13.7	1306	1.305	0.87	741.6	9.52
20	0.02338	998.2	83.91	4.183	59.9	14.3	1004	1.006	2.09	726.9	7.02
30	0.04241	995.7	125.7	4.174	61.8	14.9	801.5	0.805	3.05	712.2	5.42
40	0.07375	992.2	167.5	4.174	63.5	15.3	653.3	0.659	3.87	696.5	4.31
50	0.12335	988.1	209.3	4.174	64.8	15.7	549.4	0.556	4.49	676.9	3.54
60	0.1992	983.1	257.3	4.179	65.9	16.0	469.1	0.478	5.11	662.2	2.99
70	0.3116	977.8	293.0	4.187	66.8	16.3	406.1	0.415	5.70	643.5	2.55
80	0.4736	971.8	355.0	4.195	67.4	16.6	355.1	0.365	6.32	625.9	2.21
90	0.7011	965.3	377.0	4.208	68.0	16.8	314.9	0.326	6.95	607.2	1.95
100	1.013	958.4	419.1	4.220	68.3	16.9	282.5	0.295	7.52	588.6	1.75
110	1.43	951.0	461.4	4.233	68.5	17.0	259.0	0.272	8.08	569.0	1.60
120	1.98	943.1	503.7	4.250	68.6	17.1	237.4	0.252	8.61	548.4	1.47
130	2.70	934.8	546.4	4.266	68.6	17.2	217.8	0.233	9.19	528.8	1.36
140	3.61	926.1	589.1	4.287	68.5	17.2	201.1	0.217	9.72	507.2	1.26
150	4.76	917.0	632.2	4.313	68.4	17.3	186.4	0.203	10.3	486.6	1.17
160	6.18	907.0	675.4	4.346	68.3	17.3	173.6	0.191	10.7	466.0	1.10
170	7.92	897.3	719.3	4.380	67.9	17.3	162.3	0.181	11.3	443.4	1.05
180	10.03	886.9	763.3	4.417	67.4	17.2	153.0	0.173	11.9	422.8	1.00
190	12.55	876.0	8078	4.459	67.0	17.1	144.2	0.165	12.6	400.2	0.96
200	15.55	863.0	852.8	4.505	66.3	17.0	136.4	0.158	13.3	376.7	0.93
210	19.08	852.3	897.7	4.555	65.5	16.9	130.5	0.153	14.1	354.1	0.91
220	23.20	840.3	943.7	4.614	64.5	16.6	124.6	0.148	14.8	331.6	0.89
230	27.98	827.3	990.2	4.681	63.7	16.4	119.7	0.145	15.9	310.0	0.88
240	33.48	813.6	1037 5	4.756	62.8	16.2	114.8	0.141	16.8	285.5	0.87
250	39.78	799.0	1085.7	4.844	61.8	15.9	109.9	0.137	18.1	261.9	0.86
260	46.94	784.0	1135.7	4.949	60.5	15.6	105.9	0.135	19.7	237.4	0.87
270	55.05	767.9	1185.7	5.070	59.0	15.1	102.0	0.133	21.6	214.8	0.88
280	64.19	750.7	1236.8	5.230	57.4	14.6	98.1	0.131	23.7	191.3	0.90
290	74.45	732.3	1290.0	5.485	55.8	13.9	94.2	0.126	26.2	168.7	0.93
300	85.92	712.5	1344.9	5.736	54.0	13.2	91.2	0.129	29.2	144.2	0.97
310	98.70	619.1	1402.2	6.071	52.3	12.5	88.3	0.128	32.9	120.7	1.03
320	112.90	667.1	1462.1	6.574	50.6	11.5	85.3	0.128	38.2	98.10	1.11
330	128.65	640.2	1526.2	7.244	48.4	10.4	81.4	0.127	43.3	76.71	1.22
340	146.08	610 1	1594.8	8.165	45.7	9.17	77.5	0.127	53.4	56.70	1.39
350	165.37	574.4	1671.4	9.504	43.0	7.88	72.6	0.126	66.8	38.16	1.60
360	186.74	528.0	1761.5	13.984	39.5	5.36	66.7	0.126	109	20.21	2.35
370	210.58	450.5	1892.5	40.321	33.7	1.86	56.9	0.126	164	4.709	6.79

附录 E 液态金属的热物理性质

金属名称	$t/℃$	ρ /(kg/m³)	λ /[W/ (m·℃)]	c_p /[kJ/ (kg·℃)]	$a \times 10^6$ /(m²/s)	$\nu \times 10^8$ /(m²/s)	$Pr \times 10^2$
水银 熔点 -38.9℃ 沸点 357℃	20	13550	7.90	0.1390	4.36	11.4	2.72
	100	13350	8.95	0.1373	4.89	9.4	1.92
	150	13230	9.65	0.1373	5.30	8.6	1.62
	200	13120	10.3	0.1373	5.72	8.0	1.40
	300	12880	11.7	0.1373	6.64	7.1	1.07
锡 熔点 231.9℃ 沸点 2270℃	250	6980	34.1	0.255	19.2	27.0	1.41
	300	6940	33.7	0.255	19.0	24.0	1.26
	400	6860	33.1	0.255	18.9	20.0	1.06
	500	6790	32.6	0.255	18.8	17.3	0.92
铋 熔点 271℃ 沸点 1477℃	300	10030	13.0	0.151	8.61	17.1	1.98
	400	9910	14.4	0.151	9.72	14.2	1.46
	500	9785	15.8	0.151	10.8	12.2	1.13
	600	9660	17.2	0.151	11.9	10.8	0.91
锂 熔点 179℃ 沸点 1317℃	200	515	37.2	4.187	17.2	111.0	6.43
	300	505	39.0	4.187	18.3	92.7	5.03
	400	495	41.9	4.187	20.3	81.7	4.04
	500	484	45.3	4.187	22.3	73.4	3.28
铋铅($w_{Bi}=56.5\%$) 熔点 123.5℃ 沸点 1670℃	150	10550	9.8	0.146	6.39	28.9	4.50
	200	10490	10.3	0.146	6.67	24.3	3.64
	300	10360	11.4	0.146	7.50	18.7	2.50
	400	10240	12.6	0.146	8.33	15.7	1.87
	500	10120	14.0	0.146	9.44	13.6	1.44
钠钾($w_{Na}=25\%$) 熔点 -11℃ 沸点 784℃	100	851	23.2	1.143	23.9	60.7	2.51
	200	828	24.5	1.072	27.6	45.2	1.64
	300	808	25.8	1.038	31.0	36.6	1.18
	400	778	27.1	1.005	34.7	30.8	0.89
	500	753	28.4	0.967	39.0	26.7	0.69
	600	729	29.6	0.934	43.6	23.7	0.54
	700	704	30.9	0.900	48.8	21.4	0.44
钠 熔点 97.8℃ 沸点 883℃	150	916	84.9	1.356	68.3	59.4	0.87
	200	903	81.4	1.327	67.8	50.6	0.75
	300	878	70.9	1.281	63.0	39.4	0.63
	400	854	63.9	1.273	58.9	33.0	0.56
	500	829	57.0	1.273	54.2	28.9	0.53
钾 熔点 64℃ 沸点 760℃	100	819	46.6	0.805	70.7	55	0.78
	250	783	44.8	0.783	73.1	38.5	0.53
	400	747	39.4	0.769	68.6	29.6	0.43
	750	678	28.4	0.775	54.2	20.2	0.37

附录 F　干空气的热物理性质

$$(p = 760\text{mmHg} = 1.01325 \times 10^5\,\text{Pa})$$

$t/℃$	ρ /（kg/m³）	c_p/［kJ /（kg·℃）］	$\lambda \times 10^2$/［W/ （m·℃）］	$a \times 10^6$ /（m²/s）	$\eta \times 10^6$ /Pa·s	$\nu \times 10^6$ /（m²/s）	Pr
-50	1.584	1.013	2.04	12.7	14.6	9.23	0.728
-40	1.515	1.013	2.12	13.8	15.2	10.04	0.728
-30	1.453	1.013	2.20	14.9	15.7	10.80	0.723
-20	1.395	1.009	2.23	16.2	16.2	11.61	0.716
-10	1.342	1.009	2.36	17.4	16.7	12.43	0.712
0	1.293	1.005	2.44	18.8	17.2	13.28	0.707
10	1.247	1.005	2.51	20.0	17.6	14.16	0.705
20	1.205	1.005	2.59	21.4	18.1	15.06	0.703
30	1.165	1.005	2.67	22.9	18.6	16.00	0.701
40	1.128	1.005	2.76	24.3	19.1	16.96	0.699
50	1.093	1.005	2.83	25.7	19.6	17.95	0.698
60	1.060	1.005	2.90	27.2	20.1	18.97	0.696
70	1.029	1.009	2.96	28.6	20.6	20.02	0.694
80	1.000	1.009	3.05	30.2	21.1	21.09	0.692
90	0.972	1.009	3.13	31.9	21.5	22.10	0.690
100	0.946	1.009	3.21	33.6	21.9	23.13	0.688
120	0.898	1.009	3.34	36.8	22.8	25.45	0.686
140	0.854	1.013	3.49	40.3	23.7	27.30	0.684
160	0.815	1.017	3.64	43.9	24.5	30.09	0.682
180	0.779	1.022	3.78	47.5	25.3	32.49	0.681
200	0.746	1.026	3.93	51.4	26.0	34.85	0.680
250	0.674	1.038	4.27	61.0	27.4	40.61	0.677
300	0.615	1.047	4.60	71.6	29.7	48.33	0.674
350	0.566	1.059	4.91	81.9	31.4	55.46	0.676
400	0.524	1.068	5.21	93.1	33.0	63.09	0.678
500	0.456	1.093	5.74	115.3	36.2	79.38	0.687
600	0.404	1.114	6.22	138.3	39.1	96.89	0.699
700	0.362	1.135	6.71	163.4	41.8	115.4	0.706
800	0.329	1.156	7.18	188.8	43.3	134.8	0.713
900	0.301	1.172	7.63	216.2	46.7	155.1	0.717
1000	0.277	1.185	8.07	245.9	49.0	177.1	0.719
1100	0.257	1.197	8.50	276.2	51.2	199.3	0.722
1200	0.239	1.210	9.15	316.5	53.5	233.7	0.724

附录 G　在大气压力下烟气的热物理性质

（烟气中组成成分：$\varphi_{CO_2}=0.13$；$\varphi_{H_2O}=0.11$；$\varphi_{N_2}=0.76$）

$t/℃$	ρ $/(kg/m^3)$	$c_p/[kJ/(kg \cdot ℃)]$	$\lambda \times 10^2$ $/[W/(m \cdot ℃)]$	$a \times 10^6$ $/(m^2/s)$	$\eta \times 10^6/Pa \cdot s$	$\nu \times 10^6$ $/(m^2/s)$	Pr
0	1.295	1.042	2.28	16.9	15.8	12.20	0.72
100	0.950	1.068	3.13	30.8	20.4	21.54	0.69
200	0.748	1.097	4.01	48.9	24.5	32.80	0.67
300	0.617	1.122	4.84	69.9	28.2	45.81	0.65
400	0.525	1.151	5.70	94.3	31.7	60.38	0.64
500	0.457	1.185	6.56	121.1	34.8	76.30	0.63
600	0.405	1.214	7.42	150.9	37.9	93.61	0.62
700	0.363	1.239	8.27	183.8	40.7	112.1	0.61
800	0.330	1.264	9.15	219.7	43.4	131.8	0.60
900	0.301	1.290	10.00	258.0	45.9	152.5	0.59
1000	0.275	1.306	10.90	303.4	48.4	174.3	0.58
1100	0.257	1.323	11.75	345.5	50.7	197.1	0.57
1200	0.240	1.340	12.62	392.4	53.0	221.0	0.56

附录 H 二元体系的质量扩散系数

附表 H-1 气体中的二元质量扩散系数

体系	T/K	$D_{AB}P/(cm^2 \cdot Pa/s)$	体系	T/K	$D_{AB}P/(cm^2 \cdot Pa/s)$
空气			氮	298	1.601
氨	273	2.006	氧化氮	298	1.185
苯胺	298	0.735	丙烷	298	0.874
苯	298	0.974	水	298	1.661
溴	293	0.923	一氧化碳		
二氧化碳	273	1.378	乙烯	273	1.530
二硫化碳	273	0.894	氢	273	6.595
氯	273	1.256	氮	288	1.945
联(二)苯	491	1.621	氧	273	1.874
醋酸乙酯	273	0.718	氦		
乙醇	298	1.337	氩	273	6.493
乙醚	293	0.908	苯	298	3.890
碘	298	0.845	乙醇	298	5.004
甲醇	298	1.641	氢	293	16.613
汞	614	4.791	氖	293	12.460
萘	298	0.619	水	298	9.198
硝基苯	298	0.879	氢		
正辛烷	298	0.610	氨	293	8.600
氧	273	1.773	氩	293	7.800
醋酸丙醇	315	0.932	苯	273	3.211
二氧化硫	273	1.236	乙烷	273	4.447
甲苯	298	0.855	甲烷	273	6.331
水	298	2.634	氧	273	7.061
氨			水	293	8.611
乙烯	293	1.793	氮		
氢	293	3.333	氨	293	2.441
二氧化碳			乙烯	298	1.651
苯	318	0.724	氧	288	7.527
二硫化碳	318	0.724	碘	273	0.709
醋酸乙酯	319	0.675	氧	273	1.834
乙醇	273	0.702	氧		
乙醚	273	0.548	氨	293	2.563
氢	273	5.572	苯	296	0.951
甲烷	273	1.550	乙烯	293	1.844
甲醇	298.6	1.064			

附表 H-2 固体中的二元扩散系数

溶质	固体	温度/K	扩散系数/(cm²/s)
氦	派热克斯玻璃	293	4.49×10^{-11}
		773	2.00×10^{-8}
氢	镍	358	1.16×10^{-8}
	铁	293	2.59×10^{-9}
铋	铅	293	1.10×10^{-16}
汞	铝	293	2.50×10^{-15}
锑	银	293	3.51×10^{-21}
铝	铜	293	1.30×10^{-30}
镉	铜	293	2.71×10^{-15}

附录 I 固体材料沿表面法线方向上的辐射发射率 ε (ε_n)

材料	$t/℃$	ε
表面磨光的铝	225~575	0.039~0.057
表面不光滑的铝	26	0.055
在600℃时氧化后的铝	200~600	0.11~0.19
表面磨光的铁	425~1020	0.144~0.377
氧化后的铁	100	0.736
未经加工处理的铸铁	925~1115	0.87~0.95
表面磨光的钢铸件	770~1040	0.52~0.56
经过研磨的钢板	940~1100	0.55~0.61
在600℃时氧化后的钢	200~600	0.80
氧化铁	500~1200	0.85~0.95
在600℃时氧化后的生铁	200~600	0.64~0.78
生铁(液态、未氧化)	1375 以上	0.4~0.5
生铁(液态、氧化)	1230~1280	0.9~0.95
	1375	0.7
钢(液态、未氧化)		0.4
合金钢(液态、氧化)		0.7~0.75
无光泽的黄铜板	50~350	0.22
在600℃时氧化后的黄铜	200~600	0.01~0.59
精密磨光的电解铜	80~115	0.018~0.023
在600℃时氧化后的铜	200~600	0.57~0.87
氧化铜	800~1100	0.66~0.80
镀镍酸洗而未经磨光的铁	20	0.11
在600℃时氧化后的镍	200~600	0.37~0.48
氧化镍	650~1255	0.59~0.86
锡、光亮的镀锡铁皮	25	0.043~0.064
纯汞	0~100	0.09~0.12
磨光的纯银	223~625	0.0198~0.0324
铬	100~1000	0.08~0.26
有光泽的镀锌铁皮	28	0.228
石棉纸	40~370	0.93~0.945
水面	0~100	0.95~0.963
石膏	20	0.903
建筑用砖	29	0.93
上釉的黏土耐火砖	1100	0.75
白釉漆	23	0.906
耐火砖		0.8~0.9
有光泽的黑漆	25	0.875
无光泽的黑漆	40~95	0.96~0.98
各种不同颜色的油质涂料	100	0.92~0.96
表面磨光的灰色大理石	22	0.931
平整的玻璃	22	0.937
石灰浆粉刷	10~88	0.91
熔敷在铁面上的白色珐琅	19	0.897
油纸	21	0.91

附录 J 主要物理量的单位换算表

力 $[MLT^{-2}]$	N	dyn	kgf	
	1	1×10^5	1.020×10^{-1}	
	1×10^{-5}	1	1.020×10^{-6}	
	9.807	9.807×10^5	1	

压力、应力 $[ML^{-1}T^{-2}]$	Pa	bar	atm	kgf/cm²	mmHg(torr)
	1	1×10^{-5}	9.869×10^{-6}	1.020×10^{-5}	7.501×10^{-3}
	1×10^5	1	9.869×10^{-1}	1.020	7.501×10^2
	1.013×10^5	1.013	1	1.033	7.60×10^2
	9.807×10^4	9.807×10^{-1}	9.678×10^{-1}	1	7.36×10^2
	1.333×10^2	1.333×10^{-3}	1.316×10^{-3}	1.360×10^{-3}	1

能量、功、热 $[ML^2T^{-2}]$	J	kgf·m	cal	kW·h
	1	1.020×10^{-1}	2.388×10^{-1}	2.778×10^{-7}
	9.807	1	2.344	2.72×10^{-6}
	4.187	4.27×10^{-1}	1	1.163×10^{-6}
	3.600×10^6	3.67×10^5	8.598×10^5	1

功率、热流量 $[ML^2T^{-3}]$	W	J/s	kgf·m/s	cal/s
	1	1	1.020×10^{-1}	2.388×10^{-1}
	9.807	9.807	1	2.34
	4.19	4.19	4.27×10^{-1}	1

比热容 $[L^2T^{-2}\theta^{-1}]$	kJ/(kg·K)		kcal/(kg·℃)	
	1		2.388×10^{-1}	
	4.187		1	

热导率 $[MLT^{-3}\theta^{-1}]$	W/(m·K)		cal/(s·m·℃)	
	1		2.388×10^{-1}	
	4.187		1	

动力黏度 $[ML^{-1}T^{-1}]$	Pa·s	Poise	kgf·s/m²	
	1	1×10^1	1.020×10^{-1}	
	1×10^{-1}	1	1.020×10^{-2}	
	9.807	9.807×10^1	1	

运动黏度、热扩散率 $[L^2T^{-1}]$	m²/s	cm²/s	m²/h	
	1	1×10^4	3.60×10^3	
	1×10^{-4}	1	3.60×10^{-1}	
	2.778×10^{-4}	2.778	1	

传热系数、表面传热系数 $[MT^{-3}\theta^{-1}]$	W/(m²·K)	cal/(cm²·s·℃)	kcal/(m²·h·℃)	
	1	2.389×10^{-5}	8.60×10^{-1}	
	4.184×10^4	1	3.60×10^4	
	1.163	2.78×10^{-5}	1	

热流密度(通量) $[MT^{-3}]$	W/m²	cal/(cm²·s)	kcal/(m²·h)	
	1	2.389×10^{-5}	8.60×10^{-1}	
	4.184×10^4	1	3.60×10^4	
	1.163	2.78×10^{-5}	1	

参 考 文 献

[1] 侯国祥，孙江龙，王先洲，等.工程流体力学 ［M］.北京：机械工业出版社，2006.

[2] 赵汉中.工程流体力学 ［M］.武汉：华中科技大学出版社，2005.

[3] 皮茨·西索姆.传热学 ［M］.2版.葛新石，等译.北京：科学出版社，2002.

[4] 许国良，王晓墨，邬田华，等.工程传热学 ［M］.武汉：华中科技大学出版社，2011.

[5] 莫乃榕.工程流体力学 ［M］.武汉：华中科技大学出版社，2000.

[6] 罗惕乾.流体力学 ［M］.4版.北京：机械工业出版社，1999.

[7] KOU S. Transport Phenomena and Materials Processing ［M］. New York：JOHN WILEY & SONS, INC.，1996.

[8] MILLS A F. Heat Transfer ［M］. Concord：IRWIN INC.，1998.

[9] CHARMACHI M, et al. Transport Phenomena in Materials Processing and Manufacturing ［M］. New York：ASME，1992.

[10] 王惠民.流体力学基础 ［M］.北京：清华大学出版社，2005.

[11] 王运东，骆广生，刘谦.传递过程原理 ［M］.北京：清华大学出版社，2002.

[12] 霍尔曼 J P.传热学 ［M］.10版.马庆芳，等译.北京：机械工业出版社，2011.

[13] 鲁德洋.冶金传输基础 ［M］.西安：西北工业大学出版社，1991.

[14] 柯葵，朱立明.流体力学与流体机械 ［M］.上海：同济大学出版社，2009.

[15] 沈颐身，李保卫，吴懋林.冶金传输原理基础 ［M］.北京：冶金工业出版社，2000.

[16] 弗兰克 P，大卫 P，狄奥多尔 L，等.传热和传质基本原理 ［M］.叶宏，葛新石，译.北京：化学工业出版社，2009.

[17] 刘坤，冯亮花，刘颖杰，等.冶金传输原理 ［M］.北京：冶金工业出版社，2015.

[18] 杨世铭.传热学基础 ［M］.北京：高等教育出版社，2004.

[19] 威尔特，威克斯，威尔逊，等.动量、热量和质量传递原理 ［M］.马紫峰，吴卫生，等译.北京：化学工业出版社，2005.

[20] 吴铿.冶金传输原理 ［M］.北京：冶金工业出版社，2016.